机电类专业应用型人才培养特色教材

数控技术

主　编　王　伟
副主编　路敦民　王殿君
参　编　田　野　申爱明　张宝生
主　审　王振华

机械工业出版社

本书结合编者多年来的教学实践经验，以加强学生素质教育和能力培养为目标，并结合教学改革以及我国数控工业发展的需要编写而成。

全书共分为五章，第 1 章为绪论，第 2 章为数控编程基础，第 3 章为开环伺服系统及轮廓轨迹形成，第 4 章为闭环伺服系统及轨迹实现，第 5 章在前四章的基础上搭建激光雕刻机实验平台，以实例的形式对数控技术在现实中的应用进行了介绍，以加深读者理解。

本书主要作为高等院校的教材，也可供其他工程技术人员参考。

图书在版编目（CIP）数据

数控技术/王伟主编. —北京：机械工业出版社，2017. 8
机电类专业应用型人才培养特色教材
ISBN 978-7-111-57434-7

Ⅰ. ①数…　Ⅱ. ①王…　Ⅲ. ①数控机床-教材　Ⅳ. ①TG659

中国版本图书馆 CIP 数据核字（2017）第 167682 号

机械工业出版社（北京市百万庄大街 22 号　邮政编码 100037）
策划编辑：吕德齐　责任编辑：吕德齐　雷云辉
责任校对：潘　蕊　封面设计：陈　沛
责任印制：常天培
唐山三艺印务有限公司印刷
2017 年 8 月第 1 版第 1 次印刷
184mm×260mm · 12 印张 · 290 千字
标准书号：ISBN 978-7-111-57434-7
定价：39.00 元

凡购本书，如有缺页、倒页、脱页，由本社发行部调换

电话服务　　　　　　　　　　网络服务
服务咨询热线：010-88379833　　机 工 官 网：www. cmpbook. com
读者购书热线：010-88379649　　机 工 官 博：weibo. com/ cmp1952
　　　　　　　　　　　　　　教育服务网：www. cmpedu. com
封面无防伪标均为盗版　　　　　金　书　网：www. golden-book. com

前 言

自从20世纪50年代世界上第一台数控机床问世以来，数控技术已成为提高产品质量、提高劳动生产率必不可少的技术手段。它的广泛使用给机械制造业的生产方式、产业结构、管理方式带来了深刻的变化，它的关联效益和辐射能力更是难以估量。数控技术是制造业实现自动化、柔性化、集成化生产的基础，离开了数控技术，先进制造技术就成了无本之木，而采用数控技术的典型产品——数控机床是机电工业的重要基础装备。因此，数控技术及数控装备是关系到国家战略地位和体现国家综合国力的重要基础性产业，其水平的高低是衡量一个国家制造业现代化程度的核心标志，实现加工机床及生产过程数控化，已经成为当今制造业的发展方向。

我国数控技术及产业尽管在改革开放后取得了显著的成就，但是，与发达国家相比仍有较大的差距，其原因是多方面的，但最主要的是数控人才匮乏。为了适应我国高等职业技术教育的发展及数控应用型人才、操作技能型人才培养的需要，笔者参考了大量国内外资料，并结合自身多年来的教学实践经验，编写了这一本数控技术教材。本书取材新颖，内容由浅入深、循序渐进，图文并茂，实例丰富，兼顾理论与实际，力求涵盖数控技术与数控机床系统的基础知识、核心技术与较新的科技成果。

全书共分为五章。第1章绪论主要介绍了数控机床的组成、工作原理、分类、特点和应用，以及数控机床的产生和发展，并列举了典型的数控系统；第2章主要介绍了数控编程基础，包括常用的功能指令、数控编程的工艺处理等；第3章主要介绍了开环伺服系统及轮廓轨迹的形成，包括步进电动机及其驱动控制、步进电动机的运行性能、开环系统的轮廓轨迹形成，以及提高开环伺服系统精度的措施；第4章介绍了闭环伺服系统及轨迹实现，包括交流伺服电动机原理及其变频调速、闭环伺服系统常用检测装置以及数据采样插补；第5章综合前四章知识，以激光雕刻机为例，给出了激光雕刻机的设计与加工。

参加本书编写的有北京石油化工学院的王伟、王殿君、张宝生、申爱民，北京林业大学的路敦民、田野等人；其中第1章由张宝生、申爱明编写，第2章由田野编写，第3章由路敦民编写，第4章由路敦民、申爱明、王伟编写，第5章由王伟、王殿君编写，全书由王伟担任主编、王振华担任主审，研究生嵇钟辉、魏辉和李欢欢等参与了本书的校核工作。同时在本书的编写过程中，参阅了以往其他版本的同类教材，并得到了许多同行专家的支持和帮助，在此表示衷心的感谢。

由于时间仓促及笔者水平有限，对书中可能存在疏漏之处，敬请广大师生及读者朋友批评指正！

编 者

2016年9月

目　录

第1章　绪　　论

1.1　数控技术概述

数控（Numerical Control，NC）技术是一种借助数字字符或其他符号对某一工作过程（如加工、测量、装配等）进行可编程控制的自动化方法，简称数控。数控技术综合运用了微电子、计算机、自动控制、精密检测、机械设计和机械制造等技术的最新成果，通过程序来实现设备运动过程和先后顺序的自动控制，位移和相对坐标的自动控制，以及速度、转速和各种辅助功能的自动控制。

计算机数控（Computerized Numerical Control，CNC）是用计算机实现数控所需的所有运算、控制功能和其他辅助功能的方法。

数控系统是指利用数控技术实现自动控制的系统。

用数控技术实现自动控制的机床称为数控机床。数控机床通过数字化的代码将零件加工过程中所需的各种操作和步骤，以及刀具加工轨迹等信息记录在程序介质上送入数控系统进行译码、运算及处理，控制机床的刀具与工件的相对运动，最终加工出所需要的零件。

1.2　数控机床的组成及工作原理

1.2.1　数控机床的组成

数控机床一般由程序载体、输入装置、数控装置、主轴控制单元、主轴电动机、可编程逻辑控制器、强电控制装置、伺服系统、位置检测装置、机床本体（主运动机构、进给运动机构、辅助动作机构）和输出装置等组成，如图1-1所示。

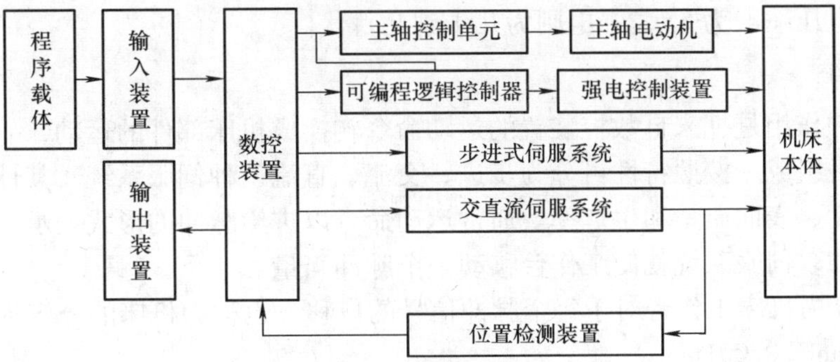

图1-1　数控机床的组成

1. 程序载体

程序载体是联系人和数控机床的媒介物，也称为程序介质、输入介质、信息载体，根据待加工零件的图样获得数控加工需要的运动、尺寸、工艺参数等数据信息，再把这些数据写入程序中并通过载体存储起来，从而实现人机交流。载体可以是磁盘、电子闪存盘（Flash）或者其他可以存储代码的介质，有些直接集成在CAD/CAM等相关软件中，如华中数控的程序载体为电子闪存盘。

2. 输入装置

输入装置将数控代码转换成相应的电脉冲信号，传递并存入数控装置内。输入方式包括通过手工（Manual Data Input，MDI）用键盘直接输入，或者通过网络通信的方式传入。目前，编写小程序一般在数控系统操作面板上的键盘直接输入，比较复杂的零件加工一般用CAD/CAM软件自动生成程序，然后用电子闪存盘或网络通信传入。

3. 数控装置

数控装置是数控机床的数据信息处理中心，相当于计算机的中央处理器（Central Processing Unit，CPU）。只不过数控装置是在数控系统上运行，其主要完成运算和控制功能。数控装置接收程序载体的信息，并将其代码加以识别、存储、运算，输出相应的指令脉冲以驱动伺服系统，进而控制机床动作。在计算机数控机床中，由于计算机本身含有运算器、控制器等单元，因此其数控装置的功能由一台计算机来完成。

4. 主轴控制单元

主轴控制单元主要接收数控装置、可编程逻辑控制器的开关指令，对主轴的工作状态进行控制，如主轴的起动、加速、换向和停止等。

5. 可编程逻辑控制器

在数控机床中，利用可编程逻辑控制器（Programmable Logic Controller，PLC）的逻辑运算功能可实现各种开关量的控制，以代替传统继电器的工作。

6. 强电控制装置

强电控制装置的主要功能是接受数控装置所控制的内置式PLC输出的主轴起停、变速、换向，刀具的选择和更换，分度工作台的转位和锁紧，工件的夹紧或松开，切削液的开关等指令信号，经功率放大直接驱动相应的执行元件，如接触器、电磁阀等，从而实现数控机床在加工过程中的全自动操作。强电控制装置是相对于数控装置输出的低电压脉冲信号而言的，脉冲信号电压一般为5V，强电则为几十到几百伏。

7. 伺服系统

伺服系统的作用是把来自数控装置的运动命令转换成机床部件的运动，一般由功率放大器和伺服电动机组成。按照特性可分为步进、交流、直流三种伺服系统。其性能的好坏直接决定着加工精度、表面质量和生产率。通常运动命令以进给脉冲的形式表示，数控装置每输出一个进给脉冲，伺服系统就使工作台移动一个脉冲当量。

脉冲当量δ为机床工作台对于每个脉冲信号的位移，也称为机床的分辨率。常见的脉冲当量δ有0.01mm、0.001mm。

8. 位置检测装置

位置检测装置运用各种灵敏的位移、速度传感器检测机床工作台的运动方向、速率、距离等参数，并将位移、速度等物理量转换成对应的电信号显示出来，送到机床数控装置中进行处理和计算，实现数控系统工作的反馈控制，使数控装置能够校核机床的理论位置与实际位置是否一致。数控系统利用理论位置与实际位置的差值，并通过数控装置发出指令，修正理论位置与实际位置的误差。

9. 机床本体

机床本体主要由床身、立柱、导轨、工作台等基础件和刀架、刀库等配套件组成。

10. 输出装置

输出装置指数控系统的显示器，一般采用液晶屏显示加工过程的信息，是人机对话的平台。

1.2.2 数控机床的工作原理

数控机床加工零件，首先要将被加工零件的图样及工艺信息数字化，再用规定的代码和程序格式编写加工程序，然后将编写的程序输入机床的数控装置中，数控装置再将程序进行存储、译码、运算，向机床各个坐标的伺服机构输出进给脉冲信号和向辅助控制装置发出开关信号，以驱动机床各运动部件，达到所需要的运动效果，最后加工出合格的零件。

从外部特征来看，计算机数控系统由硬件（通用硬件和专用硬件）和软件（数控操作系统）两大部分组成，数控机床的加工操作由系统硬件和软件共同完成。

从自动控制的角度来看，计算机数控系统是一种位置（轨迹）、速度控制系统，其本质是以多执行部件（各运动轴）的位移量、速度为控制对象并使其协调运动的自动控制系统，是一种配有专用操作系统的计算机控制系统。

1.2.3 数控系统的工作过程

数控系统的工作过程分为以下三步。

1）接收数控程序（NC代码）。由数控系统接收输入装置发来的数控程序。数控程序由数控编程人员手工编制或者运用CAD/CAM软件自动生成，以文本格式存储和传输。它的表达比较直观，较容易被编程人员直接理解，因此便于编辑和修改，但却无法被硬件直接识别。

2）将数控程序“翻译”为机器码。由数控系统将数控程序“翻译”为计算机能识别的机器码。机器码是一种由“0”和“1”组成的二进制文件，对一般的编程人员而言，它是难以理解的，但却可以直接被硬件所理解和使用。简单地讲，这一过程即是把人能识别的信息转换成硬件能识别的信息的过程。

3）将机器码转换为控制信号。数控系统将机器码转换为控制工作台和主轴进给运动的电脉冲信号及其他辅助处理信号。机器码中包含了数控程序的各种指令信息，包括主轴的转动及工作台的平动信息和其他辅助信息（如切削液的开关等），必须将这些信息进行分解并分别传送到相应的执行元器件中才能获得所需要的动作。例如，普通数控铣床，进给信号为X、Y、Z坐标轴三个运动方向的电脉冲信号，伺服系统接收到进给脉冲信号后执行相应的运动，并通过丝杠、螺母等传动机构将伺服电动机的转动转变为机床主轴的转动和工作台的平动，从而完成加工操作。

1.3 数控机床的分类、特点和应用

1.3.1 数控机床的分类

数控机床规格繁多，据不完全统计，目前已有400多个品种规格，可按照多种原则对其分类。归纳起来，常见的有按运动轨迹分类、按工艺用途分类、按伺服系统的控制方式分类和按数控装置分类。

1. 按运动轨迹分类

点位控制数控机床：只能精确控制点位置，在移动过程中不进行任何加工，而且运动部件的运动路线并不影响加工孔距的精度。为提高效率，以慢—快—慢的方式运动，靠近和离开工件时慢，中间移动时速度快。钻床、冲床和测量机等都属于点位控制数控机床。点位控制钻孔加工如图1-2所示。

直线控制数控机床：有位置、速度和简单路线控制功能。此机床除了控制点定位外，还能控制刀具沿某个与坐标轴平行的方向或者与坐标轴成45°夹角的方向切削加工，但不能加工任意斜率的直线。阶梯车削的数控车床、磨削加工的数控磨床都属于直线控制数控机床。直线控制切削加工如图1-3所示。

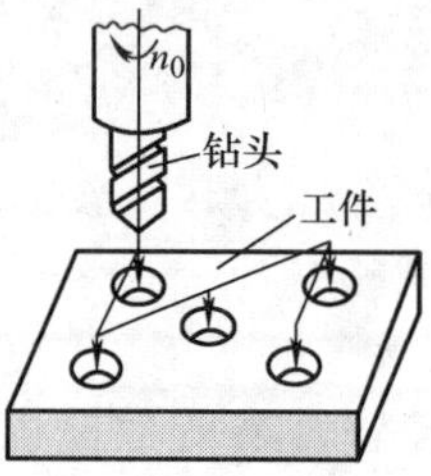

图1-2　点位控制钻孔加工

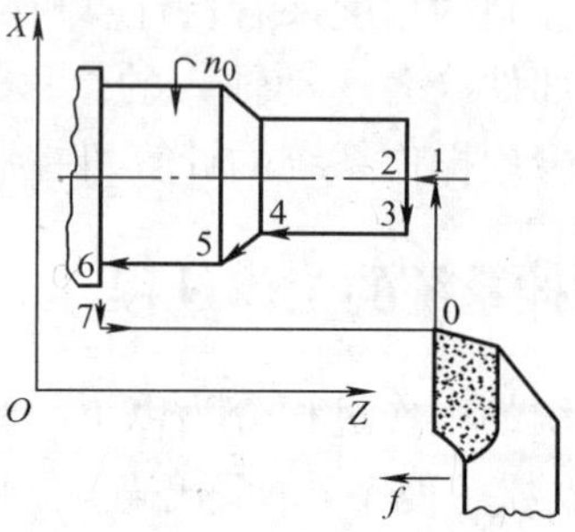

图1-3　直线控制切削加工

轮廓控制数控机床：有每点的位置、速度、路线控制功能，可对两坐标或两坐标以上坐标轴进行控制，能加工曲线和曲面。在加工过程中，需不断地进行插补运算及相应的速度和位移控制。目前的普通数控车床、数控铣床都属于轮廓控制数控机床。轮廓控制切削加工如图1-4所示。

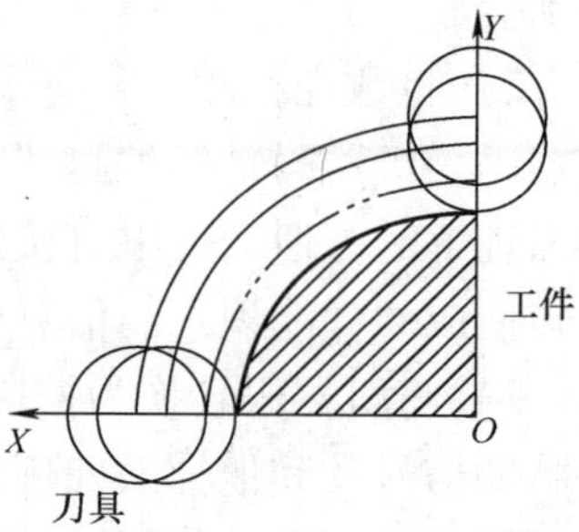

图1-4　轮廓控制切削加工

2. 按工艺用途分类

一般数控机床，如车床、铣床、镗床、钻床、磨床等，功能与通用机床相似，可以加工复杂形状的零件，但加工复杂曲面时的表面质量没有多坐标数控机床好。

数控加工中心：在数控铣床、镗床、钻床的基础上增加了自动换刀装置和刀库，一次装夹后可完成多工序加工，自动化程度高。

多坐标数控机床：坐标轴大于3，能加工复杂形状的零件，如螺旋桨、飞机曲面零件等。其特点是数控装置控制的轴数较多，机床结构也比较复杂，其坐标轴数通常取决于加工零件的工艺要求。现在常用的是4、5、6坐标轴联动的数控机床，其*X*、*Y*、*Z* 3个坐标轴与转台的回转、刀具的摆动可以实现联动，可加工机翼等复杂零件。

3. 按伺服系统的控制方式分类

开环控制数控机床：该机床无位置反馈检测装置，其伺服电动机一般采用步进电动机，加工精度不是很高，但控制很方便，如图1-5所示。

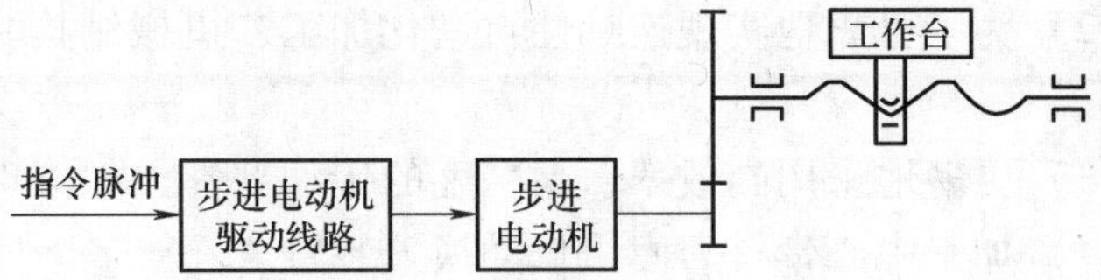

图1-5 开环控制系统框图

闭环控制数控机床：该类机床有位置反馈检测装置和位置比较电路，位置反馈检测装置安装在工作台导轨上，能实时检测机床工作台的实际位置，并能把检测得到的位置信息反馈回数控系统，数控系统再将程序指定的理论位置与实际位置进行比较，实现机床的闭环控制。该类机床的加工精度很高，但是因其反馈信息考虑了丝杠等的影响，所以稳定性较差、系统较复杂、调试也不方便。闭环控制系统框图如图1-6所示。

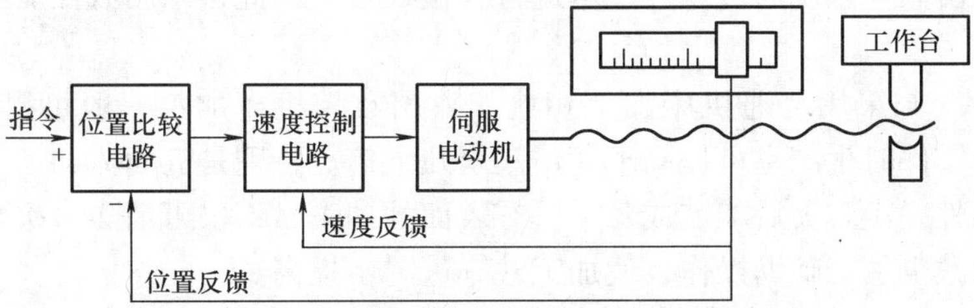

图1-6 闭环控制系统框图

半闭环控制数控机床：该类机床的位置反馈检测装置一般装在伺服电动机上，通过实时检测伺服电动机的转速和转数来间接反映机床的位置信息，并反馈到数控系统中，因此常称为半闭环控制数控机床。该类机床把丝杠等的影响排除在反馈之外，因此，稳定性较好、调试较方便。半闭环控制系统框图如图1-7所示。

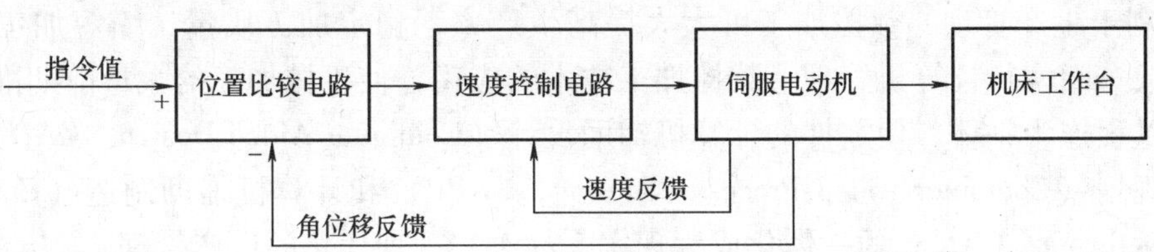

图1-7 半闭环控制系统框图

4. 按数控装置分类

按数控装置可将数控机床分为硬件数控机床和软件控制数控机床。硬件数控机床速度快，但功能扩展性和灵活性差，软件控制数控机床的主要功能由软件实现，软件模块化，便于扩展。

1.3.2　数控机床的特点

1. 数控机床的特点

1）采用了高性能的主轴及伺服传动系统，机械结构得到简化，传动链较短。

2）为了可靠地实现连续性自动化加工，机械结构具有较高的动态刚度及耐磨性，热变形小。

3）更多地采用高效率、高精度的传动部件，如滚珠丝杠、直线滚动导轨等。

4）加工中心带有刀库、自动换刀装置。

5）广泛采用冷却、排屑、防护、润滑、储运等辅助装置。

2. 数控机床的优点

（1）具有复杂形状加工能力　复杂形状零件在飞机、汽车、船舶、模具、动力设备和国防军工等领域具有重要地位，其加工质量直接影响着整机产品的性能。数控加工运动的任意可控性使其能完成普通加工方法难以完成或者无法进行的复杂型面的加工。

（2）高质量　数控加工是用数字程序控制实现自动加工的，排除了人为误差因素，且加工误差还可以由数控系统通过软件技术进行补偿校正。因此，采用数控加工可以提高零件加工精度和产品质量。

（3）高效率　与采用普通机床加工相比，采用数控机床加工一般可提高生产率2~3倍，在加工复杂零件时生产率可提高十几倍甚至几十倍。特别是五面体加工中心和柔性制造单元等设备，零件一次装夹后能完成几乎所有表面的加工，不仅可消除多次装夹引起的定位误差，还可大大减少加工辅助操作，使加工效率进一步提高。

（4）高柔性　只需改变零件程序即可适应不同品种零件的加工，且几乎不需要制造专用工装夹具，因而加工柔性好，有利于缩短产品的研制与生产周期，适应多品种、中小批量的现代化生产需要。

（5）可以减轻劳动强度，改善劳动条件　数控加工是按事先编好的程序自动完成的，操作者不需要进行繁重的重复手工操作，劳动强度和紧张程度大大降低，劳动条件也相应得到改善。

（6）利于生产管理　数控加工可大大提高生产率、稳定加工质量、缩短加工周期且易于在工厂或车间实行计算机管理。数控加工技术的应用，使机械加工的大量前期准备工作与机械加工过程连为一体，使零件的计算机辅助设计（Computer Aided Design，CAD）、计算机辅助工艺规划（Computer Aided Process Planning，CAPP）和计算机辅助制造（Computer Aided Manufacturing，CAM）的一体化成为现实，易于实现现代化的生产管理。

3. 数控机床的缺点

数控机床是一种高度自动化的机床，必须配有数控装置或计算机，因机床加工精度受切削用量大、连续加工发热多等影响，其设计要求比通用机床更严格，制造要求更精密，因此数控机床的制造成本较高。此外，由于数控机床的控制系统比较复杂，一些精密度较高的元件、部件及一些进口机床的技术开发受到条件的限制，因此对数控机床的调试和维修都比较困难。

1.3.3 数控机床的应用

经过多年的发展数控机床种类日益繁多，应用范围也日益广泛，主要应用于:

1）金属切削，如数控车床、铣床。

2）金属成形，如数控折弯机。

3）特种加工，如数控电火花切割机床、数控线切割机床。

4）其他方面。

1.4 数控机床的产生和发展

1.4.1 数控机床的产生

数控机床出现之前，在汽车、拖拉机等大量生产的工业领域，大都采用自动机床、组合机床和自动化生产线。但这些设备的第一次投资费用大，生产准备时间长，这与改型频繁、精度要求高、零件形状复杂的舰船、航空航天及其他国防工业的要求不相适应。如果采用仿形机床，则要制造靠模，不仅生产周期长，精度亦受限制。

第二次世界大战以后，美国为了加速飞机工业的发展，要求革新一种样板加工的设备。1948 年，美国 Parsons 公司在研制加工直升机叶片轮廓检查用样板的机床时，提出了数控机床的初始设想。1952 年，美国 Parsons 公司和麻省理工学院研制成功了世界上第一台数控机床。半个世纪以来，数控技术得到了迅猛的发展，加工精度和生产效率不断提高。归结起来，数控机床的发展至今已经历了两个阶段共六代的发展历程。

1.4.2 数控机床的发展历程

伴随着电子技术、信息技术的发展，数控机床的发展经历了硬件数控阶段和计算机数控阶段。

1. 硬件数控阶段

1952 年，麻省理工学院研制的三坐标联动，插补运算采用脉冲乘法器的数控机床为第一代数控机床。

1959 年，晶体管以其体积小，性能稳定取代以前的电子管，晶体管数控机床为第二代数控机床。

1959 年 3 月，美国 Keane Y&Trecker 公司发明了带有自动换刀装置和刀库的数控机床，称为加工中心。

1965 年，集成电路的出现大大缩小了电路的体积，并且功耗低、可靠性高，集成电路数控机床为第三代数控机床。

2. 计算机数控阶段

1970 年，小型计算机取代硬件逻辑控制电路，小型计算机控制的数控机床为第四代数控机床。

1974 年前后，美国 Intel 公司开发和使用了微处理器，微处理器数控机床为第五代数控机床。

1990年后，基于个人计算机（Personal Computer，PC）的数控机床为第六代数控机床。

1.4.3　数控机床的发展趋势

随着计算机技术的发展，数控技术不断采用计算机控制理论等领域的最新技术成就使其朝着以下几个方向发展。

1. 加工高速化、高精度化

速度和精度是数控机床的两个重要指标，直接关系到产品的加工效率和质量。但是速度和精度这两项技术指标是相互制约的，当位移速度要求越高时，定位精度就越难得到保证。

加工高速化要求对系统硬件进行相应的配置：如采用高速CPU芯片；主轴要求高速化，采用电主轴；采用全数字交流伺服驱动器；改善机床动、静态性能等。现代数控系统的位移分辨率与进给速度的对应关系是：在分辨率为1μm时，快进速度达240m/min；在分辨率为0.1μm时，快进速度达24m/min；在分辨率为0.01μm时，快进速度达400～800mm/min。另外，在加工高速化的基础上要求完成复杂型面的精确加工，加速度已达到2g，主轴转速已达200000r/min，换刀时间少于1s。

保证或提高精度可采取以下措施：提高部件的制造和装配精度；采用高速插补技术，以微小程序段实现连续进给，使CNC控制单位精细化；采用高分辨率位置检测装置，提高位置检测精度（日本生产的交流伺服电动机安装了1000000脉冲/r的内藏位置检测器，其位置检测精度能达到0.01μm/脉冲）；位置伺服系统采用前馈控制与非线性控制等方法；采用反向间隙补偿、丝杠螺距误差补偿和刀具误差补偿等技术；采用设备的热变形误差补偿和空间误差的综合补偿技术，研究表明综合误差补偿技术的应用可将加工误差减少60%～80%。

2. 控制智能化

随着人工智能技术的不断发展，为满足制造业生产柔性化、制造自动化的发展需求，数控技术智能化程度不断提高。发展智能加工的目的是要解决加工过程中众多结果不确定的、要求人工干预的操作，其最终目标是由计算机取代或延伸加工过程中人的参与，实现加工过程中监测、决策与控制的自动化。控制智能化体现在以下几个方面。

（1）加工过程自适应控制技术　通过监测主轴和进给电动机的功率、电流、电压等信息辨识刀具的受力、磨损及破损状态，以及机床加工的稳定性状态，并实时修调加工参数（主轴转速、进给速度）和加工指令，使设备处于最佳运行状态，以提高加工精度、降低工件表面粗糙度，以及保证设备运行的安全性。

（2）加工参数的智能优化　总结零件加工的一般规律、特殊工艺经验，用现代智能方法，构造基于专家系统或基于模型的“加工参数的智能优化与选择”，获得优化的加工参数，提高编程效率和加工工艺水平，缩短生产准备时间，使加工系统始终处于较合理和较经济的工作状态。

（3）智能化交流伺服驱动装置　能自动识别负载、自动调整控制参数，包括智能主轴和智能化进给伺服驱动装置，使驱动系统获得最佳运行。

（4）智能故障诊断技术　根据已有的故障信息，应用现代智能方法实现故障的快速准确定位。

（5）智能故障自修复技术　根据故障诊断出的原因和部位，可自动排除故障或指导故障的排除，集故障自诊断、自排除、自恢复、自调节于一体，贯穿于全生命周期。智能故障诊断技术在某些数控系统中已有应用，智能故障自修复技术还在研究之中。

3. 加工网络化

数控系统网络化是先进制造模式的要求，数控机床作为网络中的一个节点，有助于解决自动化孤岛问题。其关键技术涉及几个方面：支持网络通信协议，既能满足单机分布式数控（Distributed Numerical Control，DNC）需要，又能满足柔性加工单元（Flexible Manufacturing Cell，FMC）、柔性加工系统（Flexible Manufacturing System，FMS）、计算机/现代集成制造系统（Computer/Contemporary Integrated Manufacturing Systems，CIMS）、敏捷制造对基层设备集成的要求；网络资源共享；远程（网络）控制；数控机床故障的远程（网络）诊断；数控机床的远程（网络）培训与教学（网络数控）。

数控系统中采用网络与光纤通信技术实现运动和I/O的控制是数控技术的发展方向。由于技术封锁等原因，各系统中光纤通信采用的协议没有兼容性和互换性，要求伺服驱动器及I/O模块必须具有相应协议的光纤通信接口，这样的系统软硬件开放性较差，而且系统的成本也较高。

网络通信协议有德国Intrtamat的SERCOS、美国DELTATAU的Mcro-Link、日本FANUC的SERVO-Link、日本三菱的Tro-Link，还有ARCNET、CAN Bus、Profibus、USB、IEEE1394等。

4. 数控系统的开放化

传统数控系统的特点如下：

1）由生产厂家支配价格和结构，各种接口不能通用。

2）功能集成停止在微电子技术的应用上，而不是针对开放式的生产环境和功能。

3）对于不同的产品，操作、维护方法都必须进行相应的培训。

4）对于使用者，控制器成为黑盒子无法自行修改更新。

由于传统数控系统的局限性，为满足现代化生产的要求，数控系统需要具备以下特点：

1）开放性：可重构性、可维护性、允许用户进行二次开发。

2）模块化：具有平台无关性。

3）接口协议：可传递性、可移植性。

4）可进化性：智能化。

5）语言统一化：中性语言（Neutral Manufacturing Language，NML）包括工厂自动化描述语言（Factory Automation Description Language，FADL）、开放系统环境下的语言（Open System Environment Language，OSEL）。

5. 并联机床

1）机床结构技术上的突破性进展当属20世纪90年代中期问世的并联机床。并联机床是机器人技术、机床结构技术、现代伺服驱动技术和数控技术相结合的产物，被称为“21世纪的机床”。并联机床相对于传统机床，其在传动原理、结构和布局上均有较大的突破，由于是并联结构，其控制更加灵活，可避免悬臂部件产生的大弯矩和扭矩对机床的影响。

2）传统机床基本上是在遵循笛卡儿直角坐标系的运动原理的基础上设计制造出来的，

其结构为串联结构，存在悬臂部件，承受着很大的弯矩和扭矩，不容易获得高的结构刚度。另外，传统机床组成环节多，结构复杂，形成误差叠加，限制了加工精度和速度的提高。

6. STEP－NC

（1）目前CNC系统的局限　数控代码只定义了机床的运动和动作，丢失了尺寸公差、精度要求、表面粗糙度等大量信息，生成G代码的过程单向不可逆，在加工车间做出的修改无法反馈到设计部门。

各厂商开发的宏和扩展美国电子工业协会（Electronic Industries Association，EIA）代码，使系统间语言不具通用性，对G、M代码的解释也不尽相同。不支持5轴铣、样条数据、高速切削等功能。

（2）STEP－NC的出现　STEP（Standard for The Exchange of Product Model Data）即产品模型数据转换标准。STEP－NC是STEP向数控领域的扩展，它在STEP的基础上以面向对象的形式将产品的设计信息与制造信息联系起来，摒弃了传统数控程序中直接对坐标轴和刀具动作进行编码的做法，采用了新的数据格式和面向特征的编程原则。

1.4.4　数控机床在我国的发展情况

我国从1958年开始研究数控技术，同年研制出第一代数控系统产品。20世纪60年代，针对壁锥、非圆齿轮等复杂形状的工件研制出了数控壁锥铣床、数控非圆齿轮插齿机等设备，保证了加工质量，减少了废品，提高了效率，取得了良好的效果，并于1966年研制出第二代数控系统产品。20世纪70年代，我国针对航空工业等加工复杂形状零件的迫切需求，于1972年研制出了第三代数控系统产品。从1973年开始，相关部门组织了数控机床攻关会战，经过3年努力，到1975年已试制生产了40多个品种300多台数控机床，为第四代数控系统产品。1975年之后进一步研制成功第五代数控系统产品。从技术水平来说，大致已达到国外20世纪60年代后期的技术水平。为了扬长避短，解决用户急需，并争取打入国际市场，1980年前后我国采取了暂时从国外（主要是从日本和美国）引进数控装置和伺服驱动系统，为国产主机配套的方针，几年内大见成效。1981年，我国从日本FANUC引进了5、7、3等系列的数控系统和直流伺服电动机、直流主轴电动机技术，并在北京机床研究所建立了数控设备厂，当年年底开始验收投产，1982年生产了约40套系统，1983年生产了约100套系统，1985年生产了约400套系统。伺服电动机与主轴电动机也配套生产，这些系统是国外20世纪70年代的水平，功能较全，可靠性比较高，这样就使机床行业发展数控机床有了可靠的基础，使我国的主机品种与技术水平都有了较大的发展与提高。1982年青海第一机床厂生产的XHK754卧式加工中心，长城机床厂生产的CK7815数控车床，北京机床研究所生产的JCS018立式加工中心，上海机床厂生产的H160数控端面外圆磨床等，都能可靠地进行工作并陆续批量生产。1984年仅机械工业部门就生产数控机床650台，全国当年总产量为1620台，已有少数产品开始进入国际市场，还有几种合作生产的数控机床返销国外。1985年我国数控机床的品种已有了新的发展，除了各类数控线切割机床以外，其他各种金属切削机床（如各种规格的立式、卧式加工中心、数控车床、数控铣床、数控磨床等）也都有了极大的发展，新品种总计45种。到1989年底，我国数控机床的可供品种已超过300种，其中数控车床占40%，加工中心占27%。

“八五”至“十五”期间，国内数控系统企业通过自主创新不断缩小与国外的差距。形成了“中华Ⅰ型”“航天Ⅰ型”“蓝天Ⅰ型”“华中Ⅰ型”4个自主知识产权的数控系统。在激烈的市场竞争中，这些品牌的产品争得了一席之地，销量逐年增加，市场占有率不断提高。在产业化方面，数控系统行业形成了“东南西北中”（东：华星数控、南：广州数控、西：广泰数控、北：凯恩帝数控、中：华中数控）的行业格局。2010年，国产数控系统的年产销量达到16万台以上，中国市场占有率达到60%左右。

但是，这一期间国内数控系统企业由于受到自身规模、技术水平、人才队伍和财力投入的局限，国产数控系统产品的90%以上主要还是定位在中、低档市场。高档型、标准型数控系统，无论在技术还是产业化水平上，与国外都存在较大差距。

2009年，国家科技重大专项（04专项）支持武汉华中数控股份有限公司、广州数控设备有限公司、大连光洋科技集团有限公司、沈阳高精数控技术有限公司和北京航天数控系统有限公司5家数控系统企业，自主研发高档数控系统关键技术。经过两年多的努力，5家企业攻克了数控系统软硬件平台、高速高精、多轴联动、总线技术、纳米插补等一批高档数控系统关键技术，研制出全数字总线式高档数控系统产品样机，实现了从模拟接口、脉冲接口到全数字总线控制、高速高精的技术跨越。同时，5家企业联合研制出具有自主知识产权的NCUC－Bus现场总线技术。

2015年2月，中国机械工业联合会组织行业内知名专家对大连光洋科技集团有限公司“光纤总线开放式高档数控系统、伺服驱动、测量系统及电动机成套系统”课题成果进行了鉴定。鉴定委员会认为，大连光洋科技集团有限公司GNC61光纤总线开放式高档数控系统在控制功能、控制精度、加工效率等方面达到国际先进水平。

2016年4月，中国机械工业联合会组织行业内知名专家，对武汉华中数控股份有限公司的“高性能数控系统关键技术及应用”成果进行了鉴定。鉴定委员会认为，武汉华中数控股份有限公司开发的以华中8型为代表的自主可控的数控系统，全面达到国际先进水平，可替代进口。该企业为高档数控机床重大专项做出了突出贡献，构建了平台化、网络化、有创新的智能数控系统，为中国智能制造提供了智能平台。

2016年5月，在中国机床工具工业协会的领导下，武汉华中数控股份有限公司、广州数控设备有限公司、沈阳高精数控技术有限公司等国产数控系统企业联合大连机床集团有限责任公司、四川普什宁江机床有限公司等机床企业，成立了数控机床互联通信协议标准联盟。7月初，联盟所申报的智能制造综合标准化项目获得了工信部的立项支持。为了推动国产数控系统的应用示范和产业化，“04专项”立项支持了一批航空航天、汽车、发电装备和船舶制造企业应用国产数控机床和数控系统。武汉华中数控股份有限公司、广州数控设备有限公司、大连光洋科技集团有限公司、沈阳高精数控技术有限公司所研制的高档型数控系统与10余类600多台高速、精密、5轴联动的高档数控机床实现配套。这些设备包括高速精密车削中心、高速立式加工中心、精密立式加工中心、车铣复合加工中心、高速卧式加工中心、精密卧式加工中心、九轴六联动数控砂带磨床、数控工具磨床等高档数控机床。

沈阳机床（集团）有限责任公司组建了自己的研究院，从底层技术源代码算法做起，历时5年，研制成功i5数控系统。通过充分利用自身市场优势和i5数控系统的技术创新，支撑了融资租赁商业模式的创新，带动了i5数控系统的产业化。

大连机床集团有限责任公司自主开发了DMTG数控系统，近年来，累计销售近万台套，同时也开创了国产数控系统和国产数控机床协同创新的全新发展模式。2015 年以来，华中数控针对 3C（计算机 Computer、通信 Communication 和消费电子 Consumer Electronics）制造行业的巨大需求，研制并批量销售了具有高速高精（进给快移速度达 60m/min，进给加速度达 1g）、高速主轴控制（24000r/min）等关键技术的高速钻攻中心数控系统，其加工效率优于国外同类产品，并且建立了 3C 加工智能工厂。目前，华中 8 型钻攻中心数控系统已经销售 7 千余台套。

我国数控技术发展现状：基本形成了数控产业基地；基本掌握了现代数控技术；基本建立了数控研究、开发管理人才队伍。

国人对数控技术的认识转变主要体现在以下三个方面。

1）各级主管部门对数控技术的重要性及发展数控产业迫切性、艰巨性的认识发生了根本的转变；考克斯报告、科索沃战争使各级领导更深刻意识到装备工业落后只能挨打。

2）数控产业化管理体制和机制发生了转变，使数控企业活力增强。

3）用户对国产数控系统及国产数控设备信誉度提高，需求增加。

与国外数控相比，我国数控技术的四个差距：市场占有率低，品种覆盖率小，还没有形成规模生产；成套性差，伺服、主轴不配套；外观质量、可靠性相对差，商品化程度不足；名牌效应差，用户信心不足。

上述数控技术现状与差距形成的主要原因是：以往历次的攻关主要是从技术的角度关注数控产业的问题，而不是从系统工程的角度综合考虑影响数控产业化的诸多因素，导致了数控技术研究、开发、生产等环节的脱节，数控装置、伺服驱动器、电动机配套的脱节，数控系统生产厂与主机生产厂的脱节，数控系统生产与应用推广、人才培训的脱节。

在国务院 2015 年发布的文件《中国制造 2025》中，大力推动重点领域突破发展的内容中包含了高档数控机床。具体目标是开发一批精密、高速、高效、柔性数控机床与基础制造装备及集成制造系统。加快高档数控机床、增材制造等前沿技术和装备的研发。以提升可靠性、精度保持性为重点，开发高档数控系统、伺服电动机、轴承、光栅等主要功能部件及关键应用软件，加快实现产业化。这为我国数控机床及其技术的发展指明了方向。

1.5　典型数控系统

数控机床的种类繁多，本节将主要介绍在数控机床行业中占据主导地位的日本 FANUC 公司和德国 SIEMENS 公司的数控系统，以及近年来发展迅速的开放式数控系统。

1.5.1　FANUC 数控系统

FANUC 数控系统以其高质量、低成本、高性能、较全的功能，适用于各种机床和生产机械等特点，在市场的占有率较高。主要产品有 0 系列、0i 系列和 16i/18i/21i 系列、30i/31i/32i/35i 系列等。

1. FANUC 0 系列

FANUC 0 系列产品自 1985 年开发成功以来，在车床、铣床、加工中心、圆柱/平面磨床、冲床等机床中得到广泛应用。FANUC 0 系列有 A、B、C、D 四种系列产品，在国内使用较多的是普及型 FANUC 0 - D 和全功能型 FANUC 0 - C 两个系列。其中，0 - C 系列采用多 CPU 方式进行分散处理，已实现了高速连续的切削。在0－D系列中，0－TD用于车床，0－MD用于铣床及小型加工中心，0－GCD用于内、外圆磨床，0－GSD用于平面磨床，0－PD用于冲床。在0－C系列中，0－TC用于车床，0－MC用于铣床、钻床和加工中心，0－GCC用于内、外圆磨床，0－GSC用于平面磨床，0－TTC用于双刀架4轴车床。

FANUC 0系统由CNC基本配置、主轴和进给伺服单元，以及相应的主轴电动机和进给电动机、CRT显示器、系统操作面板、机床操作面板、附加的输入/输出接口板、电池盒、手摇脉冲发生器等部件组成。其中的CNC基本配置又由主印制电路板（Printed Circuit Board，PCB）、存储器板、图形显示板、可编程机床控制器板（Programmable Machine Controller，PMC－M）、伺服轴控制板、输入/输出接口板、子CPU板、扩展的轴控制板、数控单元电源和DNC控制板组成，各板插在主印制电路板上，与CPU的总线相连。

FANUC 0系列产品有以下特点。

1）采用高速的微处理器芯片。FANUC 0系列数控系统是一个多微处理器系统，0－A系列的主CPU为Intel 80186，0－B系列的主CPU为Intel 80286，0－C和0－D系列的主CPU最初为Intel 80386，1988年以后改用Intel 80486DX2。

2）采用高可靠性的硬件设计及全自动化生产制造。该产品采用高品质的元器件，并且大量采用专用VLSI超大规模集成电路芯片，在一定程度上提高了数控系统的可靠性和系统的集成度。使用表面安装元件（Surface Mounting Devices，SMD），进一步提高了数控系统的集成度，使数控系统的体积大幅度减小。

3）丰富的系统控制功能。在系统的功能上具有刀具寿命管理、极坐标插补、圆柱插补、多边形加工、简易同步控制、Cf轴控制（主轴回转由进给伺服电动机实现，回转位置可与其他进给轴一起参与插补）和Cs轴控制（主轴电动机不是进给伺服电动机，而是FANUC主轴电动机，由装在主轴上的编码器检测主轴位置，可与其他进给轴一起参与插补）、串行和模拟主轴控制、主轴刚性攻丝、多主轴控制功能、主轴同步控制功能、PLC梯形图显示和PLC梯形图编辑功能（需要编程卡）、PLC轴控制功能等。该系统除了通用的宏程序功能以外，还增加了定制型用户宏程序，这样为用户提供了更大的个性化设计的空间。用户可以通过编程对显示屏幕、处理过程控制等进行编辑。

4）高速高精度的控制。FANUC 0－C数控系统为了实现在切削路径中的高速、高精度，在系统功能中增加了自动拐角倍率、伺服前馈控制等，大大减小了伺服系统的误差。对PLC的接口增加了高速M、S、T接口功能，进一步缩短了执行时间，提高了系统的运行速度。为了提高系统处理外部数据的速度，FANUC 0－C系统在硬件上增加了远程缓冲控制，系统可以实现高速的DNC操作。

5）全数字伺服控制结构。FANUC 0－C系统采用全数字伺服控制结构，实现了伺服控制的数字化，大大提高了伺服运行的可靠性和自适应性，改善了伺服的性能。由于实现了全数字的伺服控制，可以实现高速、高精度的伺服控制功能，实现伺服波形（位置、偏差、电流）的CRT显示，用于伺服系统的诊断调试。

6）全数字的主轴控制。FANUC 0－C系统除了模拟主轴接口以外，还提供了串行主轴控制（仅限于使用FANUC的主轴放大器）。主轴控制信号通过光缆与主轴放大器连接，连接方便、简洁、可靠。可以实现主轴的刚性攻丝、定位，双主轴的速度、相位同步，以及主轴的Cs轮廓控制。

2. FANUC 0i 系列

目前在国内 FANUC 0i 系列已成为主流产品，各机床生产厂家已大量采用。FANUC 0i 系统由主板和 I/O 两个模块构成。主板模块包括主 CPU、内存、PMC 控制、I/O Link 控制、伺服控制、主轴控制、内存卡 I/F、LED 显示等；I/O 模块包括电源、I/O 接口、通信接口、MDI 控制、显示控制、手摇脉冲发生器控制和高速串行总线等。

FANUC 0i 系列产品有以下特点。

1）FANUC 0i 系统的结构为模块化结构。主 CPU 板上除了主 CPU 及外围电路之外，还集成了 FROM 和 SRAM 模块、PMC 控制模块、存储器和主轴模块、伺服模块等。其集成度较 FANUC 0 系统的集成度更高，因此 0i 控制单元的体积更小，便于安装排布。

2）采用全字符键盘，可用 B 类宏程序编程，使用方便。

3）用户程序区容量比 0 - MD 大一倍，有利于较大程序的加工。

4）使用编辑卡编写或修改梯形图，携带与操作都很方便，特别是在用户现场扩充功能或实施技术改造时更为便利。

5）使用存储卡存储或输入机床参数、PMC 程序及加工程序，操作简单方便，使复制参数、梯形图和机床调试程序过程十分快捷，缩短了机床调试时间，明显提高了数控机床的生产效率。

6）系统具有高速矢量响应（High Response Vector，HRV）功能，伺服增益设定比 0 - MD 系统高一倍，理论上可使轮廓加工误差减少一半。以切削圆为例，同一型号机床 0 - MD 系统的圆度误差通常为 0.02 ~ 0.03mm，换用 0i 系统后圆度误差通常为 0.01 ~ 0.02mm。

7）机床运动轴的反向间隙，在快速移动或进给移动过程中由不同的间隙补偿参数自动补偿。该功能可以使机床在快速定位和切削进给不同工作状态下，反向间隙补偿效果更为理想，这有利于提高零件加工精度。

8）0i 系统可预读 12 个程序段，比 0 - MD 系统多。结合预读控制及前馈控制等功能的应用，可减少轮廓加工误差。小线段高速加工的效率、效果优于 0 - MD 系统，对模具三维立体加工有利。

9）与 0 - MD 系统相比，0i 系统的 PMC 程序基本指令执行周期短，容量大，功能指令更丰富，使用更方便。

10）0i 系统的界面、操作、参数等与 16i、18i、21i 基本相同。熟悉 0i 系统后，自然会方便地使用上述其他系统。

11）在软件方面 0i 系统比 0 系统也有很大提高，特别在数据传输上有很大改进，如 RS232 串口通信波特率达 19200b/s，可以通过 HSSB（高速串行总线）与 PC 相连，使用存储卡实现数据的输入/输出。

3. FANUC 16i/18i/21i 系列

FANUC 16i/18i/21i 系列产品比 0i 系统体积进一步缩小，将液晶显示器与 CNC 控制部分合为一体，实现了超小型化和超薄型化。而且，通过纳米插补和伺服 HRV 控制的高增益伺服系统，以及高分辨率的脉冲编码器可实现高速、高精度加工；利用光导纤维将 CNC 控制单元和多个伺服放大器之间连接起来的高速串行总线，可以实现高速度的数据通信并减少连接电缆；可通过 Internet 对数控系统进行远程诊断；CNC 与 Windows 2000 对应，可以使用多种应用软件，不仅支持机床个性化和智能化，而且可以与终端用户自身的个性化相对应。

该系列产品中，16i 最大可控制 8 轴，6 轴联动；18i 最大可控制 6 轴，4 轴联动；21i 最大可控制 4 轴，4 轴联动。

4. FANUC 30i/31i/32i/35i 系列

FANUC30i 系列，是适合于先进、复合、多轴、多通道、纳米要求的数控系统，该系列包括 30i/31i/32i/35i－MODEL A/ MODEL B 等。FANUC 30i 系列采用了最新的硬件技术，如采用了最新的超高速微处理器，数控系统内部的总线也实现了高速化的处理，因而大幅度提高了构成系统的数控系统处理器、PMC 处理器、数字伺服处理器之间的数据传输速度。另外，把数控系统的数控功能板安装在显示器背面，这种显示器一体型的型式使系统变成其厚度只有 60mm 超小型、超薄型的控制装置，大幅节省了机床数控系统的安装空间。此外，还为用户开发了显示器和数控装置相互分离的显示器分离型数控系统。与以往的数控系统相比，在最大配置时，节省了二分之一的安装的空间。为了提高系统的操作性，采用了 15in 的彩色液晶显示器，将丰富多彩的信息显示在屏幕上。另外，除了在液晶显示器的下面配备的横排软键外，还在液晶显示器的旁边新设了竖排软键。显示器前面板还配置了一个 PCMCIA 接口。在这种情况下，使用微型闪存卡，可以将存储卡完全插入数控系统控制装置进行 DNC 的运行。作为用来将各类数据输入到数控系统中的键盘，新设立了与 PC 键盘相同排列的 QWERTY 键盘（标准的传统键盘）。由于可以像操作 PC 一样地输入数据，熟悉 PC 操作的用户可以驾轻就熟地操作数控系统。数控系统的显示器除了 15in 彩色显示器外，还备有 10.4、8.4、7.2in 彩色显示器。另外，备有标准机床操作面板，允许用户对不同的机床按键进行自定义。NGC 系列采用高速串行伺服总线（Fanuc Serial Servo Bus，FSSB）将数控系统与多个伺服放大器串行连接，FANUC 串行伺服总线 FSSB，传送速度比以往提高 2 倍以上。1 根光缆最多可以控制 16 轴伺服电动机。采用高速数字信号处理（Digital Signal Processing，DSP）和高速 FSSB 传送伺服控制信号，实现 31.25μs 的伺服电路控制周期。由于采用光缆传送信号，速度高；同时大大减少了连接的电缆，因此也大大提高了可靠性。

FANUC 30i 系列具有先进的扩展功能，最多可实现对 10 个路径、32 个伺服轴和 8 个主轴的控制，可用于各种大型机床，加工中心等。使用一套数控机床就可以实现具有特殊的复合控制技术的多路径、多轴的机床控制。例如，FANUC 31i－B，可实现 4 路径、20 个伺服轴和 6 个主轴的控制，功能丰富，技术先进，最适合高档的车床和加工中心。FANUC 30i－B，可实现 10 路径、32 个伺服轴和 8 个主轴的控制，是一种高档的多轴数控机床用数控系统，可同时进行各种加工，具有 5 轴联动功能，可加工复杂的形状，应用灵活，适用于所有机床类型。

1.5.2 SIEMENS 数控系统

SIEMENS 公司是生产数控系统的著名厂家，其数控系统以较好的稳定性和较优的性价比，在我国数控机床行业被广泛应用，主要包括 SINUMERIK 802、808、810、820、828D、840 等系列。

1. SINUMERIK 802 系列

20 世纪 90 年代中后期，SIEMENS 公司推出 SINUMERIK 802 系列数控系统，其中 802S 和 802C 是经济型数控系统，可控制 3 个进给轴和 1 个主轴。802S 系统采用带有脉冲及方向信号的步进驱动接口，可配接 STEPDRIVE C/C + 步进驱动器和五相步进电动机或 FM STEPDRIVE 步进驱动器和 IFL3 系列三相步进电动机，802C 系统则包含有 -10～10V 接口，可配接 SIMODRIVE 611 驱动装置。802S/802C 系统除 3 个进给轴外，都有 1 个 -10～10V 的接口，用于连接主轴驱动。SINUMERIK 802S/802C 系统包括操作面板、机床控制面板、数字控制单元、PLC 模块，数字控制单元及 PLC 模块可安装在通用的安装导轨上。

SINUMERIK 802D 是数字式的数控系统，可控制最多 4 个数字进给轴和 1 个主轴。数控系统通过 PROFIBUS 总线与 I/O 模块和数字驱动模块（SIMODRIVE 611 universal E）相连接，主轴通过模拟接口控制。SINUMERIK 802S/802C/802D 采用 SIMATIC S7 - 200PLC 指令集对系统内部 PLC 进行编程。

2. SINUMERIK 808 系列

得益于其基于面板的设计理念和 IP65 的防护等级，SINUMERIK 808 系列是恶劣应用环境下的理想选择。该数控系统尺寸小，可完美应用于结构紧凑的机床。同时，SINUMERIK 808 系列还可通过精优曲面等众多预置功能和友好强大的系统轻松便捷地进行操作。SINUMERIK 808 系列可为车削和铣削应用实现完美的预先配置。其应用范围涵盖了基本的标准型铣床和加工中心、循环控制车床，以及基本全自动数控车床、高性能普及型车床、铣床和立式加工中心。SINUMERIK 808 系列是普及型数控系统用户的理想解决方案。除兼容 ISO 标准代码编程外，该系统还通过图形和交互方式对调试进行了详细说明。SINUMERIK 808 系列主要包括 808D 和 808D ADVANCED 两款产品。

3. SINUMERIK 810/820 系列

20 世纪 80 年代中期，SIEMENS 公司推出了 810、820 系列数控系统。810 和 820 系列在体系结构和功能上相似。该系列产品分为 M、T、G 型等。M 型用于镗床、铣床和加工中心，T 型用于车床，G 型用于磨床。SINUMERIK 810/820 系列数控系统一般适用于中小型机床。

SINUMERIK 810/820 系列数控系统由 CPU 模块、位置控制模块、系统程序存储器模块、文字图形处理模块、接口模块、I/O 模块、CRT 显示器及操作面板组成。其中央单元的主 CPU 为 80186。采用通道式结构，有主通道和辅助通道。用 RS232C 接口进行数据传输和通信联网，可使编程和操作简便、运行可靠、维修方便。操作者可利用软功能健在 CRT 上调用软件菜单内容，输入加工程序，还可以快速模拟运行加工程序。

20 世纪 90 年代中期，SIEMENS 公司推出了全数字式数控系统 SINUMERK 810D/DE，810D 是 840D 的简化版，最多可控制 6 轴（包括 1 个主轴和 1 个辅助主轴）。该系统采用 ASIC 芯片将数控系统和驱动控制集成在驱动模块（SIMODRIVE）中，也就是说 SINUMERIK 810D/DE 数控系统没有驱动接口。810D/DE 采用 32 位微处理器，内装高性能 SIMEATIC S7 PLC。

4. SINUMERIK 828D 系列

SINUMERIK 828D 数控系统，是面向中高档数控机床配套的产品，属于 810D 的替代产品。基于面板的 SINUMERIK 828D 是一种紧凑型数控系统，支持车、铣工艺应用，铣床版可控制 6 轴，车床版可控制 8 轴。具有 80 位浮点数纳米计算精度，刀具管理功能可以管理 256 个刀具。可选水平、垂直面板布局和两级性能，以满足不同安装形式和不同性能要求的需要。完全独立的车削和铣削应用系统软件，可以尽可能多地预先设定机床功能，从而最大限度减少机床调试所需时间。SINUMERIK 828D 集 CNC、PLC、操作界面及轴控制功能于一体，通过 Drive - CLiQ 总线与全数字驱动 SINAMICS S120 实现高速可靠通信，PLC I/O 模块通过 PROFINET 连接，可自动识别，无需额外配置。大量强大的数控功能和丰富、灵活的工件编程方法使它可以自如地应用于世界各地的各种加工场合。SINUMERIK 828 系列的另外两款产品是应用于铣床的 SINUMERIK 828D BASIC M，支持各种钻铣工艺，同时也能在圆柱形工件上进行加工，最多可控制 5 轴/主轴；应用于车床的 SINUMERIK 828D BASIC T，除了可以进行车削操作，还支持在端面和柱面上的钻削和铣削加工，最多可控制 5 轴/主轴。

5. SINUMERIK 840 系列

SINUMERIK 840 系列主要有 840C、840D、840Di、840Dsl 等。840C 系统是西门子公司 20 世纪 90 年代初开发的数控系统，适用于全功能车削中心、铣床和加工中心及 FMS、CIMS 轨迹控制的模块微处理器 CNC 系统。中央控制组件采用三种 CPU 结构，有数字控制 CPU（NC - CPU）386DX、人机通信 CPU（MMC - CPU）386SX 和可编程逻辑控制器 CPU（PLC - CPU）386SX 附带 387SX。其主要特点为：4 个轴同时独立运行，5 轴联动，2 个手轮独立运行，双溜板或双主轴结构。

SINUMERIK 840D（power line）是西门子公司 20 世纪 90 年代推出的高性能数控系统。它保持了西门子 840C 的三 CPU 结构。三部分在功能上既相互分工，又互为支持。在物理结构上，NC - CPU 和 PLC - CPU 合为一体，合成在数字控制单元（Numerical Control Unit，NCU）中，但在逻辑功能上相互独立。

相对于前几代系统，SINUMERIK 840D 具有以下特点。

1）数字化驱动。在 SINUMERIK 840D，数控和驱动的接口信号是数字量，通过驱动总线接口挂接各轴驱动模块。

2）轴控规模大。最多可以配 31 个轴，其中可配 10 个主轴。

3）可以实现 5 轴联动。SINUMERIK 840D 可以实现 X、Y、Z、A、B 5 轴的联动加工，任何三维空间曲面都能加工。

4）操作系统视窗化。SINUMERIK 840D 采用 Windows 95 作为操作平台，操作简单、灵活，易掌握。

5）软件内容丰富、功能强大。SINUMERIK 840D 可以实现加工（Machine）、参数设置（Parameter）、服务（Services）、诊断（Diagnosis）及安装启动（Start - up）等几大软件功能。

6）具有远程诊断功能。例如，现场用 PC 适配器、MODEM 卡，通过电话线实现 SINUMERIK 840D 与异域 PC 通信，完成修改 PLC 程序和监控机床状态等远程诊断功能。

7）保护功能健全。SINUMERIK 840D 系统软件分为西门子服务级、机床制造厂家级、最终用户级等 7 个软件保护等级，使系统更加安全可靠。

8）硬件高度集成化。SINUMERIK 840D 数控系统采用了大量超大规模集成电路，提高了硬件系统的可靠性。

9）模块化设计。SINUMERIK 840D 的软硬件系统根据功能和作用划分为不同的功能模块，使系统连接更加简单。

10）内装大容量的 PLC 系统。SINUMERIK 840D 数控系统内装 PLC 最大可以配 2048 输入和 2048 输出，而且采用了 Profibus 现场总线和 MPI 多点接口通信协议，大大减少了现场布线。

11）PC 化。SINUMERIK 840D 数控系统是一个基于 PC 的数控系统。

840Di 系统是采用 PROFIBUS - DP 现场总线结构的数控系统，它把数控核心部件数控实时操作系统（Numerical Control Realtime Kemal，NCK）、面板控制单元（Panel Control Unit，PCU）及 PLC 单元集成在基于 Windows 平台下的 PC 中，SIMATIC DP ET200M/S/X 作为 I/O 连接在 PROFIBUS - DP 上，最多可达 18 个轴，包括 6 个通道和方式组。

840Dsl（solution line）具有模块化、开放、灵活而又统一的结构，为使用者提供了最佳的可视化界面和操作编程体验，以及最优的网络集成功能。SINUMERIK 840Dsl 是一个创新的能适用于所有工艺功能的系统平台，功能上具有 10 个方程组、10 个通道、31 个进给轴/主轴。SINUMERIK 840Dsl 集成了结构紧凑、高功率密度的 SINAMICS S120 驱动系统，并结合 SIMATIC S7 - 300 PLC 系统，强大而完善的功能使 INUMERIK 840Dsl 成为中高端数控应用的最佳选择。

SINUMERIK 840Dsl 可广泛适用于车削、钻削、铣削、磨削、冲压、激光加工等工艺，能胜任刀具和模具制造、高速切削、木材和玻璃加工、传送线和回转分度机等应用场合，既适合大批量生产，也能满足单件小批量生产的要求。

SINUMERIK 840Dsl 是一种功能强大的数控系统，能完美胜任各种苛刻的应用需求。

高效：能高效地操作编程，便捷地安装、调试和设计。

创新：具有创新的数控功能、通信形式、操作方式和系统开放性。

兼容：可继承原有的编程操作方式和机床界面，具有广泛的电动机选择性。

1.5.3　开放式数控系统

1. 开放式数控系统的定义

电气和电子工程师协会（Institute of Electrical and Electronics Engineers，IEEE）关于开放式数控系统的定义是：能够在不同厂商的多种平台上运行，可以和其他系统的应用程序互操作，并且能够给用户提供一致性的人机交互方式。

开放式数控系统的实质也可以通俗地理解为在统一的运行平台上，面向机床厂家和最终用户，通过改变、增加或剪裁结构对象（数控功能）形成系列化，并方便地将用户的特殊应用和技术决定集成到控制系统中，快速实现不同品种、不同档次的开放式数控系统，形成具有鲜明个性的名牌产品。

美国在 20 世纪 90 年代初提出了开发下一代控制器（Next Generation Controller，NGC）的计划，以后又提出了开放式、模块化体系结构控制器（Open Modular Architecture Control，OMAC）计划，重点开发以 PC 为平台的开放式、模块化控制器。

欧洲也在 20 世纪 90 年代初提出自动化系统中用于控制的开放式体系结构（Open System Architecture for Control within Automation Systems，OSACA）计划，目标是研制出开放式控制系统的体系结构。

由于技术等方面的限制，要在短期内完全实现这种理想的开放式数控系统还有不少困难。目前开放式数控的一个具体表现就是发展基于 PC 的数控系统，数控系统的 PC 化正成为开放式数控系统的一个潮流，代表了 CNC 发展的主要方向。

2. 开放式数控系统的基本特征

开放式数控系统的基本特征如下：

1）模块化。

2）标准化。

3）移植性。

4）可再次开发。

5）网络化。

6）最大可能地利用个人计算机软件、硬件技术。

3. 开放式数控系统的优点

开放式数控系统的优点如下：

1）向未来技术开放，由于软、硬件遵循公认的标准协议，只需少量重新设计，新一代的通用软硬件就能被现有系统所吸收和兼容，这可延长系统生命周期，降低开发费用。

2）标准化的人机界面和编程语言，方便用户使用，可降低与操作效率有关的劳动消耗。

3）对特殊要求用户开放，提供可供选择的软硬件产品，融入用户自身的技术诀窍，满足特殊要求，形成特色产品。

4）减少品种利于批量生产、提高可靠性和降低成本，增强市场供应和竞争能力。

4. 开放式数控系统的模式

开放式数控系统的模式有三种：

1）PC 嵌入 NC 中。

2）NC 嵌入 PC 中（运动控制卡结合 PC）。

3）全软件化 NC。

5. 开放式数控系统的核心——开放式控制器

开放式数控系统的核心是具有开放性的运动控制器。PMAC（Programmable Multiple - Axis Controller）是美国 Delta Tau 公司遵循开放式系统体系结构标准开发的开放式可编程多轴器。在运动控制领域经过二十多年的探索，Delta Tau 公司成功地将摩托罗拉的数字信号处理器 DSP56001 用于 PMAC，加上专用的用户门阵列芯片，结合 PC 的柔性，使得 PMAC 对系统的控制非常成熟、可靠。

目前 Delta Tau 不仅生产 Advantage 系列 PMAC - NC 机床控制器，控制 4 ~8 轴运动，还生产 TURBO PMAC、PMAC2（第二代 PMAC），MACRO（光缆控制环路）、UMAC（3U 结构）等采用最新技术的控制器，最多可以实现 128 轴的运动控制。

PMAC 是 20 世纪 90 年代初推出的，主要提供机床功能、机器人特性、计时检测及通用自动化的性能，可处理运动控制、逻辑控制、资源管理及与主机的交互工作。

PMAC 最大的优点是站在用户的立场，方便、快捷、稳定、可靠、全面开放，使用户在使用 PMAC 组建自己的系统时犹如一个建筑师设计房屋、桥梁，尽显自己的才华，而一切又都那么容易。

6. 开放式数控系统面临的问题及发展趋势

（1）开放式数控系统面临的问题　开放式数控系统发展的主要目的是解决变换复杂的

要求与控制系统专一固定的框架之间的矛盾，实现控制系统的易变、紧凑和廉价。从技术上看，大致有控制、感测、接口、执行器、软件五方面还需进行大量技术难题攻关。

（2）开放式数控系统的发展趋势　在控制系统技术、接口技术、检测传感技术、执行器技术、软件技术五大方面开发出先进、适销而且经济、合理的开放式数控系统。

数控系统今后的主攻方向是进一步适应高精度、高效率（高速）、高自动化加工的需求。特别是对有复杂任意曲线、任意曲面零件的加工，需要利用新的加工表述语言，简化设计、生产准备和加工过程，并减少数据存储量，采用 64 位 CPU 实现 CAD/CAM，进行三维曲面的加工。

开放式个人计算机 CNC 系统实现网络化，使 CNC 机床配上个人计算机开放式 CNC 系统，能在厂内联网与厂外通信网络连接，对 CNC 机床能进行作业处理、远距离监视、情报检索等，在实现高精度、高效率加工的基础上，进一步实现无人化、智能化、集成化的高度自动化生产。

习　题

1-1　什么是数字控制？什么是数控技术？

1-2　数控系统由哪些部分组成？

1-3　分析数控机床的组成和工作原理。

1-4　简述数控系统的工作过程。

1-5　什么是点位控制、直线控制和轮廓控制？

1-6　分析三种伺服系统控制方式的控制特点。

1-7　简述数控机床的分类。

1-8　简述数控技术的发展趋势。

1-9　什么叫脉冲当量？数控机床常用的脉冲当量是多少？它影响着数控机床的什么性能？

第 2 章　数控编程基础

2.1　概述

2.1.1　数控编程的基本概念

数控加工是指在数控机床上进行零件加工的一种工艺方法。在数控机床上加工零件时，根据零件图，在工艺分析的基础上，将与加工有关的全部工艺过程、工艺参数、位移数据和方向转化为刀具路径与操作步骤，然后按照规定的程序格式使用标准化的指令编写加工程序，最后输入数控装置，指挥数控机床加工。

将从零件图的识读到编写加工程序的全部过程称为数控加工的程序编制，简称数控编程。编制的程序称为 NC 程序。

2.1.2　数控编程的内容和步骤

数控编程的内容主要包括：分析零件图、确定加工工艺过程、计算机辅助计算、编写零件加工程序单、程序校验和试切削等。

数控编程的一般步骤如图 2-1 所示，具体过程如下。

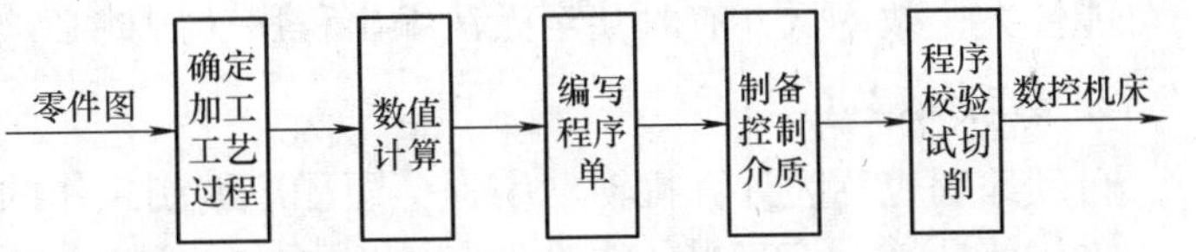

图 2-1　数控编程的一般步骤

1. 确定加工工艺过程

在确定加工工艺过程时，编程人员要根据零件图进行工艺分析，然后选择加工方案，确定加工顺序、加工路线、装卡方式、刀具、工装，以及切削用量等工艺参数。这一过程要参考相应数控机床手册，充分发挥数控机床的性能。

2. 计算机辅助计算

按已确定的加工路线和允许的零件加工误差，利用计算机计算所需的相关数据，称为计算机辅助计算。由于当前图样基本上为数字化的 CAD 文件，计算的主要内容是在规定的坐标系内计算零件轮廓和刀具运动轨迹的坐标值。数值计算的复杂程度取决于零件的复杂程度和数控装置功能的强弱。对于使用点位控制的数控机床（如数控冲床等）加工的零件，一般不需要计算，只有当零件坐标系与编程坐标系不一致时，才需要对坐标进行换算。对于形状比较简单的零件（如直线和圆弧组成的零件）的轮廓加工，利用 CAD 软件可以直接获得几何元素的起点、终点、圆弧的圆心、两几何元素的交点或切点的坐标值，同样，在 CAD 软件的环境中可以计算刀具中心的运动轨迹坐标值。对于形状比较复杂的零件（如非圆曲线、曲面组成的零件）的轮廓加工，需要用直线段或圆弧段逼近，根据要求的精度计算出节点坐标值。这些工作都可以利用 CAD 软件辅助完成。

3. 编写零件加工程序单

加工路线、工艺参数及刀具运动轨迹的坐标值确定以后，编程人员可以根据数控系统规定的功能代码及程序段格式，逐段编写加工程序单。此外，还应填写有关的工艺文件，如数控加工工序卡片、数控刀具卡片、数控刀具明细表等。由于 PC 的普及，程序可以在 PC 上编制，以文件的形式进行存储或通过网络发送到数控机床。

4. 程序校验和试切削

程序单或编写的程序文件必须经过校验和试切削才能用于正式加工。一般采用计算机仿真模拟、空走刀校验、空运转画图校验，以检查机床运动轨迹与动作的正确性。这些方法只能检验运动是否正确，不能检查被加工零件的加工精度。因此，还要进行零件的试切削。当发现有加工误差超过允许值时，应分析原因，采取措施加以纠正。

2.1.3　数控编程的方法

数控编程的方法有两种：手工编程和自动编程。

1. 手工编程

用人工完成程序编制的全部工作（包括用通用计算机辅助进行数值计算）称为手工编程。

对于几何形状较为简单的零件，数值计算较简单，程序段不多，采用手工编程较容易完成。因此，在点位加工及由直线与圆弧组成的轮廓加工中，手工编程仍广泛使用。但对于形状复杂的零件，特别是具有非圆曲线、自由曲面的零件，用手工编程就有一定的困难，出错的可能性大，效率低，有时甚至无法编出程序，因此必须采用自动编程。

2. 自动编程

自动编程也称为计算机辅助编程，即程序编制工作的大部分或全部由计算机来完成，如完成坐标值计算、编写零件加工程序单、自动输出打印加工程序单或输出加工程序等。自动编程方法减轻了编程人员的劳动强度，缩短了编程时间，提高了编程质量，同时解决了手工编程无法解决的许多复杂零件的编程难题。工件表面形状越复杂，工艺过程越繁琐，自动编程的优势越明显。

自动编程的方法种类很多，发展也很迅速。根据编程信息的输入和计算机对信息处理方式的不同，可以分为以自动编程语言为基础的自动编程方法（简称语言式自动编程）和以计算机绘图为基础的自动编程方法（简称图形交互式自动编程）。

2.2　编程的基础知识

2.2.1　零件加工程序的结构

1. 程序的构成

一段完整的 NC 程序由程序号（名）和若干个程序段组成，每个程序段由若干个程序字（指令字）组成，每个程序字又由字母、数字、符号组成。例如：

```
O600
N10 G54 X0 Y0;
N20 G90 G00 X10 Y60;
N30 G01 X60 Y120 F150 S300 M06 T12 M03;
……
N100 G00 X-40 Y-6;
N110 M30;
```

上面是一段完整的零件加工程序，由一个程序号和 11 个程序段组成。最前面的“O600”是整个程序的程序号，也叫程序名。每一个独立的程序都应有程序号，可作为识别、调用该程序的标志。程序号的格式为：程序标志符 + 程序编号。

上例中的字母“O”为程序标志符，600 为程序编号。

不同的数控系统，程序标志符所用的字符可以不相同，如 FANUC 系统用 O，AB8400 系统用 P，SINUMERIK 系统用%，编程时要根据机床手册的规定使用。

每个程序段以程序段序号“N××××”开头，用“;”表示结束（还有一些系统用 LF、CR、EOB 等符号表示），每个程序段中有若干个程序字，每个程序字表示一种功能。一个程序段表示一个完整的加工工步或动作。

一个程序的最大长度取决于数控系统中零件程序存储区的容量。现代数控系统的存储区容量已足够大，一般情况下已足够使用。一个程序段的字符数也有一定的限制。例如，某些数控系统规定一个程序段的字符数≤90 个，一旦大于限定的字符数时，应把它分成两个或多个程序段。

2. 程序段格式

程序段格式是指一个程序段中字的排列顺序和表达方式。不同的数控系统往往有不同的程序段格式。当程序段格式不符合要求时，数控系统会提示出错。

目前，广泛采用的程序段格式中对程序字的排列顺序没有严格要求，与上一程序段相同的某些程序字可以不写。

国际标准 ISO 6983－I：2009 和我国的 GB/T 8870. 1—2012 标准推荐的程序段格式为：

N__	G__	X__ Y__ Z__	F__	S__	T__	M__	;
程序段序号字	准备功能字	尺寸字	进给功能字	主轴转速功能字	刀具功能字	辅助功能字	程序段结束符

例如：N20 G01 X25 Y-36 Z64 F100 S300 T02 M03;

程序字的组成如下所示：

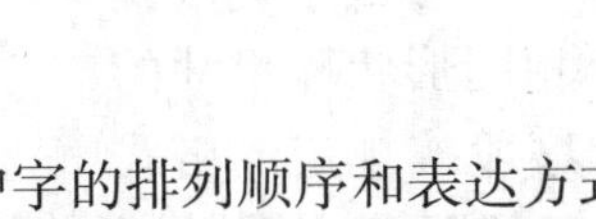

程序段的一般格式中，各程序字可根据需要选用，不用的可省略。在程序段中表示地址码的英文字母可分为尺寸地址码和非尺寸地址码两类。

常用地址码及其含义见表 2-1。

表 2-1　常用地址码及其含义

机　能	地 址 码	说　明
程序段序号	N	程序段顺序编号地址
坐标字	X, Y, Z, U, V, W, P, Q, R	直线坐标轴
	A, B, C, D, E	旋转坐标轴
	R	圆弧半径
	I, J, K	圆弧中心坐标
准备功能	G	指令机床动作方式
辅助功能	M	机床辅助动作指令
补偿值	H 或 D	补偿值地址
切削参数	S	主轴转速
	F	进给速度
刀具功能	T	刀库中的刀具编号

3. 主程序和子程序

数控加工程序可分为主程序和子程序。在一个加工程序中，如果有几个连续的程序段在多处重复出现（如在一个较大的工件上加工多个相同形状和尺寸的部位），就可将这些重复使用的程序段按规定的格式独立编写成子程序，输入数控装置的子程序存储区中，以备调用。程序中子程序以外的部分称为主程序，在执行主程序的过程中，如果需要，可调用子程序，并可以多次重复调用。有些数控系统，子程序执行过程中还可以调用其他的子程序，即子程序嵌套。这样可以简化程序设计，缩短程序的长度。带子程序的程序执行过程如图 2-2 所示。

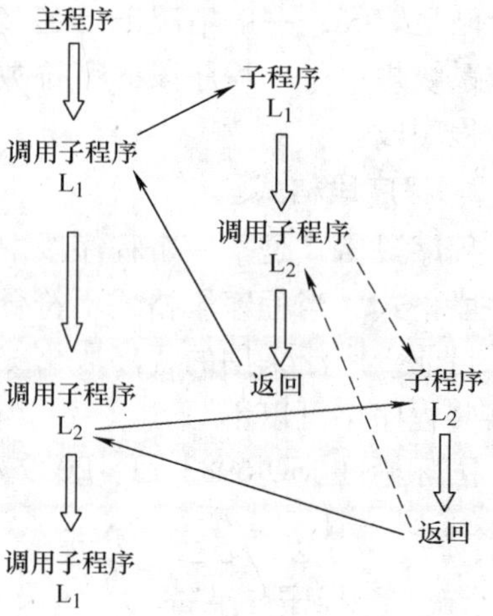

图 2-2　带子程序的程序执行过程

2.2.2　数控机床的坐标系

数控加工程序中包括刀具轨迹的描述，为了描述轨迹，必须建立适当的坐标系。

1. 坐标轴及运动方向的规定

为保证数控系统、机床设计、程序编制和使用维修的一致性，必须对坐标轴和运动方向有统一的规定。因此，ISO 组织和我国有关部门都制定了相应的标准，并且两者是等效的。

（1）坐标系　标准规定采用右手直角笛卡儿坐标系，直线进给运动用直角坐标系 X、Y、Z 表示，常称为基本坐标系。X、Y、Z 坐标的相互关系用右手定则确定。围绕 X、Y、Z

轴旋转的圆周进给坐标轴分别用 A、B、C 坐标表示，其正向根据右手螺旋定则确定，如图 2-3 所示。

数控机床的进给运动是相对运动，有的是刀具相对于工件的运动（如车床），有的是工件相对于刀具的运动（如铣床）。所以标准统一规定：上述坐标系是假定工件不动，刀具相对于工件做进给运动的坐标系。如果是刀具不动，工件运动的坐标则用加“′”的字母表示。显然，工件运动坐标的正方向与刀具运动坐标的正方向相反。

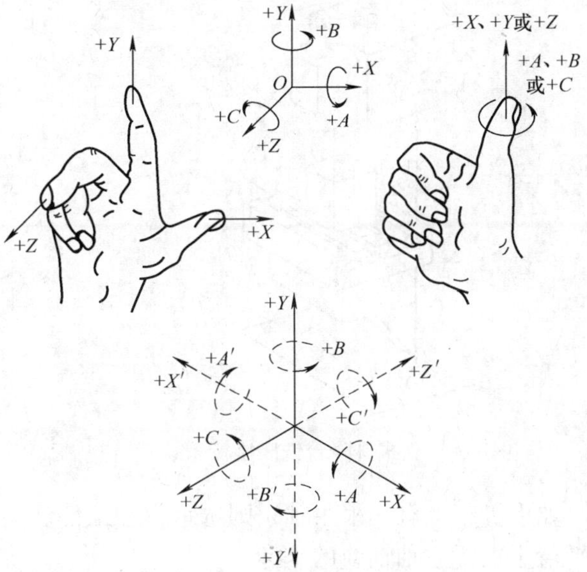

图 2-3　标准坐标系

标准统一规定，刀具远离工件的方向为坐标轴的正方向。

（2）机床坐标轴的确定方法　图 2-4 ~ 图 2-7 分别给出了几种典型机床的标准坐标系简图，其中图 2-4 中的车床刀塔为后置刀塔。图中字母表示运动的坐标，箭头表示正方向。按照先确定 Z 坐标轴，再确定 X 坐标轴，最后确定 Y 坐标轴的顺序来确定坐标轴和运动方向。

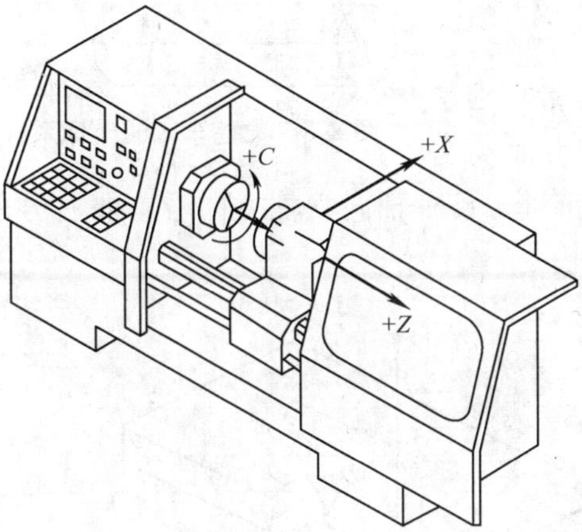

图 2-4　卧式车床坐标系

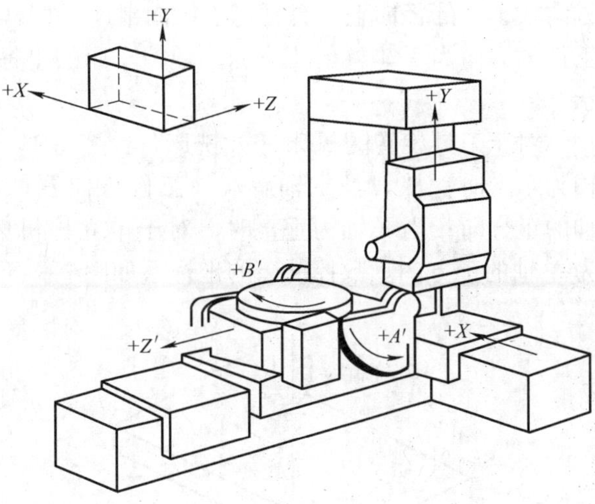

图 2-5　卧式铣床坐标系

1）Z 坐标：一般平行于机床主轴（传递切削动力），取刀具远离工件的方向为正方向（+Z）。

对于刀具旋转的机床，如铣床、钻床、镗床等，平行于旋转刀具轴线的坐标为 Z 坐标；对于工件旋转的机床，如车床、外圆磨床等，平行于工件轴线的坐标为 Z 坐标。

对于没有主轴的机床，则规定垂直于工件装夹表面的坐标为 Z 坐标（如刨床）。

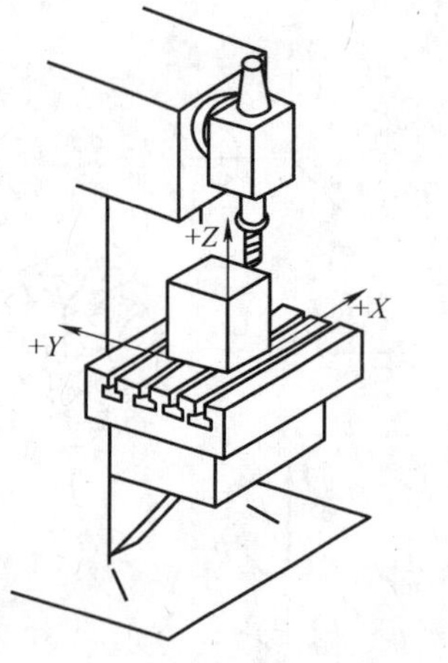

图 2-6　立式升降台铣床坐标系

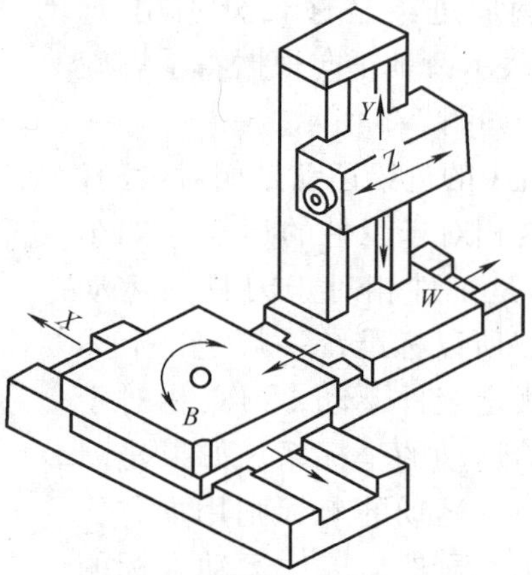

图 2-7　卧式镗铣床坐标系

如果机床上有几根主轴，则选垂直于工件装夹表面的一根主轴作为主要主轴，Z 坐标即为平行于主要主轴轴线的坐标。

如果主轴能摆动，当在摆动范围内只与主坐标系中的一个坐标平行时，则这个坐标就是 Z 坐标。如果在摆动范围内能与主坐标系中的多个坐标相平行，则取垂直于工件装夹面的坐标作为 Z 坐标。

2）X 坐标：规定 X 坐标轴为水平方向，且垂直于 Z 轴并平行于工件的装夹面。

对于工件旋转的机床（如车床、外圆磨床等），X 坐标的方向在工件的径向上，且平行于横向滑座。同样，取刀具远离工件的方向为 X 坐标的正方向。数控车床的坐标系如图 2-8 所示。

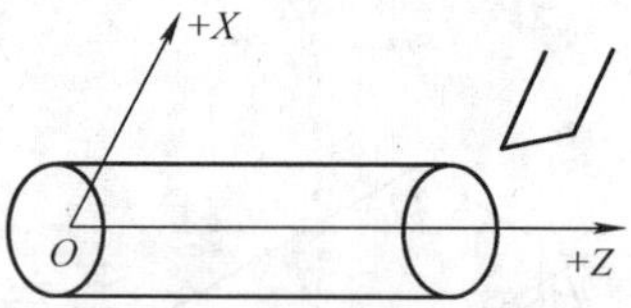

图 2-8　数控车床的坐标系

对于刀具旋转的机床（如铣床、镗床等），则规定：当 Z 轴为水平时，从刀具主轴后端向工件方向看，向右方向为 X 轴的正方向；当 Z 轴为垂直时，对于单立柱机床，面对刀具主轴向立柱方向看，向右方向为 X 轴的正方向。数控铣床的坐标系如图 2-9 所示。

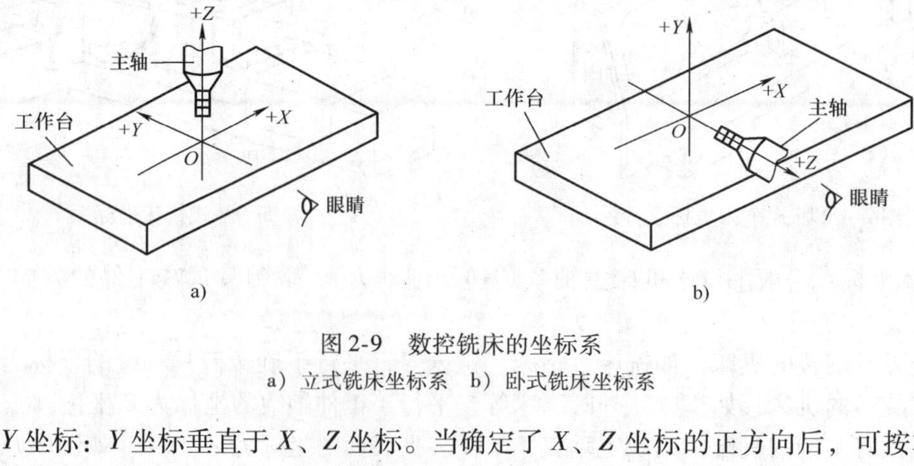

图 2-9　数控铣床的坐标系

a）立式铣床坐标系　b）卧式铣床坐标系

3）Y 坐标：Y 坐标垂直于 X、Z 坐标。当确定了 X、Z 坐标的正方向后，可按右手定则确定 Y 坐标的正方向。

4）A、B、C 坐标：A、B、C 坐标分别表示绕 X、Y、Z 轴的回转坐标，在确定了 X、Y、Z 坐标的正方向后，可按右手螺旋定则来确定 A、B、C 坐标的正方向。

5）附加运动坐标：X、Y、Z 为机床的主坐标系或称第一坐标系。如果除了第一坐标系以外还有平行于主坐标系的其他坐标系，则称为附加坐标系。附加的第二坐标系命名为 U、V、W，第三坐标系命名为 P、Q、R。第一坐标系是指与主轴最接近的直线运动坐标系，稍远的即为第二坐标系。

如果除了 A、B、C 第一回转坐标系以外，还有其他的回转坐标，则命名为 D、E 等。

（3）编程坐标系　由于工件与刀具是一对相对运动，$+X'$ 与 $+X$、$+Y'$ 与 $+Y$、$+Z'$ 与 $+Z$ 有确定的关系，因此在数控编程时，为了方便，一律假定工件固定不动，全部用刀具运动的坐标系编程。也就是说只能用标准坐标系 X、Y、Z、A、B、C 进行编程。这样，即使在编程人员不知刀具移近工件还是工件移近刀具的情况下，也能编制出正确的程序。

2. 机床坐标系与工件坐标系

（1）机床坐标系与机床原点　机床坐标系是机床上固有的坐标系，并设有固定的坐标原点，其坐标和运动方向视机床的种类和结构而定。一般情况下，坐标系是利用机床机械结构的基准线来确定的，这在机床说明书中均有规定。

机床坐标系的原点也称机床原点、机械原点。它是固有的点，不能随意改变。

（2）工件坐标系与工件原点　工件坐标系是编程人员在编程时使用的，由编程人员以工件图样上的某一点为原点所建立的坐标系，编程尺寸都按工件坐标系中的尺寸确定，故工件坐标系也称编程坐标系。工件坐标系的原点也称工件原点、编程原点。它可以用程序指令设置和改变。在一个零件的全部加工程序中，根据需要，可以一次或多次设定或改变工件原点。

（3）机床坐标系与工件坐标系的关系　机床坐标系与工件坐标系的关系如图2-10所示。一般说来，工件坐标系的坐标轴与机床坐标系相应的坐标轴相平行，方向也相同，但原点不同。在加工中，工件随夹具在机床上安装后，要测量工件原点与机床原点之间的坐标距离，这个距离称为工件原点偏置。这个偏置值需预存到数控系统中。在加工时，工件原点偏置值便能自动加到工件坐标系上，使数控系统可按机床坐标系确定加工时的坐标值。

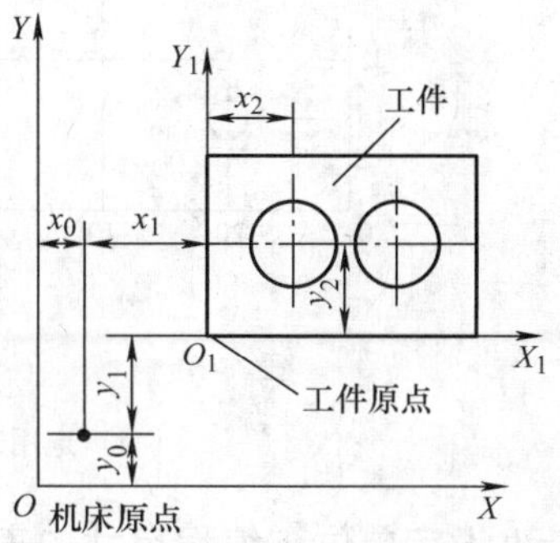

图2-10　机床坐标系与工件坐标系的关系

3. 绝对坐标系和增量（相对）坐标系

在坐标系中，所有的坐标点均以固定的坐标原点为起点确定坐标值，这种坐标系称为绝对坐标系，如图2-11a所示，A、B 两点的坐标值均以固定的坐标原点计算，其坐标值分别为（10，20）、（30，50）。

在坐标系中，运动轨迹（直线或圆弧）的终点坐标值是以起点开始计算的，这种坐标系称为增量坐标系。增量坐标始终是后点相对于前点进行度量。

增量坐标常用 U、V、W 代码表示。U、V、W 轴分别与 X、Y、Z 轴平行且同向，如

图 2-11b 所示，假定运动轨迹由 A 到 B，则 A、B 点的相对坐标值分别为（0，0），（20，30），$U-V$ 坐标系即为增量坐标系。

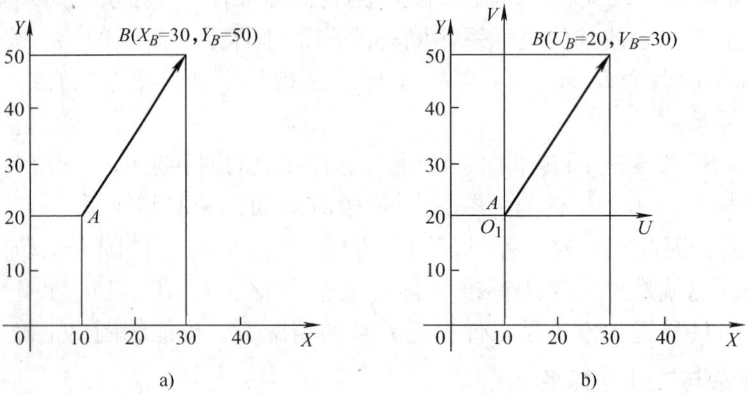

图 2-11　绝对坐标系和增量坐标系

a）绝对坐标系　b）增量坐标系

在编程中，绝对坐标系和增量坐标系均可采用。可从加工精度要求和编程方便程度来考虑，合理选用坐标系的类型。例如，如图 2-12a 所示，由一个固定基准给定零件的加工尺寸时，显然采用绝对坐标系是方便的；而当加工尺寸是以图 2-12b 的形式给出各孔之间的间距时，采用增量坐标系则是方便的。

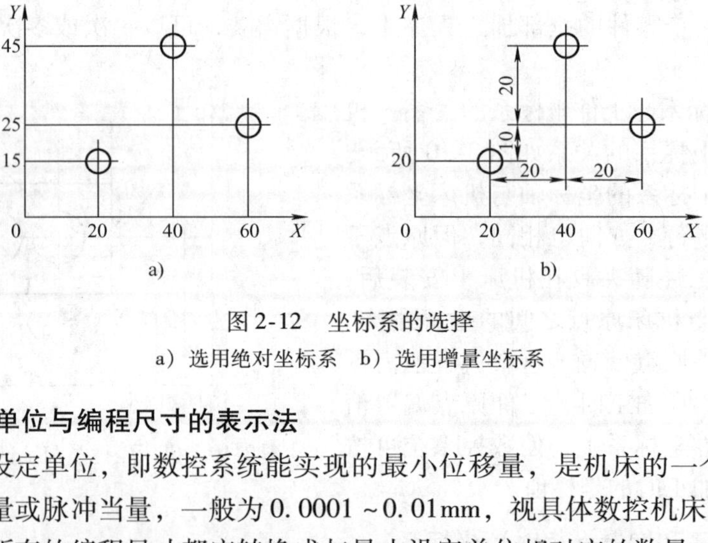

图 2-12　坐标系的选择

a）选用绝对坐标系　b）选用增量坐标系

4. 最小设定单位与编程尺寸的表示法

机床的最小设定单位，即数控系统能实现的最小位移量，是机床的一个重要技术指标，又称最小指令增量或脉冲当量，一般为 0.0001～0.01mm，视具体数控机床而定。

在编程时，所有的编程尺寸都应转换成与最小设定单位相对应的数量。编程尺寸有两种表示方法，一种是以最小设定单位（脉冲当量）为最小单位来表示；另一种是以毫米为单位，以有效小数位来表示。例如，某坐标点的尺寸为 $X=125.30$mm，$Z=405.25$mm，最小设定单位为 0.01mm，则第一种方法表示为：X12530，Z40525；第二种方法表示为：X125.30，Z405.25。

目前，这两种表示方法都有应用，不同的数控机床有不同的规定。编程时，数据用哪种方法表示，一定要遵守具体机床说明书的规定。

2.2.3　功能代码简介

如前所述，零件加工程序主要是由一个个程序段构成的，程序段又由程序字构成。程序字可分为尺寸字和功能字。各种功能字是程序段的主要组成部分，功能字又称为功能指令或功能代码。常用的功能代码有准备功能G代码和辅助功能M代码，另外，还有进给功能F代码，主轴速度功能S代码，刀具功能T代码等。

准备功能G代码和辅助功能M代码描述了程序段的各种操作和运动特征，是程序段的主要组成部分。国际上已广泛使用ISO制定的G代码和M代码标准。我国也已制定了与ISO标准等效的GB/T 8870.1—2012。

此外，有些国家或公司所制定的G、M代码的功能含义与ISO标准不完全相同。实际编程时，须按照用户手册的规定执行。

1. 准备功能G代码

准备功能G代码，简称G功能、G指令或G代码。它是使机床或数控系统建立起某种加工方式的指令。

G代码由地址码G后跟两位或三位数字组成。表2-2为我国GB/T 8870.1—2012标准中规定的G代码的定义。

表2-2　准备功能G代码

代　码	功　能	描　述	作用范围
G00	快速定位	以最大的进给速度运动到编程点的一种控制方式，例如快速，进给倍率；前面编程的进给速度可以忽略但不被取消，并且不同轴的运动可以是非线性的	FRC(a)
G01	直线插补	用于斜线或直线运动的控制方式。利用同一程序段中的信息使两个或更多的轴同时运动，产生的速度与移动距离成比例	FRC(a)
G02	顺时针圆弧插补圆弧圆弧插补的说明	当运动平面从与其正交的轴的负方向看，刀具相对工件的轨迹是顺时针的圆弧的圆弧插补。 是一种轮廓控制方式，利用同一个程序段中的信息产生圆弧或圆，通过控制器控制各轴的速度，形成不同的圆弧	FRC(a)
G03	逆时针圆弧插补圆弧	当运动平面从与其正交的轴的负方向看，刀具相对工件的轨迹是逆时针的圆弧的圆弧插补	FRC(a)
G04	暂停	编程或设定的持续时间的延迟，不是循环或连续的，例如不是互锁或保持	TBO
G05	未指定①		DDFC
G06	抛物线插补	是一种轮廓控制方式，利用一个或多个程序段的信息产生抛物线插补段，通过控制器控制各轴的速度，形成不同的弧形	FRC(a)

（续）

代　码	功　能	描　述	作用范围
G07 ~ G08	未指定①		DDFC
G09	精确停②	用于程序段结束之后停止各轴运动（短时间）	TBO
G10 ~ G16	未指定①		DDFC
G17 G18 G19	选择 *XY* 平面 选择 *ZX* 平面 选择 *ZY* 平面	为一些功能指定平面，例如圆弧插补、刀具补偿和其他要求等	FRC(b) FRC(b) FRC(b)
G20 ~ G24	未指定①		DDFC
G25 ~ G29	永久不指定③		DDFC
G30 ~ G32	未指定①		DDFC
G33 G34 G35	螺纹切削，恒导程 螺纹切削，增导程② 螺纹切削，减导程②	为机床需要螺纹切削时的方式选择 导程恒定增加 导程恒定减小	FRC(a)
G36 ~ G39	永久不指定③		DDFC
G40	取消刀具补偿	取消所有（直径或半径）的刀具补偿或刀具偏置指令	FRC(d)
G41 G42	刀具补偿，左 刀具补偿，右	从相对刀具运动方向上看刀具路径的刀具补偿方向	FRC(d)
G43 G44	刀具偏置，正② 刀具偏置，负②	表示增加到相关程序段或几个程序段中坐标尺寸上的刀具偏置的数值	FRC(*d)
G45 ~ G52	未指定①		DDFC
G53	取消尺寸偏移②	禁止任何程序中的零点偏移	FRC(f)
G54 ~ G59	零点偏移②④	替代与机床数据有关的编程零点	FRC(f)
G60	精确停②	在每一个程序段后，停止轴的运动（短时间）	FRC(g)
G61 ~ G62	未指定①		DDCF
G63	攻丝②	特定情况下的选择，在格式分类中定义	TBO
G64	连续路径方式②	轴以编程的进给速度连续运动两个或更多个程序段（每个程序段后无精确停）	FRC(g)
G65 ~ G69	未指定①		DDCF
G70 G71	英制尺寸输入② 公制尺寸输入②	尺寸输入的选择方式	FRC(m)
G72 ~ G73	未指定①		DDCF
G74	回参考点②	用于将程序段中指定的轴移动到参考点	TBO
G75 ~ G79	未指定①		DDCF
G80	取消固定循环	固定循环停止	FRC(e)
G81 ~ G89	固定循环	为机床轴和主轴预先设定一系列操作来完成一些动作，例如镗孔、钻孔、攻丝或其中组合等	FRC(e)

（续）

代　码	功　能	描　述	作用范围
G90 G91	绝对尺寸② 增量尺寸②	是相对指定原点或是相对前一个编程位置的插补尺寸的控制方式	FRC(i)
G92	寄存器预置②	通过编程数据字修改或设置寄存器，不产生运动	TBO
G93 G94 G95	反比时间进给 每分钟进给 每转进给	进给输入是执行程序段时间的倒数 进给速度的单位是 mm/min 或 in/min 进给速度的单位是 mm/r 或 in/r	FRC(k)
G96 G97	恒线速度 每分钟转数	主轴速度代码规定恒线速度用 m/min 或 in/min 表示，并自动控制主轴速度保持编程值。主轴速度代码规定主轴速度用每分钟转速来表示	FRC(l)
G98～G99	未指定①		DDFC
G100～G999	未指定①	三位 G 代码	DDFC

注：DDFC——在详细格式分类中定义。

FRC(a)——功能保持到被相同字母的一组指令（模态）取消或禁止。出现（＊d）的情况时，被不带 d 字母或 d 在括弧之中命名的命令之一取消和禁止功能。

TBO——仅仅在这个程序段，功能只作用在出现的程序段中。

①——具有单独用途的未指定功能代码。在将来标准修改或版本更新时，这些未指定功能的 G 代码可能被分配特定的含义。

②——当该代码没有用于表中所描述的用途或控制器没有提供相应功能时，该代码视作未指定可用于其他用途。

③——永久不指定代码，即使将来修改标准时，这些代码也不打算使用。

④——以前指定的轴。

G 代码分为模态指令和非模态指令两类。表 2-2 中“作用范围”栏中标有 FRC（）所对应的 G 代码为模态代码，标有相同字母的 G 代码为同一组。模态指令表示该指令在一个程序段中被使用（如 a 组中的 G01）后就一直有效，直到出现同组（a 组）中的其他任一 G 指令（如 G02）时才失效。同一组的模态指令在同一个程序段中不能同时出现，否则只有最后的指令有效；而非同一组的 G 指令可以在同一程序段中出现。G 代码通常位于程序段中尺寸字之前。

2. 辅助功能 M 代码

辅助功能代码，也称 M 功能、M 指令或 M 代码。它由地址码 M 和其他两位数字组成。它是控制机床辅助动作的指令，主要作为机床加工时的工艺性指令。如主轴的开、停、正反转，切削液的开、关，运动部件的夹紧与松开等。

表 2-3 为我国 GB/T 8870.1—2012 标准规定的 M 代码定义。其他的 M 代码为针对不同设备（如铣床、车床等）定义的代码，具体可以参考 ISO/TR 6983－2 标准。M 代码也有模态代码的定义，例如 M03、M04、M05 为同一组模态代码。不同组的 M 代码，在同一程序段中可以同时出现。对于非模态代码，仅在它出现的程序段有效。由于 M 代码控制机床的辅助动作，通常与程序段中的运动指令一起配合使用。所以，M 代码在程序段中是与指令运动同时执行还是指令运动结束后执行，需要指定。前面列举的程序段中，N01 程序段有两种

M 功能代码，M03 是主轴正转，M08 是切削液打开。M03 和 M08 不是同一组的模态代码，可以编在同一程序段中。该程序段的主要功能是快速进给。而主轴正转和切削液打开两个辅助功能，应在快速进给时执行。因 M03 和 M08 是模态代码，在以下的程序段中又无同组的 M 代码出现，故它们继续有效，不需重写。N07 程序段中也有两种代码，M05 主轴停止和 M09 切削液关闭，也是模态代码，但该两条辅助指令应在快速返回后开始执行。

表 2-3　辅助功能 M 代码

代码	功　能	描　述
M00	程序停	这是一个辅助功能的命令，完成该程序段指令后，取消主轴或其他功能（例如冷却功能）并停止进一步处理
M01	任选停（需设计）	这是一个辅助功能的命令，与程序停相似，但控制器可以忽略该指令，除非操作者之前按下使该指令生效的按键
M02	程序结束	这是一个指示工件完成的辅助功能，完成程序所有指令后，取消主轴或其他功能（例如冷却功能）。用于控制器和/或机床复位
M03	主轴顺时针方向转动	这是一个辅助功能的命令，开启主轴顺时针转动。主轴（转动）速度用 S 字指定
M04	主轴逆时针方向转动	这是一个辅助功能的命令，开启主轴逆时针转动，主轴（转动）速度用 S 字指定
M05	主轴停止	这是一个辅助功能的命令，取消主轴转动
M06	换刀	执行手动或自动换刀的命令，不包括刀具选择。可以或者不可以自动关闭冷却和主轴
M07		见 ISO/TR 6983－2
M08		见 ISO/TR 6983－2
M09		见 ISO/TR 6983－2
M10	夹紧工件	适合机床滑板、工件、夹具、主轴等
M11	松开工件	
M30	数据结束	这是辅助功能，完成该程序段所有指令后，取消主轴或其他功能（例如冷却功能）。用于控制器和/或机床复位。控制器复位到程序开始字符
M48	取消 M49	

以下对常用的 M 代码作简要说明。

M00—程序停止。在完成该程序段其他指令后，用以停止主轴转动、进给和切削液，以便执行某一固定的手动操作。如手动变速、换刀、工件调头等。当程序运行停止时，全部现存的模态信息保持不变。固定操作完成后，重按“启动键”，便可继续执行下一段程序段。

M01—任选停止。该指令与 M00 基本相似，所不同的是，只有当使该指令生效的按键被按下时，M01 才有效，否则这个指令不起作用。该指令常用于工件关键尺寸的停机抽样检查或其他需要临时停车的场合。当检查完成后，按启动键继续执行以后的程序。

M02—程序结束。当全部程序结束后，用此指令使主轴、进给、切削液全部停止，并使数控系统处于复位状态。该指令必须出现在程序的最后一个程序段中。

M03、M04、M05—分别命令主轴正转、反转和停转。所谓主轴正转是指从主轴往正 Z 方向看去，主轴顺时针方向旋转。逆时针方向则为反转。主轴停止旋转是在该程序段其他指令执行完成后才能执行。一般在主轴停转的同时进行制动和关闭切削液。

M06—换刀指令。常用于加工中心刀库换刀前的准备动作。

M07、M08—切削液开。分别命令2号切削液（雾状）及1号切削液（液状）开（切削液泵启动）。

M09—切削液停。

M10、M11—运动部件的夹紧及松开。

M30—数据结束。和M02相似，用于控制器和/或机床复位。

3. F、S、T代码

（1）F代码　F代码为进给速度功能代码，它是模态代码，用来指定进给速度，单位一般为mm/min，当进给速度与主轴转速有关（如车螺纹、攻螺纹等）时，单位为mm/r。F代码常有两种表示方法。

1）编码法，即在地址符F后跟一串数字代码，这些数字不直接表示进给速度的大小，而是机床进给速度数列的序号（编码号），具体的进给速度需查表确定。

2）直接指定法，即F后面跟的数字就是进给速度。例如，F100表示进给速度是100mm/min，这种方法较为直观，因此，现代数控机床大多采用这一方法。

（2）S代码　S代码为主轴转速功能代码。该代码为模态代码，用来指定主轴的转速，单位为r/min。它以地址符S为首，后跟一串数字，这串数字的表示方法与F指令完全相同，也有编码法和直接指定法两种。

主轴的实际转速常用数控机床操作面板上的主轴速度倍率开关来调整。倍率开关通常在50%～200%之间设有许多档位。编程时总是假定倍率开关指在100%的位置上。

（3）T代码　T代码为刀具功能代码。在有自动换刀功能的数控机床上，该指令用以选择所需的刀具号和刀补号。它以地址符T为首，其后跟一串数字，数字的位数和定义由不同的机床自行确定。一般用两位或四位数字来表示。例如：

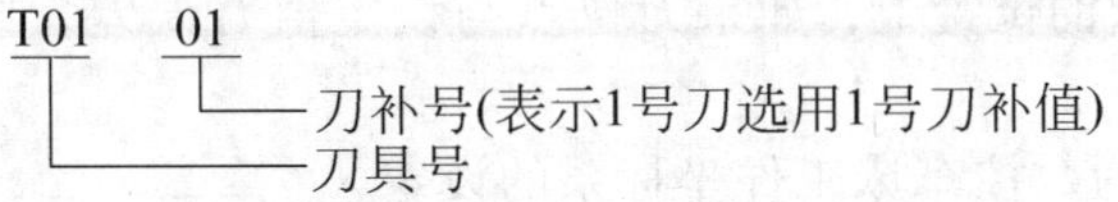

2.3　常用准备功能指令的编程方法

功能指令是程序段组成的基本单位，是编制加工程序的基础。本节将主要讨论常用准备功能指令的编程方法与应用，所涉及的指令代码均以ISO标准为准。

2.3.1　与坐标系相关的指令

1. 绝对坐标与增量坐标指令G90、G91

在一般的机床数控系统中，为方便计算和编程，都允许以绝对坐标方式和增量坐标方式及其混合方式编程。这就必须用G90、G91指令指定坐标方式，G90表示程序段中的坐标尺寸为绝对坐标值，G91则表示为增量坐标值。

例　图2-13所示为AB和BC两个直线插补程序段的运动方向及坐标值。现假定AB已加工完毕，要加工BC段，刀具在B点，则该加工程序段为：

绝对坐标方式：G90　G01　X30　Y40；

增量坐标方式：G91　G01　X-50　Y-30；

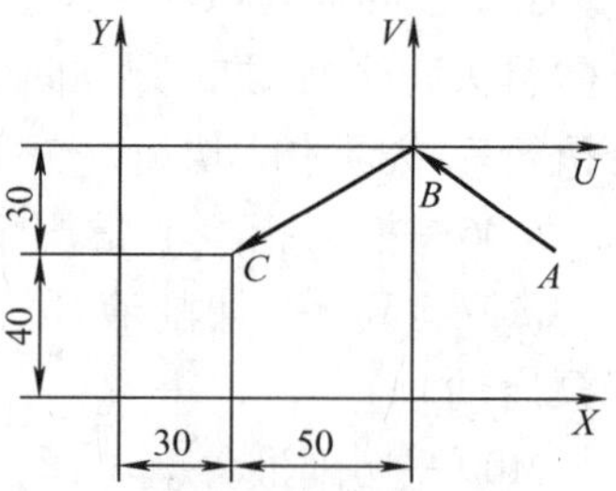

图2-13　绝对坐标与增量坐标

注意：

1）采用绝对坐标方式编程时终点的坐标值在绝对坐标系中确定，采用增量坐标方式编程时终点的坐标值相对于前一点确定。

2）某些机床上的增量坐标不用G91指定，而是在运动轨迹的起点建立平行于X、Y、Z的增量坐标系U、V、W。图2-13所示为在B点建立U、V坐标系，其程序段为：

G01　U-50　V-30（增量坐标）

它与程序段G91　G01　X-50　Y-30等效。

上述两种方法根据具体机床的规定选用。

2. 坐标系设定指令G92

编制程序时，首先要设定一个坐标系，程序中的坐标值均以此坐标系为根据，此坐标系称为工件坐标系。G92指令就是用来建立工件坐标系的，它规定了工件坐标系原点的位置。就是说它确定了工件坐标系的原点（工件原点）与刀具刀位点起始位置（起刀点）之间的距离。或者说，以工件原点为准，确定了起刀点的坐标值。编程时通过G92指令将工件坐标系的原点输入数控装置，并把这个设定值记忆在数控装置的存储器内。执行该指令后就确定了起刀点与工件原点的相对位置。

工件坐标系原点可以设定在工件基准或工艺基准上，也可以设定在卡盘端面中心（如数控车床）或工件的任意一点上。而刀具刀位点的起始位置可以放置在机床原点或换刀点上，也可以是任意一点。需要注意的是G92指令只是设定坐标系原点位置，执行该指令后，刀具（或机床）并不产生运动，仍在原来位置。因此，在执行G92指令前，刀具必须放在程序所要求的位置上，如果刀位点与设定值有误差，则可用刀具补偿指令补偿其差值。

例　图2-14所示为数控车床工件坐标系的设定，为方便编程，通常将工件坐标系原点设定在主轴轴线与工件右端面的交点处。图中设$\alpha=320$，$\beta=200$，坐标系设定程序为：

G92　X320　Z200；

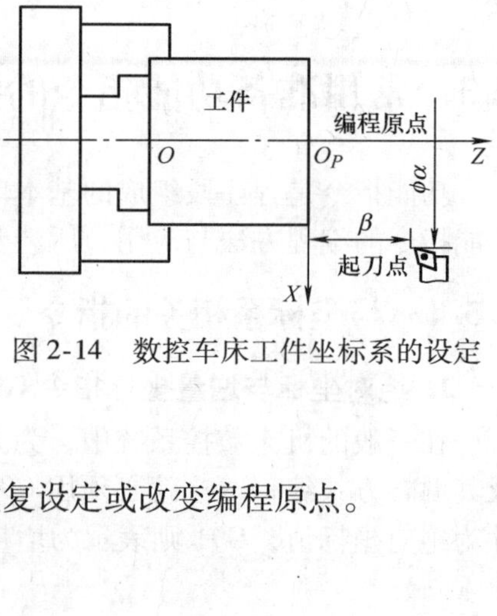

图2-14　数控车床工件坐标系的设定

注意：

1）车削编程中，X尺寸字中的数值一般用坐标值的2倍，即用刀尖相对于回转中心的直径值编程。

2）该指令程序段要求坐标值X、Z必须齐全，并且只能使用绝对坐标值，不能使用增量坐标值。

3）在一个零件的全部加工程序中，根据需要，可重复设定或改变编程原点。

3. 坐标平面选择指令 G17、G18、G19

G17、G18、G19 指令分别表示设定选择 *XY*、*ZX*、*YZ* 平面为当前工作平面。对于三坐标运动的铣床和加工中心，特别是可以三坐标控制、任意两坐标联动的机床，常需用这些指令指定机床在哪一平面进行运动。由于 *XY* 平面最常用，故 G17 可省略，对于两坐标控制的机床，如车床总是在 *XZ* 平面内运动，故无需使用平面指令。

2.3.2　运动控制指令

1. 快速点定位指令 G00/G0

该指令是使刀具从当前位置以系统设定的速度快速移动到坐标系的另一点。它只是快速到位，不进行切削加工，一般用作空行程运动。其运动轨迹视具体系统的设计而定。

编程书写格式为：

G00 X__ Y__ Z__；

其中，*X*、*Y*、*Z* 为目标点的绝对坐标或增量坐标。

注意：

1）G00 指令中不需要指定速度，即 F 指令无效。系统快进的速度事先已确定。不同系统确定的方式和数值范围各不相同，需查阅机床手册。

2）G00 状态下，不同数控机床坐标轴的运动情况可能不同。例如，有的系统是按机床设定速度先令某轴移动到位后再令另一轴移动到位；有的系统则是令各轴一起运动，此时若 *X*、*Y*、*Z* 坐标不相等，则各轴到达目标点的时间就不同，刀具运动轨迹为一条空间折线；有的系统则是令各轴以不同的速度（各轴移动速度比等于各轴移动距离比）移动，同时到达目标点，刀具运动轨迹为一直线。因此，编程前应了解机床数控系统的 G00 指令各坐标轴运动的规律和刀具运动轨迹，以避免刀具与工件或夹具碰撞。

2. 直线插补指令 G01

该指令是直线运动控制指令，它命令刀具从当前位置以两坐标或三坐标联动方式，按指定的进给速度做任意斜率的直线运动，到达指定的位置。该指令一般用作轮廓切削。

编程格式为：

G01 X__ Y__ Z__ F__；

其中，*X*、*Y*、*Z* 为直线终点的绝对坐标或增量坐标；*F* 为沿插补方向的进给速度。

注意：

1）G01 指令既可双坐标联动插补运动，又可三坐标联动插补运动，取决于数控系统的功能。当 G01 指令后面只有两个坐标值时，刀具将做平面直线插补；若有三个坐标值时，将做空间直线插补。

2）G01 程序段中必须含有进给速度 F 指令，否则机床不动作。

3）G01 和 F 指令均为模态指令。

例　车削加工图 2-15 所示零件轮廓（精加工，直径 ϕ40mm 的外圆不加工），设 *A* 点为起刀点，刀具由 *A* 点快进至 *B* 点，然后沿 *B*→*C*→*D*→*E*→*F* 方向切削，再快退至 *A* 点。程序编制如下。

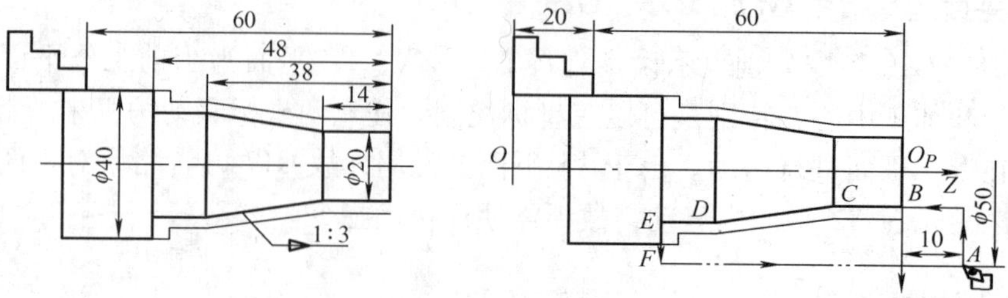

图 2-15　车削加工直线插补

```
O10
N10  G92  X50  Z10；                      （设定编程原点）
N20  G90  G00  X20  Z2  S600  T11  M03；  （快进 A→B）
N30  G01  X20  Z-14  F100；               （车外圆 B→C）
N40       X28  Z-38；                     （车圆锥 C→D）
N50       X28  Z-48；                     （车外圆 D→E）
N60       X42  Z-48；                     （车平面 E→F）
N70  G00  X50  Z10  M02；                 （快退至起刀点 F→A）
```

例　铣削加工图 2-16 所示轮廓，设 *P* 点为起刀点，刀具由 *P* 点快速移至 *A* 点，然后沿 *A*→*B*→*O*→*A* 方向铣削，再快速返回至 *P* 点。程序编制如下。

用绝对坐标方式编程：

```
O20
N10  G92  X28  Y20；                      （设定编程原点）
N20  G90  G00  X16  S600  T11  M03；      （快进 P→A）
N30  G01  X-8  Y8  F100；                 （直线插补 A→B）
N40       X0  Y0；                        （直线插补 B→O）
N50       X16  Y20；                      （直线插补 O→A）
N60  G00  X28  M02；                      （快速返回 A→P）
```

用增量坐标方式编程：

```
O20
N10  G92  X28  Y20；
N20  G91  G00  X-12  Y0  S600  T01  M03；
N30  G01  X-24  Y-12  F100；
N40       X8  Y-8；
N50       X16  Y20；
N60  G00  X12  Y0  M02；
```

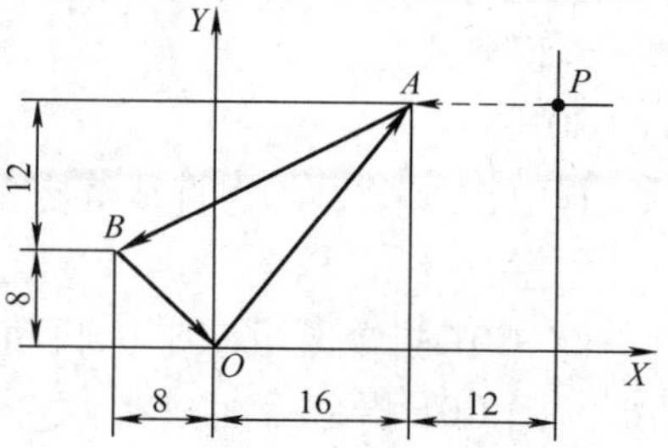

图 2-16　铣削加工直线插补

3. 圆弧插补指令 G02/G03

这是两个圆弧运动控制指令，它们能实现圆弧插补加工，G02 表示顺时针圆弧（顺圆）插补，G03 表示逆时针圆弧（逆圆）插补。圆弧顺、逆的判断方法为：在圆弧插补中，沿垂直于要加工的圆弧所在平面的坐标轴由正方向向负方向看，刀具相对于工件的转动方向是顺时针方向为 G02，逆时针方向为 G03，如图 2-17a 所示。根据这一规则，对于最常用的数

控车床的 *XZ* 平面上和数控铣床的 *XY* 平面上的顺时针圆弧 G02 和逆时针圆弧 G03 的判断方法如图2-17b、c 所示。因为按 ISO 标准坐标方向规定，图中车床平面 *XZ* 的 $-Y$ 方向由纸面指向观察者，而铣床平面 *XY* 的 $-Z$ 方向由观察者指向纸面，所以可得图示的结果。注意，在数控车床的标准坐标系 *XOZ* 中，圆弧顺逆的方向与我们的习惯方向正好相反，不要搞错。

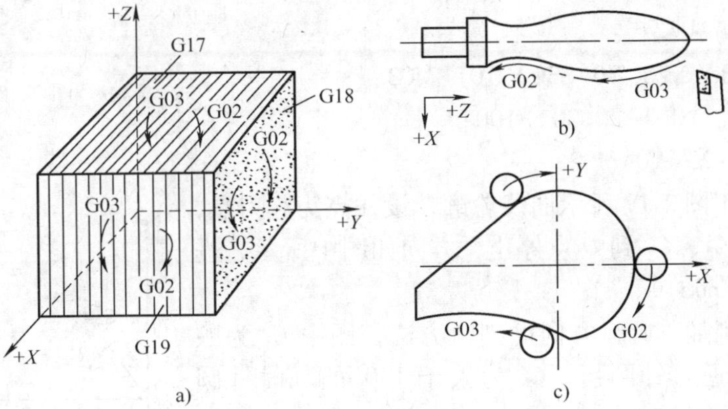

图2-17　顺、逆圆弧判断

a）判断规则　b）数控车床 *XZ* 平面判断方法　c）数控铣床 *XY* 平面判断方法

圆弧加工程序段一般应包括圆弧所在的平面、圆弧的顺逆、圆弧的终点坐标，以及圆心坐标（或半径 *R*）等信息。

程序段格式为：

$$\begin{bmatrix} G17 \\ G18 \\ G19 \end{bmatrix} \begin{bmatrix} G02 \\ G03 \end{bmatrix} \begin{bmatrix} X\_\_ & Y\_\_ \\ X\_\_ & Z\_\_ \\ Y\_\_ & Z\_\_ \end{bmatrix} \begin{bmatrix} I\_\_ & J\_\_ \\ I\_\_ & K\_\_ \\ J\_\_ & K\_\_ \\ \text{或 } R\_\_ & \end{bmatrix} F\_\_;$$

当机床只有一个坐标平面（如车床）时，程序段中的平面设定指令可省略。

当机床具有三个控制坐标（如铣床）时，则 G17 指令可省略。

程序段中的终点坐标 *X*、*Y*、*Z* 可以用绝对坐标，也可以用增量坐标，取决于程序段中已指定的 G90 或 G91，还可以用增量坐标字 *U*、*V*、*W* 指定（如车床）。

程序段中的圆心坐标 *I*、*J*、*K* 一般指圆心相对于圆弧起点的相对坐标，即不受 G90 控制。

有些数控系统允许用半径参数 *R* 来代替圆心坐标参数 *I*、*J*、*K* 编程。因为在同一半径的情况下，从圆弧的起点到终点有两个圆弧的可能性，所以在用半径值编程时，*R* 带有“±”号。具体取法是：若圆弧对应的圆心角 $\theta \leqslant 180°$，则 *R* 取正值；若 $180° < \theta < 360°$，则 *R* 取负值。另外，用半径值编程时，不能描述整圆。

目前，绝大多数数控机床编程时均可将跨象限的圆弧编为一个程序段，即圆弧插补计算时能自动过象限。只有少量旧式的数控机床是要按象限划分程序段的。

例　铣削图2-18 所示的圆孔。设起刀点在坐标原点 *O*，加工时刀具快进至 *A*，沿箭头方向以 100mm/min 速度切削整圆至 *A*，再快退返回原点。试编制加工程序。

解：因为是封闭圆加工，所以只能用圆心坐标 *I*、*J* 编程。

用绝对坐标方式编程：

N50 G92 X0 Y0；

N60 G90 G00 X20 Y0 S300 T01 M03；

N70 G03 X20 Y0 I-20 J0 F100；

N80 G00 X0 Y0 M02；

用增量坐标方式编程：

N50 G91 G00 X20 Y0 S300 T01 M03；

N60 G03 X0 Y0 I-20 J0 F100；

N70 G00 X-20 Y0 M02；

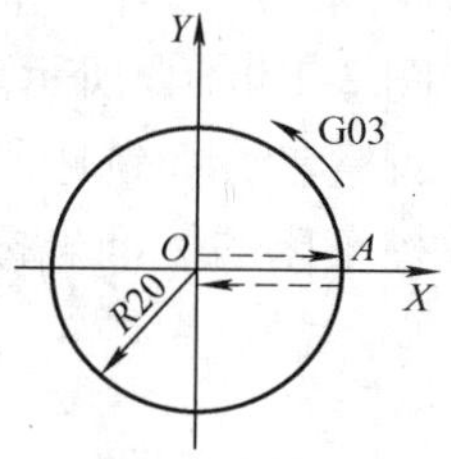

图 2-18　圆孔铣削加工

例　铣削加工图 2-19 所示曲线轮廓，设 A 点为起刀点，从点 A 沿圆 C_1、C_2、C_3 到 D 点停止，方向如图中所示，进给速度为 100mm/min。

解：根据铣削加工圆弧方向的判断方法，图中 C_1 为顺时针圆弧，C_2 为逆时针圆弧，C_3 为大于 180°的顺时针圆弧。各种方法的程序编制如下。

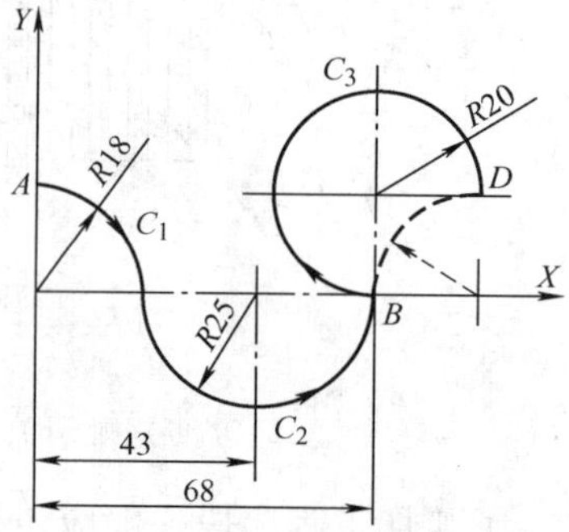

图 2-19　圆弧铣削加工

① 用绝对坐标方式(圆心坐标参数法）编程：

G92 X0 Y18；

G90 G02 X18 Y0 I0 J-18 F100 S300 T01 M03；

G03 X68 Y0 I25 J0；

G02 X88 Y20 I0 J20 M02；

② 用增量坐标方式(圆心坐标参数法）编程：

G92 X0 Y18；

G91 G02 X18 Y-18 I0 J-18 F100 S300 T01 M03；

G03 X50 Y0 I25 J0；

G02 X20 Y20 I0 J20 M02；

③ 用绝对坐标方式(半径 R 法）编程：

G92 X0 Y18；

G90 G02 X18 Y0 R18 F100 S300 T01 M03；

G03 X68 Y0 R25；

G02 X88 Y20 R-20 M02；

④ 用增量坐标方式（半径 R 法）编程：

G92 X0 Y18；

G91 G02 X18 Y-18 R18 F100 S300 T01 M03；

G03 X50 Y0 R25；

G02 X20 Y20 R-20 M02；

若要求加工虚线所示的 BD 弧（<180°），则将上述 C_3 圆程序的 $-R$ 换成 R，或将圆心坐标值改变即可。

4. 暂停（延迟）指令——G04

G04 指令可使刀具做短时间的无进给运动，进行光整加工，可用于车槽、镗平面、锪孔等场合。例如，车削环槽时，若进给完立即退刀，则其环槽外形为螺旋面；用暂停指令使工件空转几秒钟，即能光整成圆。

暂停指令的程序格式为：

G04 P__;

其中，时间以秒或毫秒为单位，或者表示工件转数，视具体机床而定。

G04 为非模态指令，只在本程序段有效。

G04 指令主要用于以下几种情况。

1）对不通孔进行深度控制时，在刀具进给到规定深度后，用暂停指令使刀具做非进给光整切削，然后退刀，保证孔底平整。

2）镗孔完毕后要退刀时，为避免留下螺旋划痕而影响表面粗糙度，应使主轴停止转动，并暂停几秒钟，待主轴完全停止后再退刀。

3）横向车槽时，应在主轴转过几转后再退刀，可用暂停指令。

4）在车床上倒角或车顶尖孔时，为使表面平整，使用暂停指令使工件转过一转后再退刀。

例　图2-20所示为锪孔加工，孔底有表面粗糙度要求，试编制加工程序。

根据图示条件编制加工程序为：

N10 G91 G01 Z-7 F60;

N20 G04 P5;　　（刀具停留5s）

N30 G00 Z7 M02;

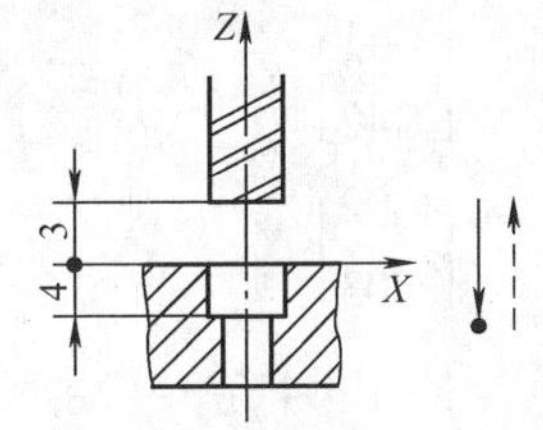

图2-20　锪孔加工

2.3.3　刀具补偿指令

1. 刀具半径自动补偿指令 G41、G42、G40

通常在编程时将刀具视做一个点，但考虑到加工时刀具具有几何形状——半径与长度，因此，现代数控机床一般都具备刀具半径和长度自动补偿功能，以适应加工时的需要，简化程序的编制。

在用圆头刀具进行轮廓加工时，必须考虑刀具半径的影响。现以铣床为例，如图2-21所示。若要用半径为 R 的刀具加工外形轮廓为 AB 的工件，则刀具中心必须沿着与轮廓 AB 偏离 R 距离的轨迹 $A'B'$ 移动，即铣削时，刀具中心运动轨迹和工件的轮廓形状是不一致的。如果不考虑刀具半径，直接按照工件的廓形编程，加工时刀具中心是按廓形运动的，加工出来的零件比图样要求缩小了，不符合要求。因此编程时只有根据轮廓 AB 的坐标参数和刀具半径 R 的值人工计算出刀具轨迹的坐标参数 $A'B'$，再编制程序进行加工。但这样做很不方便，因为这种计算很繁琐，有时是相当复杂的。特别是当刀具磨损、重磨及换新刀，导致刀具半径变化时，又需要重新计算，这就更加繁琐，也不容易保证加工精度。为了既能使编程方便，又能使刀具中心沿 $A'B'$ 轮廓运动，加工出合格的零件来，就需要有刀具半径自动补偿功能。

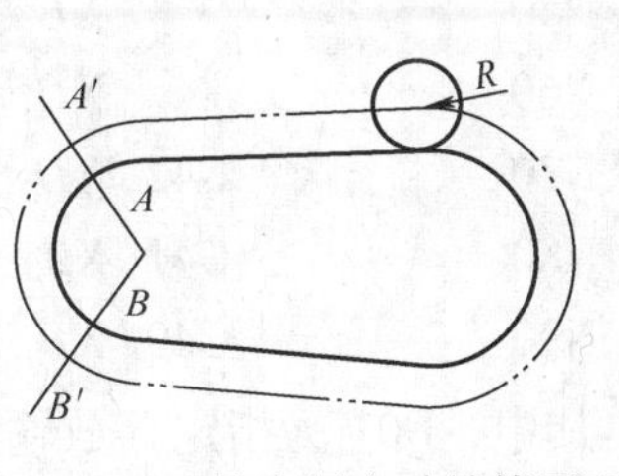

图2-21　刀具半径自动补偿原理

刀具半径自动补偿功能的作用是要求数控系统能根据工件轮廓 AB 和刀具半径 R 自动计算出刀具中心轨迹 $A'B'$。这样，在编程时就可以直接按零件轮廓的坐标数据编制加工程序。而在加工时，数控系统自动地控制刀具沿轮廓 $A'B'$ 移动，加工出合格的零件。

刀具半径自动补偿功能是通过刀具半径自动补偿指令来实现的。刀具半径自动补偿指令又称刀具补偿指令，分为左刀补和右刀补两种，以适应不同的加工需要。G41 表示左刀具半径补偿，指沿刀具前进的方向观察，刀具偏在工件轮廓的左边。G42 表示右刀具半径补偿，指沿着刀具前进的方向观察，刀具偏在工件轮廓的右边。G40 表示注销左右刀具半径补偿指令，即取消刀补，使刀具中心与编程轨迹重合。G40 指令总是和 G41 或 G42 指令配合使用的。G41、G42 指令均为模态指令。

G41 和 G42 指令的编程格式可分为两种情况。

与 G00、G01 指令配合使用时的编程格式为：

$$\begin{bmatrix} \text{G00} \\ \text{G01} \end{bmatrix} \begin{bmatrix} \text{G41} \\ \text{G42} \end{bmatrix} \text{X\_\_} \quad \text{Y\_\_} \quad \text{D\_\_}$$

与 G02、G03 指令配合使用时的编程格式为：

$$\begin{bmatrix} \text{G41} \\ \text{G42} \end{bmatrix} \text{X\_\_} \quad \text{Y\_\_} \quad \text{D\_\_}$$

$$\begin{bmatrix} \text{G02} \\ \text{G03} \end{bmatrix} \text{X\_\_} \quad \text{Y\_\_} \quad \text{R\_\_}$$

使用 G41、G42 指令时，用 D 功能字指定刀具半径补偿值寄存器的地址号。刀具半径补偿值在加工前用 MDI 方式输入相应的寄存器，加工时由 D 指令调用。

例 铣削加工图 2-22 所示的轮廓，设刀具起点为 P，刀心轨迹如图中虚线所示。应用刀具半径自动补偿功能，可直接按图中轮廓尺寸数据进行编程，CNC 装置能自动计算刀心轨迹并按刀心轨迹运动。

程序片段如下（按绝对坐标方式编程）：

```
N40  G90  G01  G41  XA  YA  D01  F400;
N50                 XB  YB;
N60                 XC  YC;
N70            G42  XD  YD;
N80            G41  XA  YA;
N90            G40  XP  YP  M02;
```

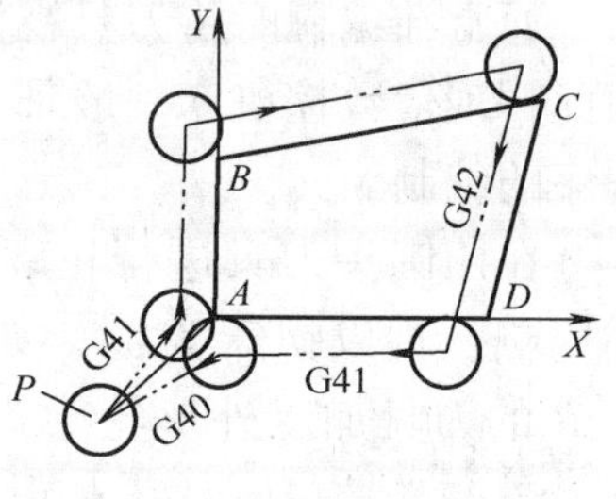

图 2-22 刀具半径补偿示例

其中，D01 为指定存放输入刀具半径 R 值的存储器的程序字。

可以灵活运用刀具半径自动补偿功能做加工过程中的其他工作。例如，刀具磨损或重磨后半径变小，这时只需将新的刀具半径值手工输入到程序的 D 功能字指定的存储器即可，不必修改程序。再如，可利用刀具半径自动补偿功能做粗、精加工余量补偿。欲留出精加工余量 $\triangle$，可在粗加工前输入数值为 $R+\triangle$ 的偏置量，即可进行最终轮廓的加工。同理，利用改变输入 R 值的大小，可控制轮廓尺寸的精度，对加工的误差进行补偿。还可以利用刀补功能进行凸凹模具的加工。用 G41 指令可得到凸模轨迹，用 G42 指令可得到凹模轨迹，这样，使用同一种加工程序可以加工基本尺寸相同的内外两种轮廓的模具。

2. 刀具长度自动补偿指令（G43、G44、G49）

当编写数控加工程序时，通常认为刀具没有半径与长度，以简化编程。只是在加工时，要求刀具进行相应的补偿，即用于刀具的半径补偿和刀具长度补偿。在数控铣床或加工中心上，刀具长度补偿是用来补偿实际刀具长度的功能。当实际刀具长度和编程长度不一致时，通过该功能可以自动补偿长度差值，确保 Z 向的刀尖位置和补偿位置相一致。

实际刀具长度和编程时设置的刀具长度之差称为“刀具偏置值”。刀具偏置值通过操作面板可以预先输入数控系统的刀具偏置值寄存器中。执行刀具长度补偿指令，系统可以自动将刀具偏置值寄存器中的值与程序中要求的 Z 轴移动距离进行加或减处理，以保证 Z 向的刀尖位置和编程位置相一致。

G43、G44 和 G49 分别为刀具长度正补偿、负补偿和取消刀具长度补偿指令。在使用刀具长度指令时，必须用指令 H 指定刀具偏置号。

通常的刀具长度补偿指令格式为：

$$\begin{bmatrix} G43 \\ G44 \end{bmatrix} Z\_\_ \quad H\_\_$$

其中,G43 是指定 Z 向移动指令值与刀具偏置值相加，即机床实际 Z 轴移动距离等于编程指令值加上刀具偏置值；G44 是指定 Z 向移动指令值与刀具偏置值相减，即机床实际 Z 轴移动距离等于编程移动指令值减去刀具偏置值。移动指令值和刀具偏置值存储器中的值可以是正值也可以是负值。当刀具偏置值为负值时，G43、G44 指令使刀具向对应的反方向移动一个刀具偏置值。图 2-23 所示为刀具长度补偿示例。在图 2-23 中，E 为刀具偏置值。图 2-23 是在 G17 平面进行加工，那么刀具长度的偏移在 Z 轴方向；如果在 G19 平面进行加工，刀具的长度偏移是在 X 轴方向；如果在 G18 平面进行加工，刀具的长度偏移是在 Y 轴方向。

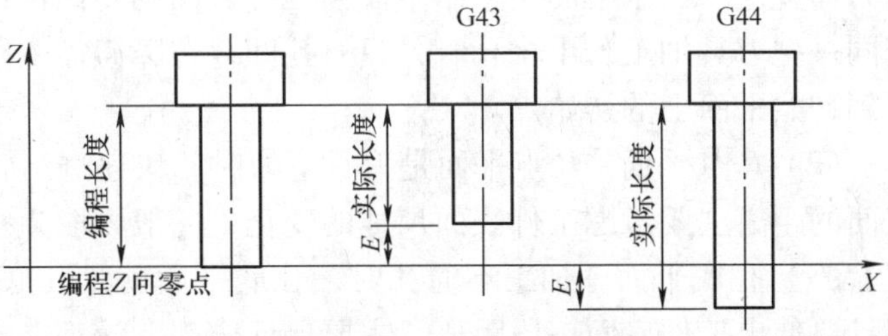

图 2-23 刀具长度补偿

在更换新刀具或加工过程中刀具长度发生变化时，可以不变更程序，将新的刀具偏置值输入到刀具偏置值寄存器中即可。或者将更换的新刀用塞尺直接测得刀尖碰到编程 Z 向零点的坐标（在 G17 平面加工），这样就可以得到实际的刀具长度，并且将刀具偏置值置为零。

刀具长度偏置指令 G43、G44 和 G49 属于同一组的模态指令。

2.3.4 固定循环指令

数控加工中，一般一个动作要编制一条加工程序，但在许多情况下，常需重复一组固定的动作。例如，钻孔时，往往需要快速接近工件、慢速钻孔、钻完快速退回三个固定的动作。又如，车螺纹时，需要切入、车螺纹、刀具径向（或斜向）退出、再快速返回四个动作。对这些典型的、固定的动作，如果能用一条固定循环指令执行，则程序段数就会大为减少，而对于多次重复的固定循环指令（如车螺纹），在程序段中加入“循环次数”指令和每次循环时刀具的推进量，则程序段数会变得更少。

固定循环指令是数控系统针对数控机床常见的加工动作过程，按规定的动作次序，以子程序形式制定的指令集合，这些子程序可以通过一个G代码指令直接调用，因此，这种固定循环程序既可使程序编制简短、方便，又能提高编程质量。

调用固定循环的G代码指令称为固定循环指令。固定循环的基本动作由固定循环指令进行选择，每一个不同的固定循环指令G代码都对应不同的加工动作循环。

1. 钻镗固定循环指令

常用的钻镗固定循环指令有G73、G74、G76、G80～G89等。每一种循环都是由多个简单动作组合而成。如图2-24所示，一个固定循环由以下6个动作顺序组成。

动作1：*X*、*Y*平面快速定位。

动作2：快速运动到*R*点平面。

动作3：孔加工。

动作4：孔底操作。

动作5：回到*R*点平面。

动作6：快速返回初始平面。

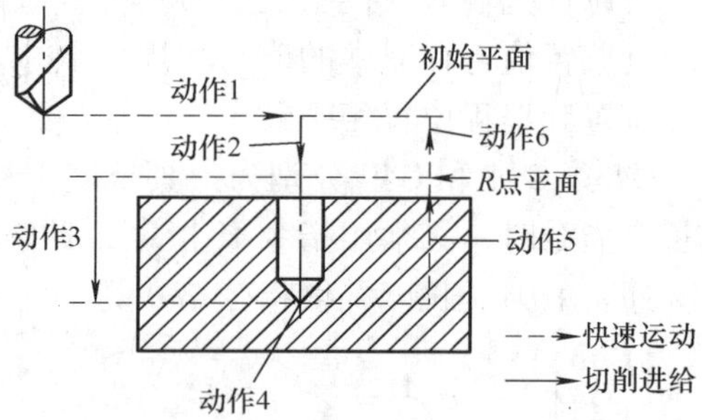

图2-24　钻镗固定循环动作示意图

在孔加工中有三个平面：初始平面、*R*点平面和孔底平面。

（1）初始平面　初始点所在与*Z*轴垂直的平面，称为初始平面。初始平面是为了安全下刀而规定的一个平面。初始平面到工件表面的距离可以设定在任意一个安全高度上。当使用同一把刀具加工若干个孔时，只有孔间存在障碍需要跳跃或全部加工完成时，才使刀具返回到初始平面上的初始点。

（2）*R*点平面　*R*点平面是刀具下刀时，快速进给转为切削进给的高度平面，其与工件表面的距离主要考虑工件表面尺寸的变化，一般可取2～5mm。*R*点平面亦称参考平面。

（3）孔底平面　加工不通孔时，孔底平面就是孔底部的*Z*轴高度；加工通孔时，一般刀具要伸出工件底面一段距离，主要保证全部孔深都能加工到尺寸。钻孔时还要考虑钻头钻尖对孔深的影响。

目前固定循环操作仅限于*Z*轴，所以加工平面也限于G17即*XY*平面。常用固定循环指令及其功能和动作见表2-4。

表2-4　固定循环指令及其功能和动作（属于同组模态指令）

G代码	*Z*轴钻孔方向动作	孔底动作	*Z*轴返回动作	应　　用
G73	间隙进给	—	快速	高速深孔加工循环
G74	切削进给	主轴顺时针转	快速	左旋螺纹攻丝循环
G76	进给后停止	主轴准停	快速	精镗循环
G80	—	—	—	取消循环
G81	切削进给	—	快速	钻、点钻循环
G82	切削进给	暂停	快速	反镗循环
G83	间隙进给	—	快速	深孔加工循环
G84	切削进给	主轴逆时针转	切削进给	右旋螺纹攻丝循环

（续）

G 代码	Z 轴钻孔方向动作	孔底动作	Z 轴返回动作	应　用
G85	切削进给	—	切削进给	镗孔循环
G86	切削进给	主轴停	快速	镗孔循环
G87	切削进给	主轴停	手动/快速	反镗循环
G88	切削进给	暂停后主轴停	手动/快速	镗孔循环
G89	切削进给	暂停	切削进给	镗孔循环

在固定循环的编程中，必须定义尺寸的编程方式，是绝对坐标编程 G90 还是增量坐标编程 G91。在不同的方式下编程，其对应的循环参数的意义也是不同的。图 2-25 描述了在 G90 和 G91 两种方式下，其循环参数的不同意义。

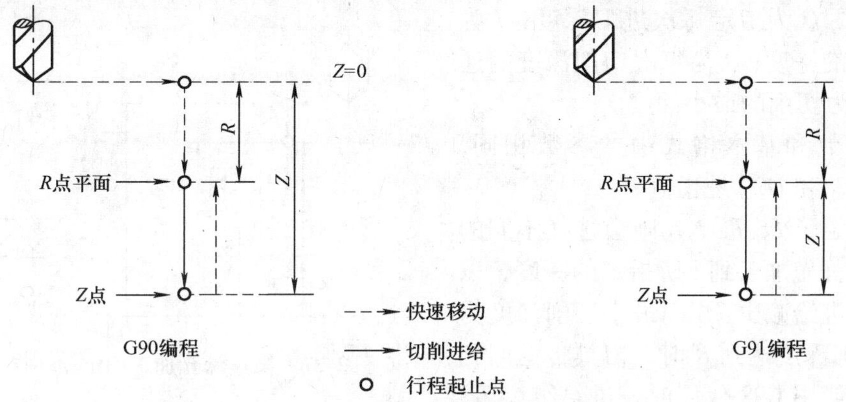

图 2-25　指令 G90 和 G91 下的循环参数的意义

Z 轴返回点的位置在不同的数控系统有不同的指定方式，它有专门的返回平面选择指令 G98 和 G99。指令 G98 是加工完成后，刀具返回到初始平面；指令 G99 是加工完成后，刀具返回到 *R* 点平面，如图 2-26 所示。

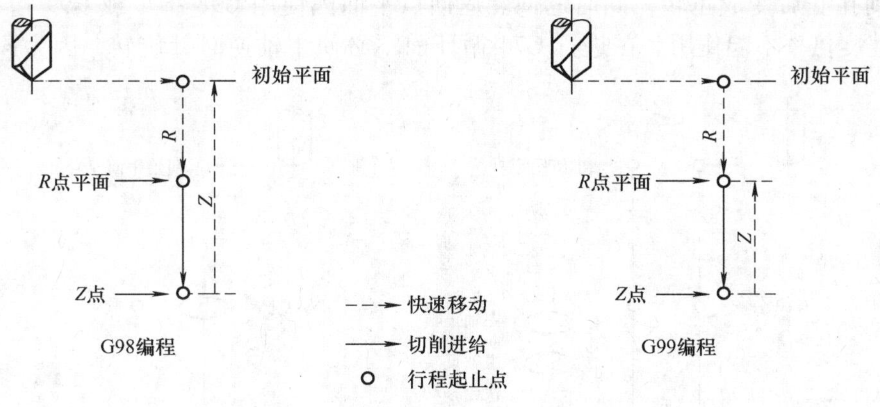

图 2-26　指令 G98 和 G99 的区别

根据不同的循环方式，固定循环的指令需要也不相同。具体应根据循环动作的要求予以定义。常用的固定循环基本格式为：

G__　X__　Y__　Z__　R__　Q__　P__　F__　L__;

在上述格式中，G 为孔加工固定循环方式；*X*、*Y* 为指定孔中心在 *XY* 平面的位置；*Z* 为孔底坐标（G90）或者 *R* 点平面到孔底的距离（G91）；*R* 为 *R* 点的坐标值（G90）或者初始平面到 *R* 点平面的增量值；*Q* 为指定每次进刀深度（G73、G83）或者指定刀具位移增量（G76、G87）；*P* 为指定刀具在孔底暂停的时间；*F* 为切削进给速度；*L* 为指定固定循环次数。

G80、G00、G01、G02、G03 等指令代码可以切削固定循环。

2. 高速深孔加工固定循环指令 G73

G73 指令用于高速深孔加工。该固定循环用于 *Z* 轴的间歇进给，使深孔加工时，容易排屑，减少刀具磨损，提高加工效率。其动作循环如图 2-27 所示。G73 的指令格式为：

G73　X__　Y__　Z__　R__ Q__ P__ I__ J__ K__ L__ F__;

格式中，*Q* 为指定每次进刀深度；*I* 为第一次切削的深度；*J* 为每次切削深度的递减数量；*K* 为切削的最小深度。

其他参数和基本格式中的参数相同，另外 *I*、*J*、*K* 和 *Q* 总是正值。

如果指定了 *I*、*J*、*K*，则会选择不同的操作方式。首先加工到 *I* 所指定的深度，以后每次切削进给减少 *J*，而最小切削深度为 *K*。如果切削深度达到 *K* 时，刀具将返回到设定平面。使用 G98 代码时，进给结束后，刀具将返回到初始平面；使用 G99 代码时，进给结束后，刀具将返回到 *R* 点平面。图中的退刀量 *d* 由机床参数设定。

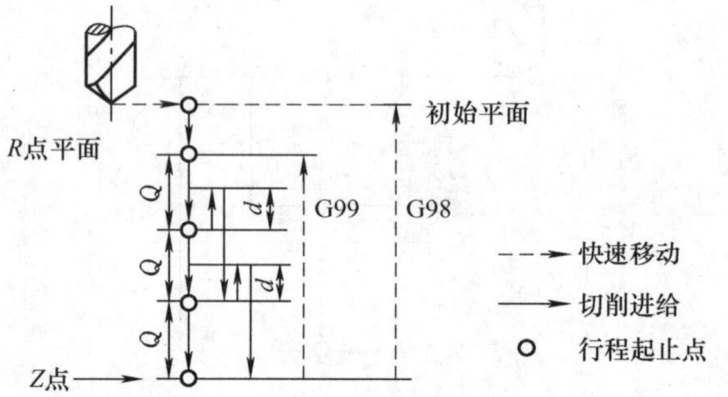

图 2-27　高速深孔加工固定循环指令 G73

3. 反攻螺纹固定循环指令 G74

G74 指令用于左旋螺纹循环加工，其指令的动作次序如图 2-28 所示。攻左旋螺纹时主轴反转，到孔底后变成正转，同时返回。返回点平面因使用 G98 指令或 G99 指令而不同。攻螺纹时速度倍率不起作用。在进行 G74 循环前不必使主轴逆时针旋转，因为该指令会自

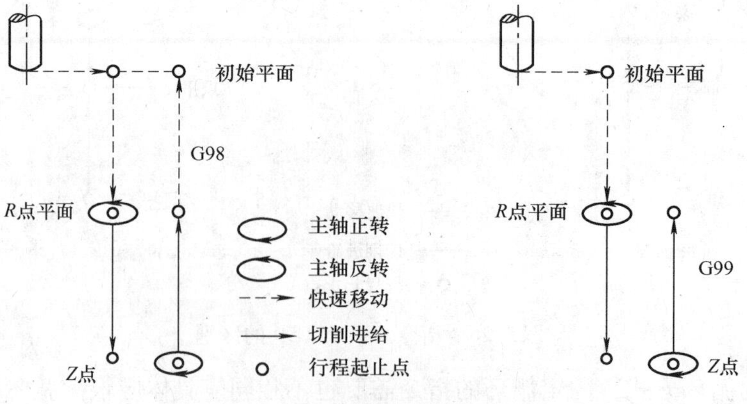

图 2-28　反攻螺纹固定循环指令 G74

动使主轴逆时针旋转。与此类似的固定循环还有 G84 右旋螺纹循环。G74 的指令格式为：

G74 X__ Y__ Z__ R__ P__ F__;

4. 精镗固定循环指令 G76

G76 指令用于精密镗孔加工，它可以通过主轴定向准停动作进行让刀，从而消除退刀痕迹。其动作循环如图 2-29 所示。

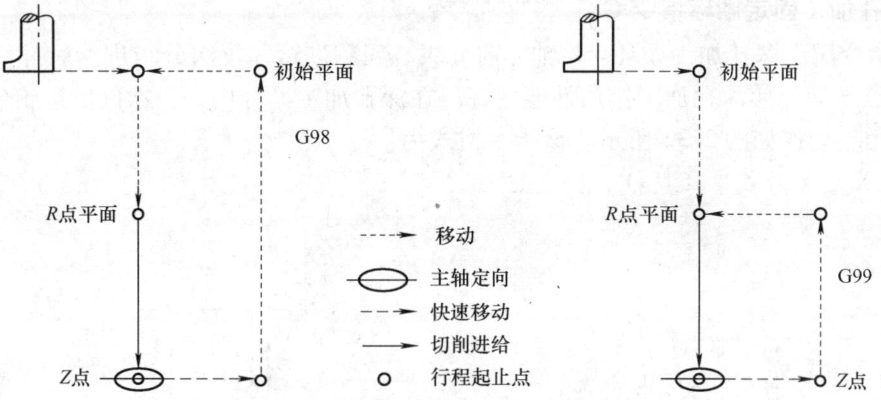

图 2-29　精镗固定循环指令 G76

主轴定向准停是通过主轴的定位控制功能使主轴在规定的角度上准确停止并保持这一位置，从而使镗刀的刀尖对准某一方向。停止后，机床向刀尖相反的方向少量后移，使刀尖脱离工件表面，保证在退刀时，不擦伤加工表面。G76 的指令格式为：

G76　X__　Y__　Z__　R__　Q__　P__　F__;

格式中，地址 Q 指定退刀位移量，Q 值必须是正值。即使使用负值，符号也不起作用。位移的方向是 $\pm X$、$\pm Y$，它可以事先在操作面板上进行设定。

5. 取消固定循环指令 G80

G80 用于取消固定循环 G73、G74、G76 和 G81 ~ G89。它可以取消固定循环的模态状态，使机床退出固定循环状态，进行其他动作。

6. 钻孔固定循环指令 G81

G81 固定循环指令用于通常的钻削加工。在固定循环中，钻削进给到孔底，然后刀具快速返回。其指令格式为：

G81　X__ Y__ Z__ R__ F__;

格式中，指令代码意义同前。其循环动作如图 2-30 所示。指令动作包括定位、快进（到 R 点平面）、进给和快速返回。使用指令 G98 时，返回到初始平面；使用 G99 时，返回到 R 点平面。该固定循环指令用于通孔加工。如果在程序中没有专门加指令 G98 或 G99，加工单个孔结束后，返回到初始平面；加工多个孔时，前面的孔加工结束后，返回到 R 点平面，最后一个孔加工结束后，返回到初始平面。

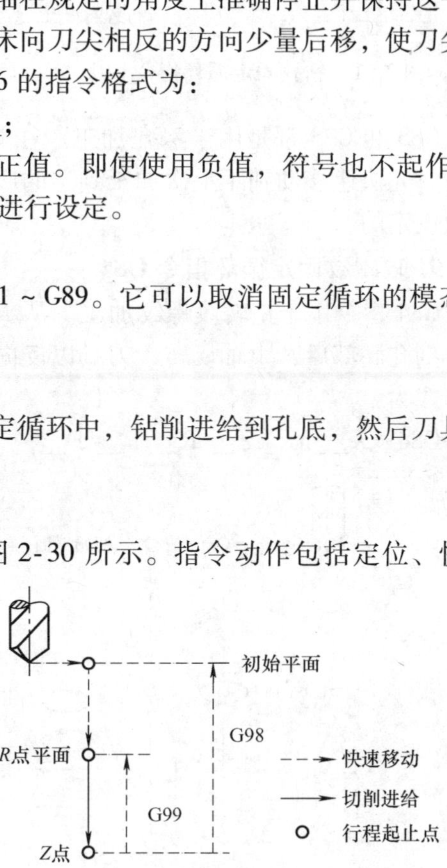

图 2-30　钻孔固定循环指令 G81

7. 钻孔固定循环指令 G82

G82 钻孔指令也是用于钻孔加工。该指令除了在孔底增加了进给暂停的动作，其他动作与 G81 相同。暂停时间由地址 P 给出。此指令主要用于不通孔加工，可以提高孔深精度。其循环动作如图 2-31 所示。该指令格式为：

G82 X__ Y__ Z__ R__ P__ F__;

8. 深孔加工固定循环指令 G83

G83 指令用于深孔加工循环。*Z* 轴方向分级、间歇进给，每次分级进给后都使刀具快速返回到 *R* 点平面，使深孔加工排屑性能更好。在深孔加工循环中，每次间歇进给值用地址 Q 给出，其循环动作如图 2-32 所示。该指令格式为：

G83 X__ Y__ Z__ R__ Q__ F;

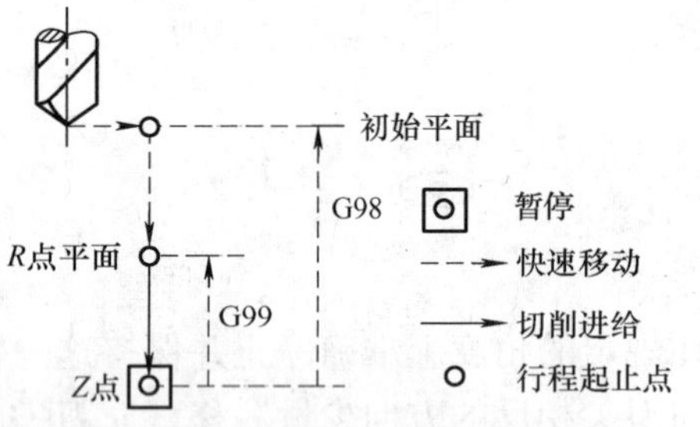

图 2-31 钻孔固定循环指令 G82

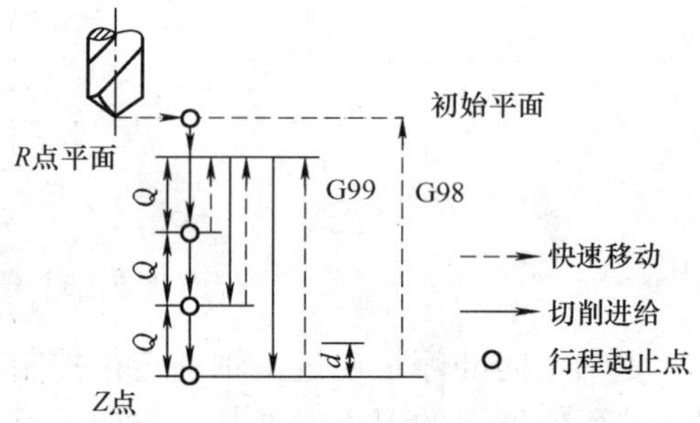

图 2-32 深孔加工固定循环 G83

G83 和 G73 都是用于深孔加工。在 G83 格式中，*Q* 为每次的切入量。当第二次以后切入时，先快速移动到距上次加工到达的底部位置 *d* 处，然后再次变为切削进给，*d* 是由机床参数设定的。

9. 攻螺纹固定循环指令 G84

G84 指令用于正转攻螺纹加工。从 *R* 点平面到 *Z* 点攻螺纹时，刀具正向进给，主轴正转。到孔底部后，主轴反转，刀具以反向进给速度退出。其循环动作如图 2-33 所示。该指令格式为：

G84 X__ Y__ Z__ R__ P__ F__;

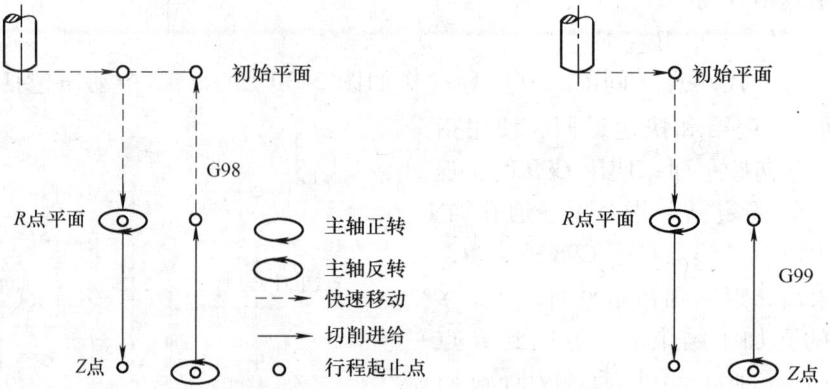

图 2-33 攻螺纹固定循环指令 G84

G84 和 G74 的区别在于：G74 用于反转攻螺纹加工，而 G84 用于正转攻螺纹加工。

10. 镗孔固定循环指令 G85

G85 指令用于镗孔加工。其循环动作如图 2-34 所示。该指令格式为：

G85　X__ Y__ Z__ R__ F__；

它与 G81 的区别是 G85 的退刀动作是以进给速度退出。

11. 镗孔固定循环指令 G86

G86 指令用于镗孔加工。其循环动作如图 2-35 所示。该指令格式为：

G86　X__ Y__ Z__ R__ F__；

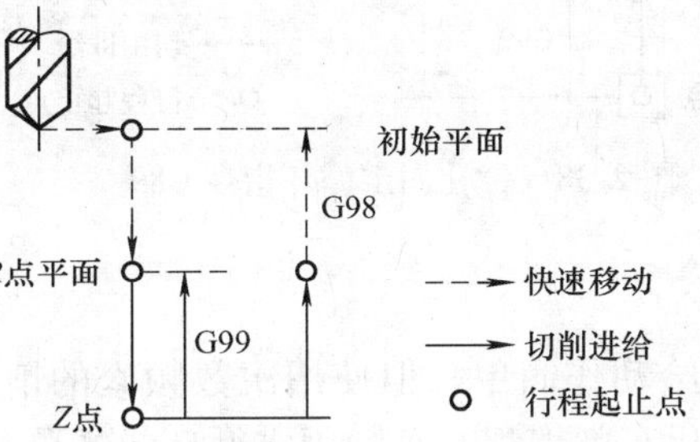

图 2-34　镗孔固定循环指令 G85

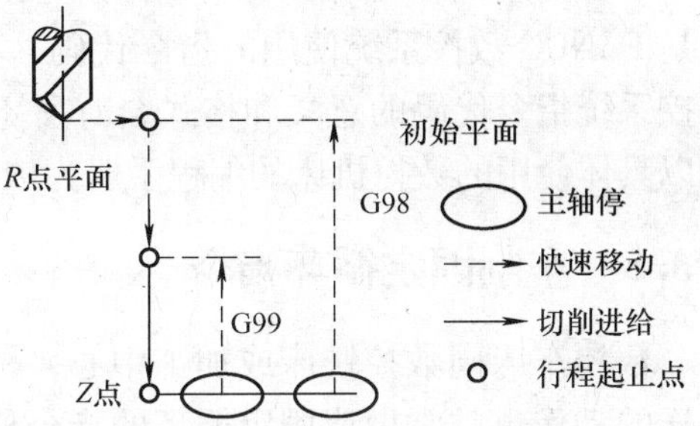

图 2-35　镗孔固定循环指令 G86

与 G81 的区别是，G86 固定循环在孔底部时，主轴自动停止，退刀动作是在主轴停止转动的情况下进行的。

12. 镗孔固定循环指令 G87

G87 指令用于精密镗孔加工。其循环动作如图 2-36 所示。该指令格式为：

G87　X__ Y__ Z__ R__ Q__ F__；

执行 G87 时，在 X、Y 轴完成定位后，主轴定向停止，然后向刀尖反方向移动 Q 值，再快速移动到孔底（R 点平面）定位。停止后，刀具向刀尖方向移动 Q 值，主轴自动正转，并沿 Z 轴正方向加工到 Z 点。这时主轴又定向停止，向刀尖的反方向移动，然后从孔中退出刀具，返回到初始平面（只能使用 G98）后，退回一个位移量，主轴再次正转，进行下一个程序段的动作。G87 指令的刀尖位移量和方向的定义与 G76 指令相同。

13. 镗孔固定循环指令 G88

G88 指令用于镗孔加工。其循环动作如图 2-37 所示。该指令格式为：

G88　X__ Y__ Z__ R__ P__ F__；

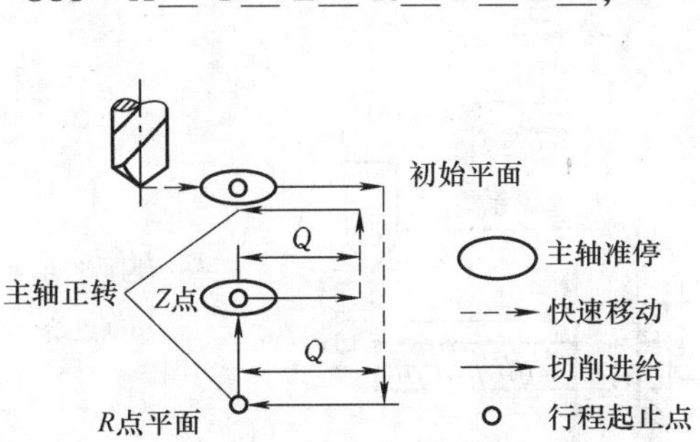

图 2-36　镗孔固定循环指令 G87

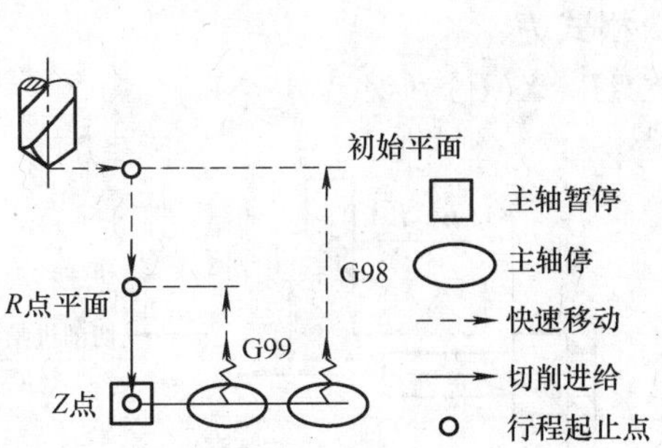

图 2-37　镗孔固定循环指令 G88

循环加工到孔底后，主轴停止，变成停机状态。此时转换为手动状态，可手动将刀具从孔中退出。返回到 R 点平面或初始平面，主轴自动恢复正转，再转入下一个程序段进行自动加工。

14. 镗孔固定循环指令 G89

G89 指令用于镗孔加工。其循环动作如图 2-38 所示。

G89 指令与 G86 指令相同，但在孔底有暂停，退刀动作也是以进给速度退出。

以上介绍的固定循环指令代码主要依据的是 FANUC 数控系统使用的指令代码，不同数控系统指令代码的意义和格式会有所不同，应以具体使用的数控机床的编程手册为依据。

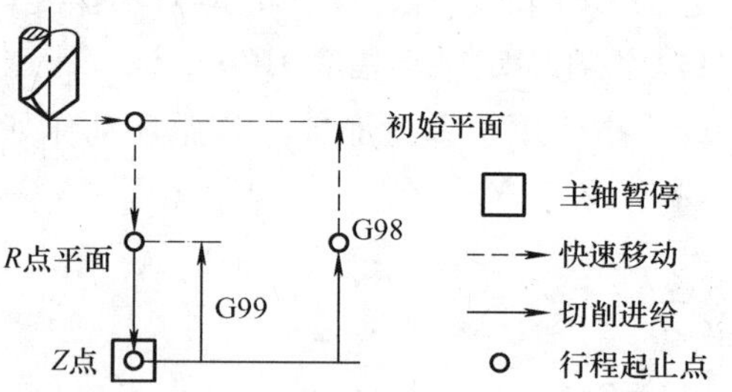

图 2-38　镗孔固定循环指令 G89

2.3.5　车削固定循环指令

数控车床同数控铣床或加工中心一样，存在着进给动作简单，但使用次数频繁的情况，这样的动作也常常做成固定循环的指令格式，以便简化车削编程。车削固定循环包括单一固定循环和复合固定循环。单一固定循环为一次进刀加工循环，具有单一固定循环指令的有：外径、内径车削固定循环指令（G77 或 G90），螺纹车削固定循环指令（G78 或 G92）和端面车削固定循环指令（G79 或 G94）。

1. 外径、内径车削固定循环指令（G77 或 G90）

该指令用于零件的外径和内径的车削加工，循环指令的动作顺序如图 2-39 所示，其指令格式为：

G77　X(U)__ Z(W)__ F__;

格式中，X 为横向加工的坐标终点，为直径值；Z 为纵向加工的终点坐标；F 为切削速度。在使用增量编程中，横向和纵向的终点坐标分别使用地址 U 和 W 表示。U 为直径方向的增量，U、W 值的符号取决于轨迹的运动方向。

有些车削数控系统不使用 G90/G91 来指定绝对坐标编程/增量坐标编程，而用 X、Z 表示绝对值尺寸，用 U、W 表示对应的增量值尺寸，且编程时可以混合使用。

2. 螺纹车削固定循环指令（G78 或 G92）

该指令用于在柱面或锥面上切削螺纹。图 2-40 所示为螺纹切削时的动作顺序，G78 的指令格式为：

G78　X(U)__ Z(W)__ F__;

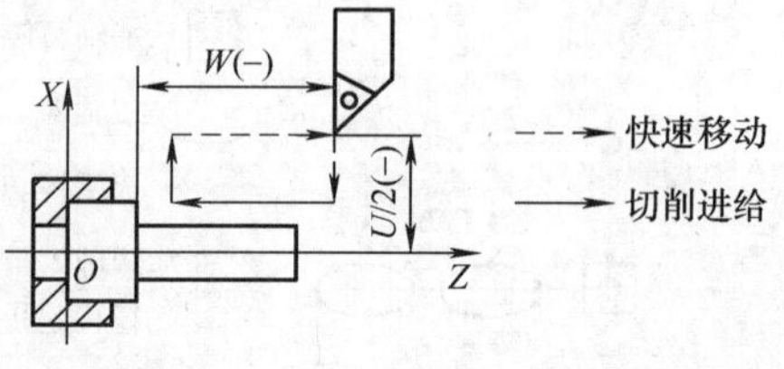

图 2-39　内、外径车削固定循环指令 G77

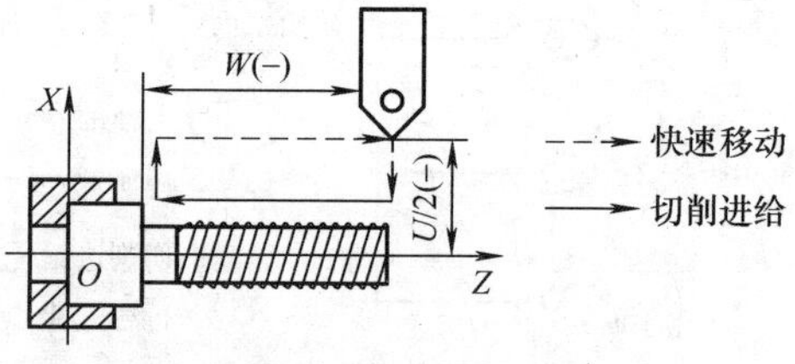

图 2-40　螺纹车削固定循环指令 G78

格式中，F 为与螺距有关的进给速度，如主轴转一转的进给量。其他地址代码意义同前。

3. 端面车削固定循环指令（G79 或 G94）

直端面的车削循环动作如图 2-41a 所示，G79 的指令格式为：

G79　X(U)__ Z(W)__ F__;

该指令是刀具纵向进刀（Z 方向），横向车削（X 方向）。其他地址代码意义同前。

锥端面车削循环动作如图 2-41b 所示。其指令格式为：

G79 X(U)__ Z(W)__ K__ F__;

格式中，K 值为锥面大小端的差值，图中 K 值为正。如果 K 值为负，则进行反锥形切削。其他地址代码意义同前。

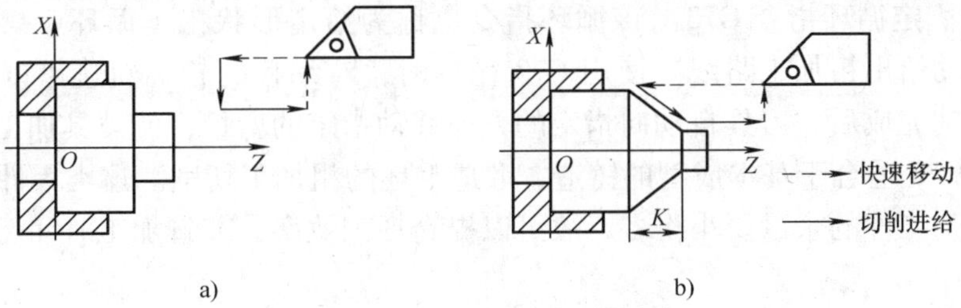

图 2-41　端面车削固定循环指令 G79

a）车削直端面　b）车削锥端面

4. 复合型车削固定循环指令（G70～G76）

数控车床上加工零件时，由于切削余量大，需要采用分步进给的方式将毛坯逐步加工成形。这就需要复合车削固定循环来完成以上的加工。复合固定循环为多次走刀切削的固定循环，能更进一步地简化编程。在应用复合固定循环时，只需指定精加工路线和半径方向的切削深度，系统就会自动计算出粗加工到精加工的全部动作，从而使程序编制更为方便。

（1）车削固定循环指令 G71　该指令用于切除棒料毛坯的大部分加工余量。G71 的动作循环如图 2-42 所示，刀具的切削加工在平行于 Z 轴的移动中进行。粗车后为精车留有余量 ΔU（X 方向）、ΔW（Z 方向）。执行 G71 指令时，刀具在给定的编程轨迹 $A \to A' \to B$ 之间进行分步加工，并指定每次 X 轴的进给量 Δd，数控系统将控制刀具由 A 点开始按图中箭头指示的方向进行粗加工循环，最后执行轮廓的精加工。G71 通常要使用以下两个程序段完成：

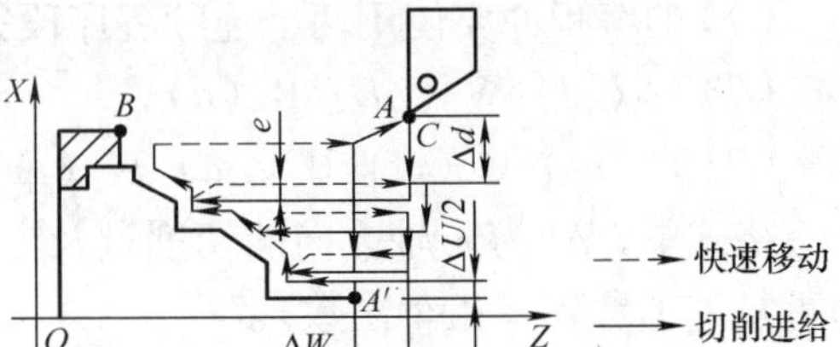

图 2-42　车削固定循环指令 G71

G71 U（Δd）R（e）;

G71 P（ns）Q（nf）U（Δu）W（Δw）F（f）S（s）T（t）;

其中，第一个程序段给定固定循环的每步切削深度 Δd 与退刀量 e。Δd、e 可以根据编程的轮廓轨迹自动决定方向，指令中不需要给定符号，切入、退出的方向由 AA' 的方向决定。Δd、e 的指定是模态的，它们可以连续保持，直到被下次指令更改。此外，在大部分数控系统中，通过操作面板也可以指定 Δd、e 的值。

第二个程序段指定给定循环的轮廓轨迹与精加工余量，以及 G71 指令中的 F、S、T 值。ns 为调用编程轮廓程序段群的首个程序段号；nf 为调用编程轮廓程序段群的结束程序段号；Δu 为 X 轴方向精加工余量；Δw 为 Z 轴方向精加工余量；f、s、t 分别为执行 G71 循环的进给速度、主轴转速、刀具及刀补号。

（2）车削固定循环指令 G72　G72 是用于端面粗车的复合固定循环指令。G72 与 G71 的指令格式、动作过程均类似，不同的是 G72 的切削加工是在与 X 轴平行的方向移动中进行的。它是从外径向轴心方向切削端面的粗车循环。给定的轨迹为 $A \to A' \to B$。各参数的意义与 G71 的相似。其动作顺序如图 2-43 所示。

（3）车削固定循环指令 G73　该循环指令也称为给定形状粗车循环。只要指定精加工路线，系统自动给出粗加工路线。使用 G73 循环时，对编程的轮廓轨迹可以进行多次重复切削，每次切削完成后，刀具自动向指定的方向移动指定的增量，使刀具加工轨迹产生平行移动。因此，G73 适合于基本成型的铸造、锻造毛坯的粗加工切削。这类零件粗加工余量比用棒料直接车削工件的余量要小得多，故可以提高加工效率，节省加工时间。G73 的动作顺序如图 2-44 所示。

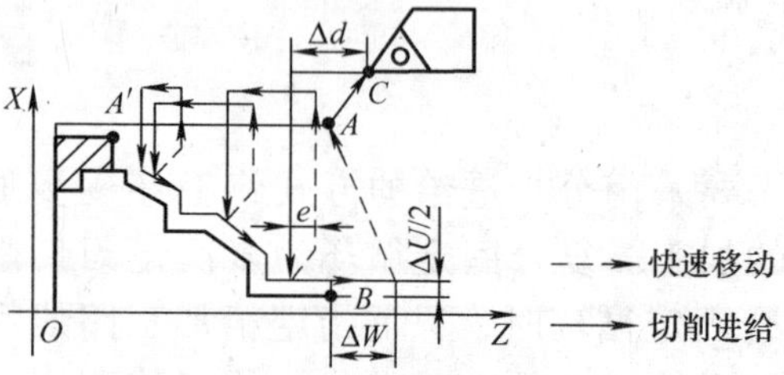

图 2-43　车削固定循环指令 G72

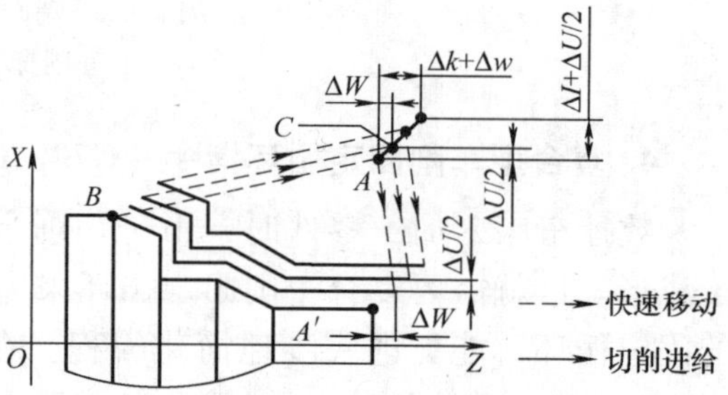

图 2-44　车削固定循环指令 G73

G73 的编程亦要使用两个连续程序段完成，其指令格式为：

G73 U（ΔI）W（ΔK）R（d）；

G73 P（ns）Q（nf）U（Δu）W（Δw）F（f）S（s）T（t）；

格式中，ΔI 为 X 轴方向的切削量及方向指定；ΔK 为 Z 轴方向的切削量及方向指定；d 为重复加工参数（粗车次数）。

第一段给定固定循环的 X、Z 轴的退刀距离 ΔI、ΔK 及方向、重复进行的粗车次数 d。ΔI、ΔK、d 的指定是模态的，它们可以连续保持，直到被下一个指令改变为止。在大部分数控系统中，可以通过操作面板设定 ΔI、ΔK、d 的值。

第二段给定固定循环的轮廓轨迹与精加工余量，以及 G73 指令程序段中的 F、S、T 值。

格式中，ns 为调用编程轮廓程序段群的首个程序段号；nf 为调用编程轮廓程序段群的结束程序段号；Δu 为 X 轴方向精加工余量；Δw 为 Z 轴方向精加工余量；f、s、t 为执行 G73 循环的进给速度、主轴转速、刀具及刀补号。

（4）车削固定循环指令 G70　当用 G71、G72、G73 指令对工件进行粗加工之后，可以使用 G70 指令按粗车循环指定的精加工路线去除粗加工留下的余量。其指令格式为：

G70 P（ns）Q（nf）；

格式中，ns 为指定精加工程序的第一个程序段的段号；nf 为指定精加工程序的最后一个程序段的段号。

精加工 G70 循环结束后，刀具返回循环起始点 A。

使用 G71、G72、G73 循环指令时应注意：根据各机床数控系统的特点和不同的加工要求，通过改变 Δu 和 Δw 的符号，可以改变 A、B、A' 点的相对位置，从而将图示的轨迹进行改变；在 ns ~ nf 之间的程序段中，不能含有调用子程序的程序段。

本节介绍了常用的一些 G 指令的应用及编程方法。在具体使用时，还要特别注意各机床说明书（编程手册）中的具体规定，严格按其规定使用。

2.4　数控编程的工艺处理

数控编程工作中的工艺处理是一个十分重要的环节。它关系到所编零件加工程序的正确性和合理性。由于数控加工过程是在加工程序的控制下自动进行的，因此对加工程序的正确性与合理性要求极高，不能有丝毫差错，否则加工不出合格的零件。正因为如此，在编写程序前，编程人员必须对加工工艺过程、工艺路线、刀具切削用量等进行正确、合理的确定和选择。

数控加工与普通加工的工艺处理虽然基本相同，但又有其特点。一般来说，数控加工的工序内容要比普通加工内容复杂。从编程来看，加工程序的编制要比普通机床工艺规程的编制复杂。因为有许多在普通机床加工中可由操作者灵活掌握随时调整的操作，在数控加工中都变成了必须事先选定和安排好的操作。这样，才能保证加工的正确性。数控编程中，工艺处理的内容一般包括数控加工的合理性分析、零件的工艺性分析、工艺过程和工艺路线的确定、零件安装方法的确定、选择刀具和确定切削用量等。

根据数控加工的特点，以下讨论一些数控编程的工艺处理中需要注意的问题。

2.4.1　合理确定零件的加工路线

零件的加工路线是指数控机床加工过程中刀具刀位点相对于被加工零件的运动轨迹和运动方向。编程时确定加工路线的原则主要有：

1）应能保证零件的加工精度和表面粗糙度的要求。

2）应尽量缩短加工路线，减少刀具空程移动时间。

3）应使数值计算简单，程序段数量少，以减少编程工作量。

下面举例说明上述原则实施时的注意点。

在数控铣床上进行加工时，因刀具的运动轨迹和方向不同，可能是顺铣或逆铣，其不同的加工路线所得的零件表面粗糙度不同，应根据需要合理选择。在铣削平面轮廓零件时，为了减少刀具切入、切出的刀痕，对刀具切入、切出路线要仔细考虑。如图 2-45a 所示的零件外轮廓表面铣削，为了避免铣刀沿法向直接切入、切出零件时在零件轮廓处直接抬刀而留下刀痕，应采用外延法。即切入时，刀具应沿外轮廓曲线延长线的切向切入；切出时，刀具应沿零件轮廓延长线的切线方向逐渐切离工件。

铣削封闭的内轮廓表面时，刀具也应遵循切线方向切入和切出的原则。如图 2-45b 所示，切出时，可多走一段圆弧，再退到起始点，这样可以降低接刀痕迹，提高孔内精度。

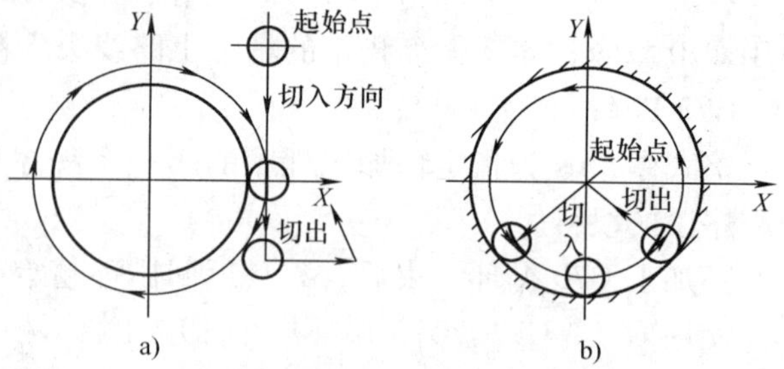

图 2-45　铣削零件内外轮廓
a）外轮廓表面铣削　b）内轮廓表面铣削

在轮廓铣削过程中要避免停顿，因为加工过程中工艺系统处于弹性变形状态下的平衡，停顿会引起切削力的突然变化，会在停顿处的轮廓表面留下刀痕。当零件加工余量较大时，可采用多次进给逐渐切削的方法，最后留少量的精加工余量，一般为 0.2 ~ 0.5mm。

对点位加工的数控机床，如钻床、镗床等加工路线的安排，要特别注意缩短走刀路线。如图 2-46a 所示的零件，在进行孔加工时，按习惯一般是先加工均布于同圆周上的一圈孔后，再加工另一圈孔，如图 2-46b 所示。但这不是最好的进给路线，若进行必要的尺寸换算，改用图 2-46c 的方案，使其各孔间距的总和最小，这样可大大减少空程移动距离，节省一半左右的加工时间。

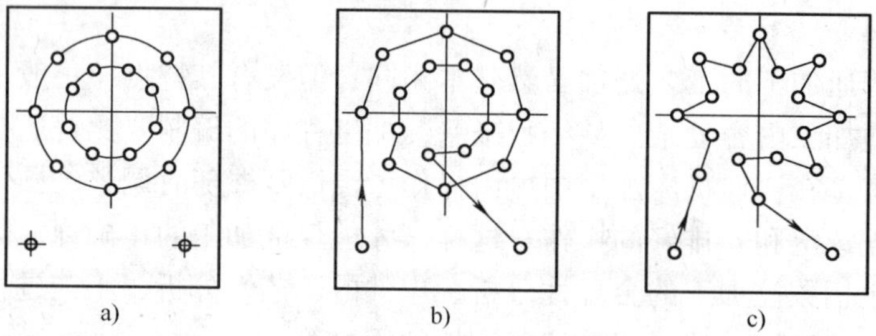

图 2-46　刀具切入与切出路线
a）孔位分布　b）改进前的进给路线　c）改进后的进给路线

2.4.2　合理选择对刀点、换刀点

在数控编程时，要正确、合理地选择对刀点和换刀点的位置。对刀点就是在数控机床上加工零件时，刀具相对于工件运动的起点。由于程序也是从这一点开始执行，因此对刀点也叫作程序起点或起刀点。选择对刀点的原则是：

1）要便于数学处理和简化程序编制。

2）在机床上找正容易，加工中检查方便。

3）引起的加工误差小。

对刀点可选在工件上，也可选在工件外（如夹具上或机床上）。但必须与零件的定位基准有一定的尺寸关系。为了提高加工精度，对刀点应尽量选在零件的设计基准或工艺基准上。例如，以孔定位的零件，选用孔的中心作为对刀点较合适。

刀具在机床上的位置，是由刀位点的位置来表示的。各种刀具的刀位点位置是不同的。车刀和镗刀是指它们的刀尖；钻头是指它的钻尖；立铣刀、面铣刀是指它们刀头底面的中心；球头铣刀是指它的球心，如图2-47所示。

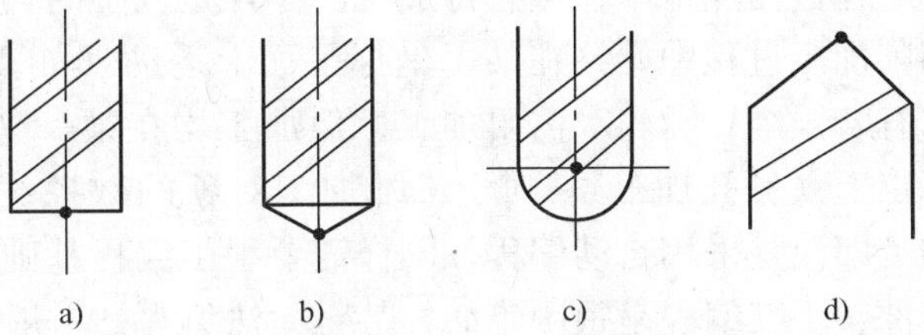

图2-47　刀位点

a）立铣刀　b）钻头　c）球头铣刀　d）车刀、镗刀

多刀加工机床在加工过程中需要换刀时，应设定换刀点。换刀点是指刀架转位换刀时的位置。该点可以是某一固定点（如加工中心，其换刀机械手的位置是固定的），也可以是任意设定的一点（如车床）。换刀点应设在工件或夹具的外部，以刀架转位时不碰工件及其他部件为准。

2.4.3　合理选择工件的装夹方法、刀具和切削用量

数控机床上工件的装夹方法与普通机床一样，要合理地选择定位基准和夹紧方案。应尽量选用已有的通用夹具装夹，减少装夹次数，做到在一次装夹中能把零件上所有要加工的表面都加工出来。工件定位基准与设计基准要尽量重合，以减少定位误差对尺寸精度的影响。在选用或设计夹具时应当遵循以下原则。

1）尽量选用组合夹具、可调整夹具等标准化、通用化夹具，避免采用专用夹具。

2）工件的装卸要快速、方便、可靠，常采用气动、液压夹具，以减少机床的停机时间。

3）零件上的加工部位要外露敞开，不要因装夹工件而影响刀具进给和切削加工。

数控编程时，合理选用刀具是数控加工工艺的重要内容。它不仅影响机床的加工效率，而且直接影响加工质量。选择刀具通常要考虑工件材料、加工型面类型、机床的加工能力、工序内容等因素。选择原则与传统加工相似。与传统的加工方法相比，数控加工对刀具的要求更高。不仅要求精度高、刚性好、耐用度高，而且要求尺寸稳定、安装调整方便，这就要求采用优质材料制造数控加工刀具，并优选刀具参数。

编制程序时，常需要预先规定好刀具的结构尺寸和调整尺寸。特别是带有自动换刀功能的数控机床（如加工中心），在刀具安装到机床上之前，应根据编程时确定的参数，在机床外的预调整装置中调整到所需要的尺寸。

切削用量包括主轴转速（切削速度）、背吃刀量、进给速度（进给量）、切削宽度等。对于不同的加工方法，需要选择不同的切削用量，并应编入程序中。

合理选择切削用量的原则是：粗加工时，一般以提高生产率为主，但也应考虑经济性和加工成本；半精加工和精加工时，应在保证加工质量的前提下，兼顾切削效率、经济性和加工成本。具体数值应根据机床说明书、切削用量手册，并结合经验而定。

2.5　手工编程

手工编程是指由人工完成程序编制的各个阶段的任务，按照数控机床的指令格式（不同的数控系统指令是有差别的）和程序结构，根据加工要求逐行写出每个程序段，组成零件的数控加工程序。

在数控加工中，尽管待加工的零件是三维的，但大多数进给却是二维的。即刀具在一次切削加工过程中始终在某一坐标平面上运动（如 *XY* 平面）。例如，箱体零件，每一个表面都有若干个孔和轮廓需要加工，但加工均在某一坐标平面上（轮廓加工）或者只在一个坐标点上（钻孔加工）。对于二维加工对象的数控编程，手工编程在实际工作中是十分有用的。即使是采用自动编程，同样需要手工编程基础。对于复杂的零件，如具有曲线或曲面的零件，手工编程是很困难的，甚至无法编写，一般采用自动编程。

手工编程过程实质上是对数控机床加工指令的使用，工艺基础的应用和待加工零件图样的识别的综合应用过程。

2.5.1 孔的加工程序编制

1. 孔加工程序编制的特点

孔加工包括钻孔、扩孔、铰孔、攻螺纹和镗孔等。孔加工可以在数控钻床、铣床、镗床、车床和加工中心进行。这些孔加工只要求点位控制准确，而与移动路线无关。孔加工编程一般没有复杂的数学处理，孔径由刀具保证，孔的位置精度取决于数控系统和机械系统的精度。编程时从效率考虑，应使加工路线尽可能最短。孔加工应注意以下几点。

1）编程中所选用的坐标系（指绝对坐标系或增量坐标系）应尽量与图样尺寸标注方法一致，这样可以减少尺寸换算，而且容易保证加工精度。

2）注意提高对刀精度。换刀点应选在不能发生碰撞的地方，在空间允许的条件下，换刀点可选在加工点的上方。

3）使用刀具长度补偿功能。在刀具修磨后，只需改变设置的偏移量，而不用改变程序。

2. 孔加工编程实例

例　如图 2-48 所示，要求中心钻点孔、钻孔，然后攻螺纹。孔加工在立式加工中心上进行，试编制加工程序。钻孔所使用的工艺参数见表 2-5，加工程序见表 2-6。

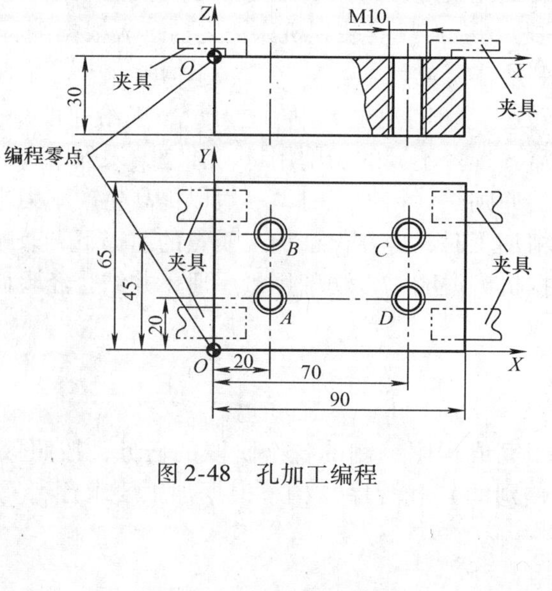

图 2-48　孔加工编程

表 2-5 孔加工工艺参数

顺序	操作	刀具	主轴转速/(r/min)	进给速度/(mm/min)
1	中心钻点钻所有孔	ϕ3mm 中心钻	1000	50
2	钻所有孔	ϕ8.5mm 钻头	600	40
3	对所有孔攻螺纹	M10 mm 丝锥	150	30

注：参考平面设在孔上表面 $Z=3$mm 处，钻头伸出孔外距离为 5mm。孔加工顺序为 A、B、C、D。

表 2-6 孔加工程序

加工程序	说明
O0026	程序号
N005 G90 G21 G40 G49 G80 G17	程序段号、绝对坐标编程、公制、取消半径编程、取消长度补偿与切削固定循环、选择 XY 平面
N010 G54	选择工件坐标系
N015 M06 T01	换刀为刀具号是 01 号的 ϕ3mm 中心钻
N020 S1000 M03	主轴正转，转速为 1000r/min
N025 G43 G00 H01 Z128	对 01 号刀长度正补偿，快速移动到 $Z=128$mm 处
N030 X0 Y0 M08	快速移动到编程原点，切削液打开
N035 X20 Y20	快速移动到 A 点
N040 Z20	快速移动到 $Z=20$mm 处
N045 G01 Z3 F100	直线进给到 $Z=3$mm 处，进给速度为 100mm/min
N050 G81 R3 Z-3 F50	对孔 A 进行孔加工固定循环，中心钻钻深 $Z=-3$mm，进给速度为 50mm/min，钻孔结束返回 R 参考面（$Z=3$mm）
N055 Y45	中心钻钻孔 B，加工后返回到 R 参考面
N060 X70	中心钻钻孔 C，加工后返回到 R 参考面
N065 Y20	中心钻钻孔 D，加工后返回到 R 参考面
N070 G80	取消固定循环 G81
N075 G00 Z100	刀具快速回到 $Z=100$mm 平面
N080 M06 T02	换刀为刀具号是 2 号的 ϕ8.5mm 钻头（主轴停，切削液关闭）
N085 S600 M03	主轴正转，转速为 600mm/min
N090 G43 G00 H02 Z128	对 2 号刀长度正补偿，快速移动到 $Z=128$mm 处
N095 X0 Y0 M08	快速移动到编程原点，切削液打开
N100 X20 Y20	快速移动到 A 点
N105 Z20	快速移动到 $Z=20$mm 平面
N110 G01 Z3 F100	直线进给到 $Z=3$mm 平面处，进给速度为 100mm/min
N115 G83 R3 Z-35 Q5 F40	对孔 A 进行孔加工固定循环，钻深为 $Z=-35$mm，每钻深 5mm 刀具返回到 R 参考面退屑，进给速度为 40mm/min，加工后返回到 R 参考面
N120 Y45	钻 B 孔，加工后返回到 R 参考面
N125 X70	钻 C 孔，加工后返回到 R 参考面

（续）

加工程序	说　明
N130 Y20	钻 D 孔，加工后返回到 R 参考面
N135 G80	取消固定循环 G83
N140 G00 Z100	刀具快速回到 $Z=100$m 平面
N145 M06 T03	换刀为刀具号是 3 号的 M10mm 丝锥（主轴停，切削液关闭）
N150 S150 M03	主轴正转，转速为 150r/min
N155 G43 G00 H03 Z128	对 3 号刀长度正补偿，快速移动到 $Z=128$mm 处
N160 X0 Y0 M08	快速移动到编程原点，切削液打开
N165 X20 Y20	快速移动到 A 点
N170 Z20	快速移动到 $Z=20$mm 平面
N175 G01 Z3 F100	直线进给到 $Z=3$mm 平面处，进给速度为 100mm/min
N180 G84 R3 Z-35 F30	对孔 A 进行孔加工固定循环，攻螺纹深为 $Z=-35$mm；进给速度为 30mm/min，加工后返回到 R 参考面
N185 Y45	攻螺纹 B 孔，加工后返回到 R 参考面
N190 X70	攻螺纹 C 孔，加工后返回到 R 参考面
N195 Y20	攻螺纹 D 孔，加工后返回到 R 参考面
N200 G80	取消固定循环 G84
N210 G00 Z100	刀具快速回到 $Z=100$mm 平面
N220 M09	切削液关闭
N225 M30	程序结束并返回

2.5.2　数控车削程序的编制

1. 车削编程的特点

车削加工是在数控车床上完成的加工。数控车床常用于轴类零件的加工，它是数控机床中产量最大，使用最广的机床之一。车削是数控加工的重要加工工艺，它包括车内/外圆、端面、锥度、回转曲面、沟槽、螺纹、钻孔等。在数控车床上，由于只需要对轴类零件的轴向（Z 向）与径向（X 向）进行控制，因此，数控系统通常为两轴控制系统，其指令格式与数控铣床有所不同。车削程序编制特点如下。

（1）坐标系　数控车床坐标系为 XOZ，主轴与尾座连线（纵向）为 Z 坐标，垂直于 Z 轴的径向为 X 坐标。原点可选在工件右端面、左端面或卡爪前端面与工件旋转中心线的交点。数控车床的工件坐标系原点是通过 G50 指令指定的，即刀具所在机床坐标系中的点相对工件坐标系原点的距离，该点也是编程原点，如图 2-49 所示。

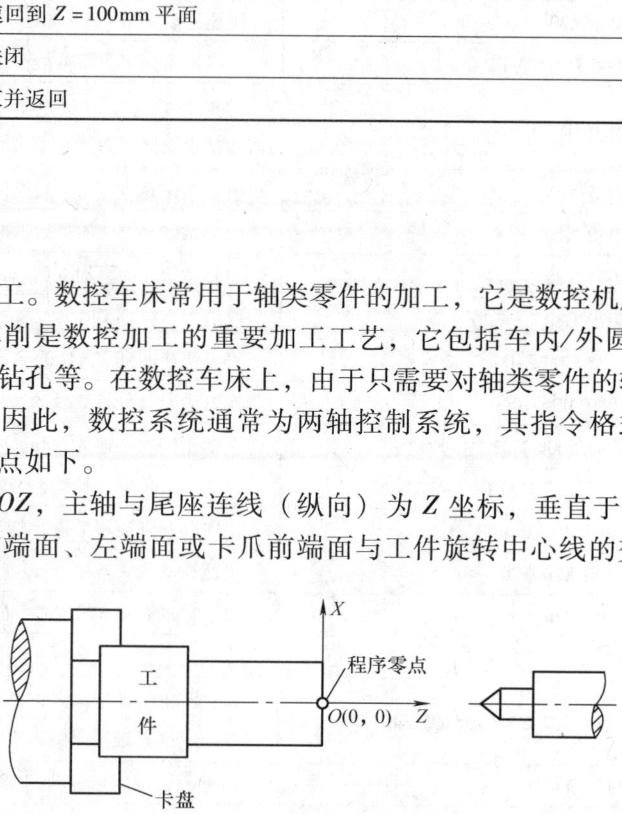

图 2-49　数控车床坐标系

（2）编程　绝对坐标编程时，使用代码 X 和 Z；增量坐标编程时，使

用代码 U 和 W。切削圆弧时，使用 I 和 K 表示圆心相对圆弧起点的坐标增量值；也可使用 R 代替 I 和 K 值。在一个零件的程序中或一个程序段中，可以使用绝对坐标编程或增量坐标编程，也可以用绝对坐标与增量坐标混合编程。

在数控车床的程序编制中，X 或 U 坐标值是直径值。即使用绝对坐标编程时，X 为直径值；使用增量坐标编程时，U 为径向实际移动距离的两倍，并附上方向符号。

1）刀具补偿功能。数控车床具有刀具长度补偿和刀尖圆弧补偿功能，这对于刀具安装误差、磨损后修磨和精加工非常有利。

2）车削固定循环功能。车削在粗加工和半精加工之前，加工余量大，一般需要多次走刀才能完成。因此，在数控车床系统中具备各种不同形式的固定循环功能，可以简化编程。

3）参考点与换刀点。参考点是机床坐标系中的固定点，最多可设置四个。其中第一个参考点（称为机床参考点）与机床原点一致，而第二、第三、第四个参考点是预先通过参数设置与第一个参考点的距离来确定的。换刀点是自动换刀的位置，根据实际情况，以上参考点都可以设为换刀点，如图2-50所示。

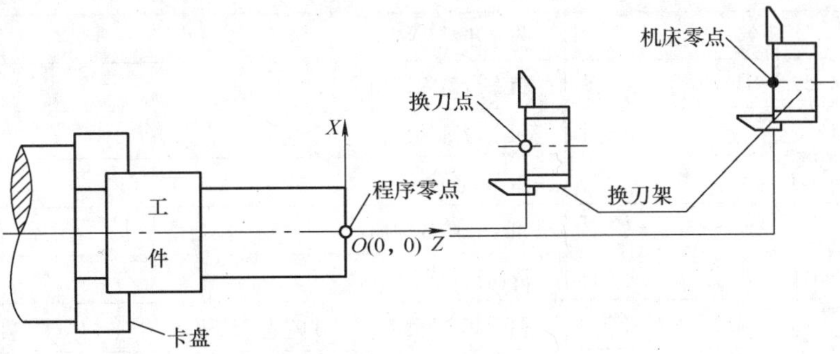

图2-50　数控车床参考点

2. 车削编程实例

例　工件如图2-51所示，该工件车削加工程序的编制包括粗精车端面、外圆、倒角和圆角。零件的单边余量为4mm，其左端25mm为夹紧用，可预先在普通机床上完成夹紧面的车削。其数控车削程序见表2-7。

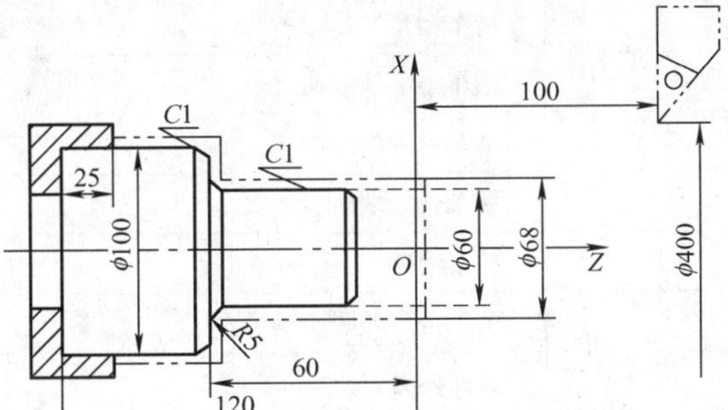

图2-51　车削编程

表 2-7　车削程序

加工程序	说　明
%20	程序开始符号，程序号
N005 G50 X400 Z100	设定工件坐标系
N010 S800 M03	主轴正转，转速为800r/min
N015 T0101 M08	调用01号粗车刀，对01号刀长度补偿，打开切削液
N020 G00 X60 Z5	快速移动到粗车外圆起点
N025 G01 Z2 F50	准备粗车端面
N030 X0	粗车端面第一刀
N035 G00 X60	快速回退到第一次进刀点
N040 G01 Z0.3 F50	准备粗车端面
N045 X0	粗车端面留0.3mm余量
N050 G00 X58.6	快速回退到粗车倒角起点
N055 G01 X60.6 Z-1.3	粗车倒角
N060 W-53.7	粗车小端外圆面
N065 G02 X70 Z-59.7 R4.7	粗车台阶内圆角
N070 G01 X97.4	粗车台阶端面
N075 X100.6 W-1.6	粗车倒角
N080 Z-95	粗车台阶外圆面
N085 G00 X400 Z100	返回换刀点
N090 T0202	调用02号精车刀，对02号刀长度补偿
N095 S1000 M03	主轴正转，转速为1000r/min
N100 G00 Z1 X61	准备精车端面
N105 G01 Z0 F50	精车起点
N110 X0	精车端面
N115 G00 Z2 X58	准备精车倒角
N120 G01 Z0	倒角起点
N125 Z-1 X60	精车倒角
N130 W-54	精车小端外圆面
N135 G02 X70 Z-60	精车台阶内圆面
N140 X98	精车台阶端面
N145 X100 W-1	精车倒角
N150 W-34	精车台阶外圆面
N155 G00 X400 Z100	返回换刀点
N160 T0200 M05 M09	取消刀补，主轴停，切削液关闭
N165 M30	程序结束

2.5.3　数控铣削加工程序的编制

1. 铣削程序的特点

铣削是最常用的数控加工方法之一，包括平面铣削、沟槽铣削、轮廓铣削等。数控铣削可以在数控卧铣、数控立铣和加工中心等机床上实现。平面铣削一般是在一个平面上进行的加工，因此编程时应指定加工所在的平面。

2. 铣削加工实例

例　在加工中心上进行加工，铣深6mm的型腔，零件如图2-52所示，刀具路径如图2-53所示，加工参数见表2-8，加工程序见表2-9。

说明：

1）将程序零点（X_0，Y_0）设在工件的左下角。

2）Z_0设在工件的上表面。

3）粗加工留的余量为0.5mm。

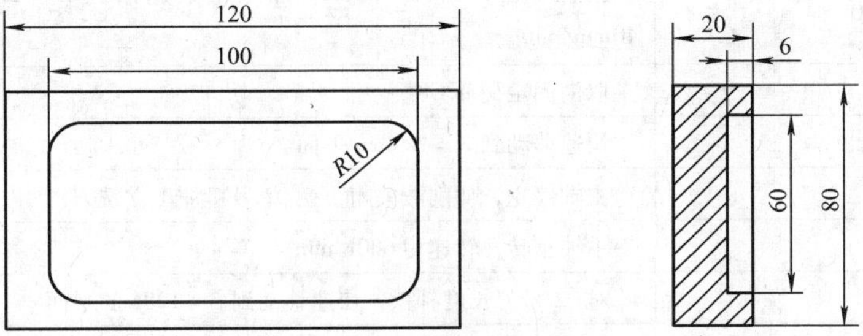

图2-52　加工零件图

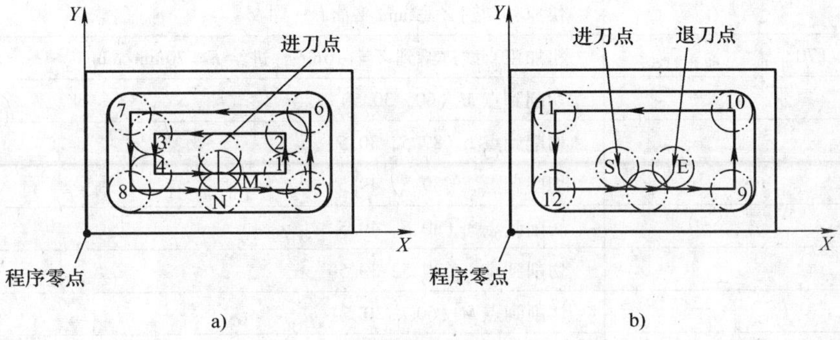

图2-53　粗加工和精加工的刀具路径

a）粗加工　b）精加工

表2-8　铣削加工参数

刀具号	操　作	刀　具	主轴转速/(r/min)	进给速度/(mm/min)
1	铣进刀孔	ϕ20键槽铣刀	600	40
2	粗加工	ϕ20立铣刀	600	70
3	精加工	ϕ20立铣刀	600	100

表 2-9　铣削加工程序

加工程序	说　明
%02	程序开始符号，程序号
N005 G90 G21 G49 G80 G40 G17	绝对坐标编程、公制、取消刀具长度补偿、取消刀具固定循环、取消刀具半径补偿、选择 XY 平面
N010 G54	选择工件坐标系
N015 M06 T01	选用 01 号键槽铣刀
N020 S600 M03	主轴正转，转速为 600r/min
N025 G43 G00 H01 Z128	对 01 号刀长度补偿，快速移动到 $Z=128$mm 的平面
N030 X0 Y0 M08	快速移动到程序零点（X_0，Y_0），切削液打开
N035 X60 Y40	快速移动到进刀点
N040 Z10	快速移动到 $Z=10$mm 平面
N045 G01 Z2 F100	直线进给到 $Z=2$mm 平面，进给 $F=100$mm/min
N050 G81 R2 Z-6 F40	钻孔循环，钻深 -6mm，加工结束返回到 $Z=2$mm 平面，进给 $F=40$mm/min
N055 G80	取消固定循环 G81
N060 G00 Z120	快速移动到 $Z=120$mm 平面
N065 M06 T02	主轴停止，切削液关闭，换 02 号粗加工立铣刀
N070 S600 M03	主轴正转，转速为 600r/min
N075 G43 H02 Z128	对 02 号刀长度补偿，快速移动到 $Z=128$mm 平面
N080 X0 Y0 M08	快速到程序零点（X_0，Y_0），切削液打开
N090 X60 Y40	快速移动到进刀点
N095 Z2	快速移动到 $Z=2$mm 平面
N100 G01 Z-6 F70	粗加工直线进给到 $Z=-6$mm，进给 $F=70$mm/min
N105 Y30. 5	切削到点 M（60，30. 5）
N110 X89. 5	切削到点 1（89. 5，30. 5）
N115 Y49. 5	切削到点 2（89. 5，49. 5）
N120 X30. 5	切削到点 3（30. 5，49. 5）
N125 Y30. 5	切削到点 4（30. 5，30. 5）
N130 X60.	切削到点 M（60. ，30. 5）
N135 Y20. 5	切削到点 N（60. ，20. 5）
N140 X99. 5	切削到点 5（99. 5，20. 5）
N145 Y59. 5	切削到点 6（99. 5，59. 5）
N150 X20. 5	切削到点 7（20. 5，59. 5）
N155 Y20. 5	切削到点 8（20. 5，20. 5）
N160 X60	切削到点 N（60，20. 5）
N165 G00 Z120	快速移动到 $Z=120$mm 平面
N170 M06 T03	主轴停止，切削液关闭，换 03 号精加工立铣刀

（续）

加工程序	说明
N175 S800 M03	主轴正转，转速为800r/min
N180 G43 H03 Z128	对03号刀长度补偿，快速移动到 $Z=128$mm 平面
N185 X0 Y0 M08	快速到程序零点（X_0，Y_0），切削液打开
N195 X48 Y32	快速移动到进刀起点
N200 Z10	快速移动到 $Z=10$mm 平面
N205 G03 X60 Y20 I12 J0. F100	精加工逆时针圆弧到点（60，20），进给 $F=100$mm/min
N210 G01 X100	直线插补到点（100，20）
N215 Y60	切削到点（100，60）
N220 X20	切削到点（20，60）
N225 Y20	切削到点（20，20）
N230 X60	切削到点（60，20）
N235 G03 X73 Y32 I0. J12	逆时针圆弧到点（73，32）
N240 G00 Z120	快速移动到 $Z=120$mm 平面
N245 M09	切削液关闭
N250 M30	程序结束

2.6 发展中的STEP－NC标准

2.6.1 STEP－NC标准的提出

从1952年试验成功世界上第一台数控机床样机开始，数控机床已走过了50多年的发展历程，数控系统已由原先的硬线连接发展到了现在的计算机数控，正在向开放式数控系统发展。但到目前为止，绝大多数数控系统数字控制信号（加工程序）的编写都采用G、M代码标准（即ISO 6983）。按照该标准的要求，CAD/CAM系统所描述的零件信息不能直接驱动数控机床，而是首先要生成G、M代码，然后再将G、M代码送到数控机床进行加工。其局限性表现在以下几个方面。

1）G、M代码只定义了机床的运动和开关动作，编制的数控程序仅包含了CAD/CAM系统中的一部分信息，大量的信息如尺寸公差、精度要求、表面粗糙度等在传递过程中丢失了。因此CNC系统不能获得完整的产品信息，无法实现真正的智能化。

2）从CAD/CAM系统到CNC系统的传输过程是单向的，不能进行双向数据交换，不支持系统的集成和数据共享，不支持先进制造模式。这样，如果CAM系统发现了CAD系统中的问题，必须回到CAD系统进行修改，重新编工艺，用G、M代码写数控指令。

3）G代码编程语言规定了数控机床刀具的路径，而不是整个工件的加工过程，不能从工件整体来控制各加工步骤之间的配合，这样就不能很好地保证工件的加工质量。

4）各数控系统都有对ISO 6983定义之外的补充指令和专有指令，因而系统之间互不兼容，零件程序在不同数控系统中不具有互换性。

5）现场编程和修改非常困难，对于稍微复杂的加工对象，G、M 代码一般需要预先由后置处理程序生成，这样就增加了信息流失和出错的可能性。

为了克服 G、M 代码标准的局限性，1997 年欧盟提出了 OPTIMAL（Optimized Preparation of Manufacturing Information with Multi - Level CAM - CNC Coupling）计划，将 STEP（Standard for the Exchange of Product Model Data，ISO10303）延伸到自动化制造的底层设备，开发出了一种遵从 STEP 标准、面向对象的数据模型，称为 STEP - NC 标准（标准号为 ISO 14649），将产品模型数据转换 STEP 标准扩展到 CNC 领域，重新制定了 CAD/CAM 与 CNC 之间的接口，成为一个面向对象的新型 NC 编程数据接口国际标准。STEP - NC 标准要求 CNC 系统使用符合 STEP 标准的 CAD 三维产品数据模型（包括工件几何数据、设置和制造特征），再加上工艺信息和刀具信息，直接产生加工程序来控制机床。为实现 CAD/CAM/CNC 之间的无缝连接，进而实现真正意义上的完全开放式数控系统奠定了基础。

2.6.2　STEP - NC 标准与 STEP 标准

为了能支持整个产品生命周期的产品数据交换，国际标准化组织从 1984 年开始开发产品数据交换标准 STEP。STEP 标准开发的目标是建立一种完整的，明确无歧义的，中性的，计算机可处理的标准来表示产品全生命周期的产品数据，并且独立于任何特定的系统。这个标准不仅适合于中性文件交换，还是实现和共享产品数据库的基础，也是资料存档的基础。STEP 作为产品生命周期交换标准，用于定义覆盖产品开发各个环节的信息模型和交换方法。其核心思想包括：层次结构概念（应用层、逻辑层、物理层）、Express 信息建模语言定义产品数据模型、多种信息交换途径等。

STEP - NC 是 STEP 标准向数控加工领域延伸形成的数控接口标准，其正式名称为 Data model for Computerized Numerical Controllers。STEP 是关于 CAD 设计数据的标准，而 STEP - NC 在此设计信息的基础上又添加了加工信息，它既包括原料信息，又包括加工特征、检查质量公差、刀具要求和加工工艺顺序。ISO 14649 标准是一个新的数据模型，它用来在 CAD/CAM 系统和 CNC 之间进行数据转换。它的一个主要优点就是使用了已经存在的来自于 ISO 10303 的数据模型，因此它可以作为数据交换的基础。

2.6.3　STEP - NC 的数据模型

STEP - NC 数据模型中包含了加工工件的所有任务，其基本原理是基于制造特征（如孔、型腔、螺纹、倒角等）进行编程，而不是直接对刀具-工件之间的相对运动进行编程。

它通过一系列的加工任务，描述零件从毛坯到最终成品的所有操作，内容涉及工件三维几何信息、刀具信息、制造特征与工艺信息，并将这些任务信息提供给加工车间的 CAM 系统。STEP - NC 中采用的数据模型与 STEP 标准完全一致。一个基于 STEP - NC 的数控加工程序由几何信息和工艺信息组成。几何信息采用 STEP 数据格式描述，CNC 系统可以直接从系统读取数据文件，从而消除了由于数据类型转换而可能导致的精度降低问题。工艺信息描述部分包括了所有工步的详细参数，如加工工艺特征代码、刀具、机床功能、加工方法等数据。

STEP - NC 定义了一种称为 AP - 238 的应用协议，要求系统直接使用符合标准的 CAD 三维产品数据模型（包括工件三维几何数据与制造特征信息）、加工工艺信息和刀具信息，产生加工程序，进而控制加工过程。此过程覆盖了产品从概念到制成品所需的全部信息。这种新的数据模型中的加工程序又以工步作为基本模块。工步是指在产品模型中定义的对机床具体动作的概括性描述。其间，系统只负责加入工艺信息和刀具信息而不必进行常规自动编程系统中的后置处理操作，图 2-54 所示为一个简化的 STEP - NC 数据模型。

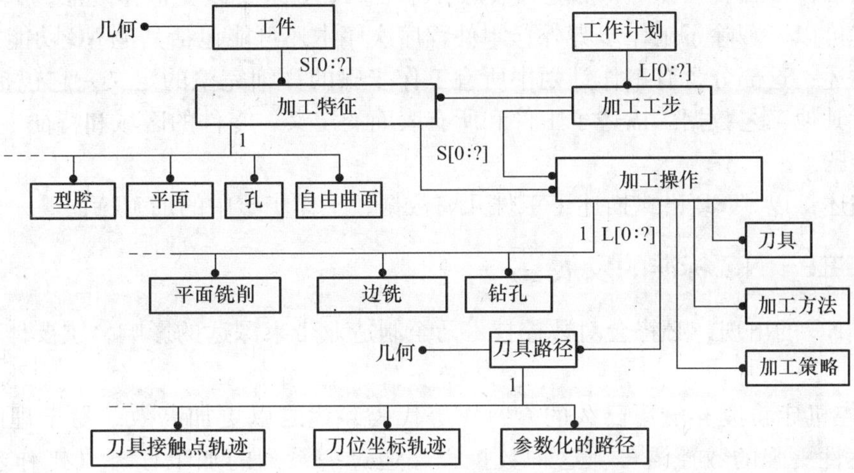

图 2-54　简化的 STEP - NC 数据模型

数据模型由工件和工作计划这两大部分组成。工件上需要去除材料的区域由一系列的加工特征来定义。工作计划包括若干加工工步。加工工步将具体的加工特征（如型腔、平面、孔及自由曲面等）与具体的加工操作联系起来。“加工操作”是一个面向对象的概念，涉及加工方法、刀具路径、加工策略等。

2.6.4　STEP - NC 数控程序结构

STEP - NC 程序采用 ISO 10393 规定的文件格式，从结构上可分为两部分：文件头和数据段。文件头以 HEADER 为标记，主要说明文件名、编程者、日期及注释等。数据段以 DATA 开始，包含了加工零件所需的所有信息和操作任务。

STEP - NC 文件与 STEP 文件所不同的是数据段部分的内容，如图 2-55 所示。数据段是 STEP - NC 文件的主要部分，主要描述零件的几何信息和加工信息。数据段有三部分：工作计划和执行（Work Plan and Execution）、技术描述（Technology Description）和几何描述（Geom-

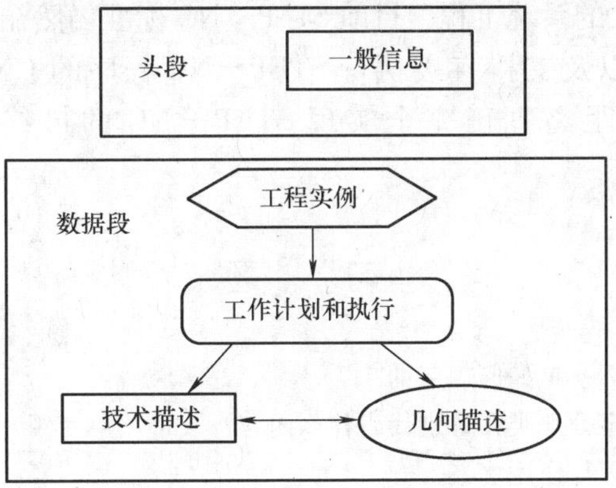

图 2-55　STEP - NC 文件结构

etry Description)，以工程（Project）实例开头，它是加工任务的起始点。每个 STEP－NC 数据段中必须包括工程实体实例。

STEP－NC 文件中的工作计划与以线性顺序或给定顺序的执行方案相结合，分别有三种方法：按照工作步骤、按照 NC 功能和按照程序结构。如果要改变操作顺序，只需改动程序的这部分就可以了。除了工作步骤外，零件程序次序中还可能包括其他 NC 功能描述。

技术描述：这部分含有工作计划中所有工作步骤的详细完整的定义，它包括刀具参数、加工参数及其他工艺数据。描述了工件和所有表面的定义，零件的区域和特征，表面特征对应的工作步骤。

几何描述：以 STEP 格式描述了工件几何数据、工作步骤中的加工特征。

2.6.5 STEP－NC 标准的发展

STEP－NC 的出现，必将会对数控技术乃至制造业带来深远的影响，主要体现在以下几个方面。

1）数控机床将废弃沿用已久的 G、M 等代码，代之以更加高效、易于理解和操作更方便、描述性更强的数控语言。这种数控程序通过一系列的加工任务（工作步骤）描述制造过程中的所有操作，以面向对象（而不是面向动作）的编程使得现场编程界面大为改观。

2）CAD/CAM/CNC 之间将会实现无缝连接。CAD/CAM 与 CNC 的双向数据流动，使得设计部门能够清楚地了解到加工实况，并且可根据现场编程返回的信息对生产规划进行及时快速的调整，生产效率将得到极大的提高。

3）网络化设计/制造成为现实。现代制造企业通过网络共享各种信息，同时由于全球制造企业采用统一的数据接口标准，企业之间的数据流动可以在基于 PC 的 CNC 机床与数据库服务器之间直接进行，操作人员只需要对数据库中的三维工件模型进行简单的参数设置，就可以使机床实现预期动作。

4）将会实现完全意义上的开放式智能数控系统。数控机床如采用 STEP－NC 标准，则各机床数据格式和接口标准完全一致，且 STEP－NC 数据包含了加工产品所需的所有信息。对于控制器而言，只需要告诉它要加工什么，具体动作自行决定，使程序具有良好的互操作性和可移植性，为系统的开放性和智能化奠定了稳固的基础。

STEP－NC 是一项庞大的系统工程，目前 STEP－NC 标准仍然在逐步完善中。在 STEP－NC 车间编程系统的开发，以及支持直接执行 STEP－NC 程序的 CNC 解释器的开发等方面，仍然有很多工作要做。距离真正完全实现 STEP－NC 的最终目标，仍然有很长的路要走。

习　题

2-1　简述数控加工的坐标系是如何规定的。

2-2　数控编程时的功能字分几类？分别代表什么内容？

2-3　简述刀具补偿的原因与作用。

2-4　简述模态与非模态指令的区别。

2-5　编写图 2-56 所示精加工轮廓的数控车削程序。已知：

1）数控车床的脉冲当量为 0.01mm。

2）进给速度 50mm/min，主轴转速 700r/min。

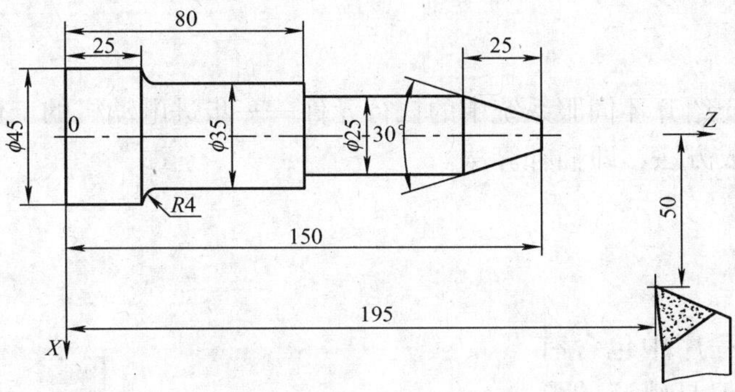

图 2-56　数控车床精加工轮廓

2-6　编写图 2-57 所示精加工轮廓的数控铣削程序。已知：

1）主轴转速 600r/min。

2）进给速度 150mm/min。

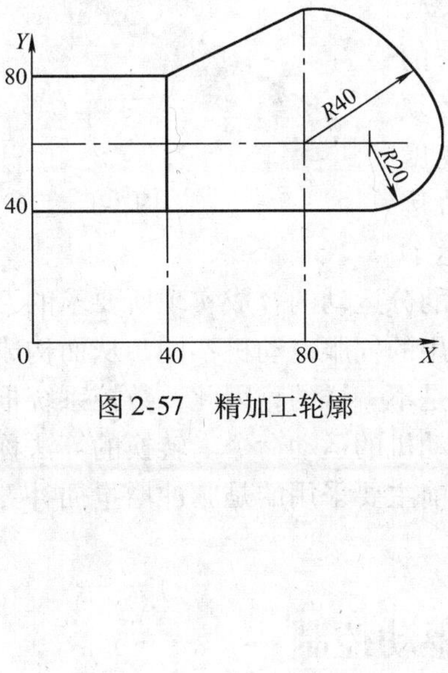

图 2-57　精加工轮廓

第 3 章　开环伺服系统及轮廓轨迹形成

本章主要通过介绍开环伺服系统中的执行元件——步进电动机的工作原理，阐述开环系统中轮廓轨迹的形成方法，即插补算法。

3.1　概述

由于数控加工程序中包含有刀具轨迹信息，而刀具轨迹的形成是通过执行元件带动传动机构的运动实现的，如图 3-1 所示，对于所要求的直线轨迹，是通过 X、Y 方向的电动机带动丝杠螺母传动实现 X、Y 方向的分运动，分运动的合成结果即为所要求的直线轨迹。因此，数控系统必须根据刀具轨迹的形状与进给速度的要求，将要求实现的刀具轨迹分解成为独立方向电动机的运动命令，从而通过各个独立方向的分运动的合成实现所要求的刀具轨迹。

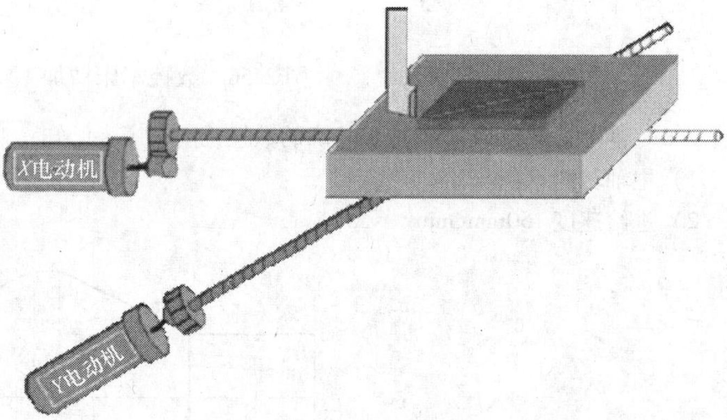

图 3-1　直线轨迹形成示意图

在数控机床中，由于所采用的伺服电动机不同，从而构成了不同的伺服系统。而不同的伺服电动机其运动命令的形式是不一样的，因此，数控系统根据不同的伺服电动机，将所要求的轨迹转换成为对应伺服电动机的运动命令。转换的算法称为插补算法。对于步进电动机构成的开环伺服系统而言，目前主要采用的是脉冲增量插补算法，本章将主要介绍其中的逐点比较法和数字积分法。

3.2　步进电动机及其驱动控制

步进电动机作为数字控制系统中的一种执行元件，在专用的脉冲电源供电下工作。其功能是将电脉冲信号转换为相应的角位移或直线位移。用于数控机床驱动的步进电动机主要有两类：反应式步进电动机和混合式步进电动机。

3.2.1　步进电动机的工作原理

图 3-2 所示为一台三相反应式步进电动机的工作原理图，其由定子和转子组成。

定子由软磁材料制成，上有六个极，每极上都装有控制绕组，每两个相对的极组成一相。转子也由软磁材料制成，有四个均匀分布的齿。当开关 S_A 闭合使 A 相绕组通电时，因

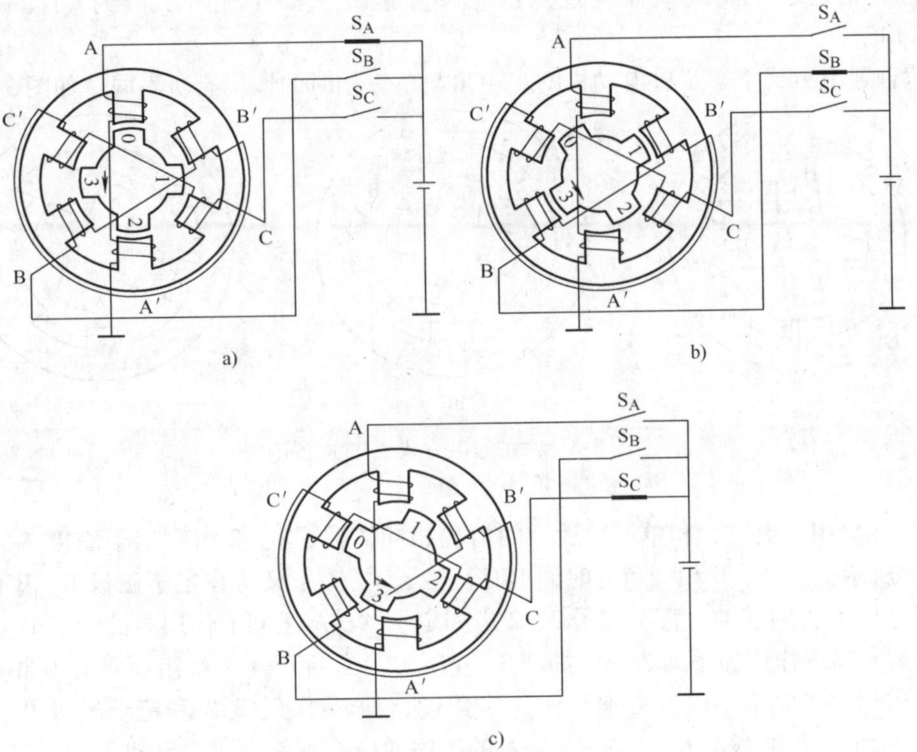

图3-2　反应式步进电动机工作原理图

a）开关 S_A 闭合　b）开关 S_B 闭合　c）开关 S_C 闭合

磁通总是沿着磁阻最小的路径闭合，将使转子0、2齿和定子磁极A、A′对齐，如图3-2a所示。当开关 S_A 断开同时开关 S_B 闭合时，使A相绕组断电，B相绕组通电，转子将在空间转过30°。使转子1、3齿和定子磁极B、B′对齐。如图3-2b所示。如果开关 S_B 断开同时开关 S_C 闭合，使B相绕组断电，C相绕组通电，转子又将在空间转过30°，使转子0、2齿和定子磁极C、C′对齐，如图3-2c所示。如此循环往复，通过开关 S_A、S_B、S_C 交替通断，使绕组按A→B→C→A的顺序通电，电动机便按一定的方向转动。电动机的转速直接取决于开关接通或断开的变化频率。如果开关按照 S_A、S_C、S_B 的顺序交替通断，绕组通电的顺序将为A→C→B→A，则电动机反向转动。在实现的时候，开关 S_A、S_B、S_C 将由逻辑电路实现的电子开关所取代，而电子开关的工作状态恰好可以用脉冲信号来控制其通断。由于可以利用发送给电子开关的脉冲信号实现电动机绕组与电源的接通或断开，因此，步进电动机也称为脉冲电动机。

步进电动机定子绕组每改变一次通电方式，称为一拍。此时电动机转子转过的空间角度称为步距角 θ。上述通电方式称为三相单三拍。“单”是指每次通电时，只有一相绕组通电；“三拍”是指经过三次切换绕组的通电状态为一个循环，第四拍通电时就重复第一拍通电的情况。显然，在这种通电方式下，三相步进电动机的步距角 θ 应为30°。

三相步进电动机除了单三拍通电方式外，如果通电顺序为：A→AB→B→BC→C→CA→A，或者为A→AC→C→CB→B→BA→A，也就是说，先接通A相绕组；然后再同时接通A、B相绕组；随后断开A相绕组，使B相绕组单独接通；再同时接通B、C相绕组，依此进行。则定子三相绕组需经过六次切换才能完成一个循环，故为“六拍”，称为“三相六拍”。

在这种通电方式下，步进电动机的步距角与单三拍时的情况有所不同，如图 3-3 所示。

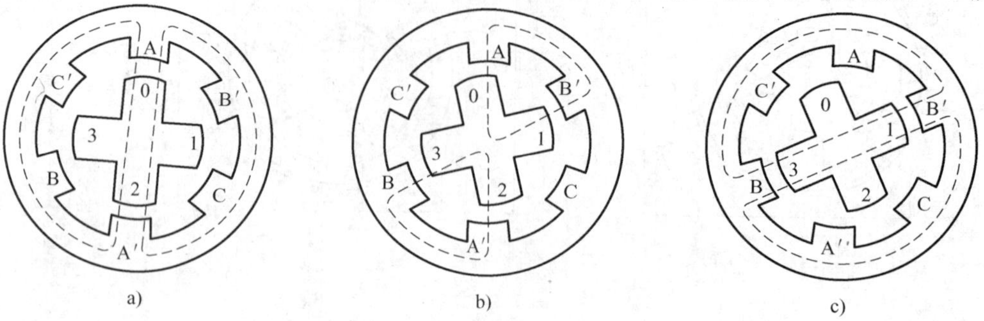

图 3-3　六拍通电方式工作示意图

a）A 相通电　b）B 相通电　c）C 相通电

当 A 相绕组通电时，和单三拍运行的情况相同，转子 0、2 齿和定子磁极 A、A′对齐，如图 3-3a 所示。当 A、B 相绕组同时通电时，转子 1、3 齿又将在定子磁极 B、B′的吸引下使转子沿逆时针方向转动，直至转子 0、2 齿和定子 A、A′之间的作用力被转子 1、3 齿和定子极 B、B′之间的作用力平衡为止，如图 3-3b 所示。当断开 A 相绕组而只有 B 相绕组接通电源时，转子将继续沿逆时针方向转过一个角度，使转子 1、3 齿和定子磁极 B、B′对齐，如图 3-3c 所示。若继续按 BC→C→CA→A 的顺序通电，那么步进电动机就按逆时针方向继续转动，如果通电顺序改为 A→AC→C→CB→B→BA→A 时，电动机将按顺时针方向转动。

在单三拍通电方式中，步进电动机每经过一拍，转子转过的步距角 $\theta = 30°$。采用六拍通电方式后，步进电动机由 A 相绕组单独通电到 B 相绕组单独通电，中间还要经过 A、B 两相同时通电这个状态，也就是说要经过二拍，转子才转过 30°，在这种通电方式下，三相步进电动机的步距角 $\theta = 30°/2 = 15°$。

同一台步进电动机，因通电方式不同，运行时的步距角也是不同的，采用六拍通电方式时，步距角要比三拍通电方式减少一半。

实际使用中，单三拍通电方式由于在切换时一相绕组断电而另一相绕组开始通电，故容易造成失步。此外，由单一绕组通电吸引转子，也容易使转子在平衡位置附近产生振荡，运行的稳定性较差，因此很少采用。通常将它改成“双三拍”通电方式，即按 AB→BC→CA→AB 的通电顺序运行，这时每个通电状态均为两相绕组同时通电。在双三拍通电方式下步进电动机的转子位置与六拍通电方式时两个绕组同时通电的情况相同。步进电动机按双三拍通电方式运行时，它的步距角和单三拍通电方式相同，也是 30°。

由上述可知，步进电动机的步距角 θ 由下式决定

$$\theta = \frac{360°}{mzk} \tag{3-1}$$

式中　m——相数；

z——转子的齿数；

k——通电方式，当采用单三拍或双三拍通电方式运行时，$k = 1$，而采用六拍通电方式时，$k = 2$。

如果转子齿数为40，相数为3，通电方式为六拍，则步距角为1.5°，而单三拍和双三拍通电方式运行时步距角为3°。

在数控机床中，由于步进电动机通常通过滚珠丝杠带动工作台产生直线运动，在一个脉冲信号的作用下步进电动机转过一个步距角后，对应的工作台相应移动一个位移量，而步距角是步进电动机的最小运动角度，即最小角度分辨率，因此与步距角对应的工作台的直线位移量也成为最小位移分辨率，通常称为脉冲当量δ，其单位是mm/脉冲。这是数控机床一个非常重要的参数。

若步进电动机通电的脉冲频率为f（脉冲/s），则步进电动机的转速为

$$n=\frac{60f}{mzk}\ (\mathrm{r/min}) \tag{3-2}$$

相应工作台的进给速度v为

$$v=60\delta f\ (\mathrm{mm/min}) \tag{3-3}$$

根据上述原理的介绍，可以总结步进电动机的特点：脉冲的数量决定转过的角度，脉冲的频率决定转动的速度，而通电顺序决定了电动机的转向。也就是对步进电动机的控制实质是控制脉冲的数量、频率和通电顺序。

3.2.2 永磁式步进电动机

如果将反应式步进电动机的转子用永久磁钢制成，便成为永磁式步进电动机。当定子绕组轮流通电时，建立的电磁场与永久磁钢的恒定磁场相互作用而产生转矩，带动转子旋转。

永磁式步进电动机的显著特点如下：

1）步距角大。由于一个圆周上所能形成的磁极数受到极弧尺寸的限制，不能太多，因此它的步距角不能太小。一般为15°、22.5°、30°、45°、90°等。

2）控制功率小，效率高。

3）内阻尼较大，单步振荡时间短。

4）断电后具有一定的定位转矩，这对需要锁定的场合十分有用。

3.2.3 混合式步进电动机

从某种程度上讲，混合式步进电动机是反应式步进电动机和永磁式步进电动机两者的结合。由于它的磁路内含有永久磁钢，从这一点上看像是永磁式步进电动机；另一方面，由于它的定子和转子中含有软磁材料，从这一点上看像是反应式步进电动机，因此通常也称之为混合式步进电动机。

但是，由于混合式步进电动机结构的不同，使其作用原理和性能与永磁式、反应式步进电动机有着明显的区别。混合式步进电动机的显著特点如下：

1）控制功率小，效率高。

2）齿距角小，当用于数控系统中时可减小脉冲当量，从而提高系统精度。

3）运行频率高（几万Hz）。

4）在相同输出转矩情况下，外径相对较小，因此在工作空间受到限制而需要小步距角和大转矩的应用中，常常可以选用。

5）断电后具有一定的定位转矩。

6）永磁易失磁，失磁后会有振荡点和失步区。

可见，从其性能方面来看，它综合了反应式步进电动机和永磁式步进电动机两者的优点，更适合应用于数控系统中。因此，近年来国内外在这方面发展很迅速，有取代反应式步进电动机的趋势。

3.3　步进电动机的运行

3.3.1　步进电动机的运行性能

1. 静态特性

静态是指步进电动机不改变通电状态，转子不动时的状态。步进电动机的静态特性主要指静态矩角特性和最大静态转矩特性。

（1）静态矩角特性　当步进电动机的某相通以直流电流时，该相对应的定子、转子齿对齐，如图 3-4a。这时转子上没有转矩输出。如果在电动机轴上加一个负载转矩，则步进电动机转子转过一个小角度 θ 后又重新稳定，如图 3-4b。这时转子上受到的电磁转矩 T 和负载转矩相等，称 T 为静态转矩，而转过的这个角度 θ 称为失调角。描述步进电动机静态时电磁转矩 T 与失调角 θ 之间关系的特性曲线称为矩角特性曲线，如图 3-5 所示。

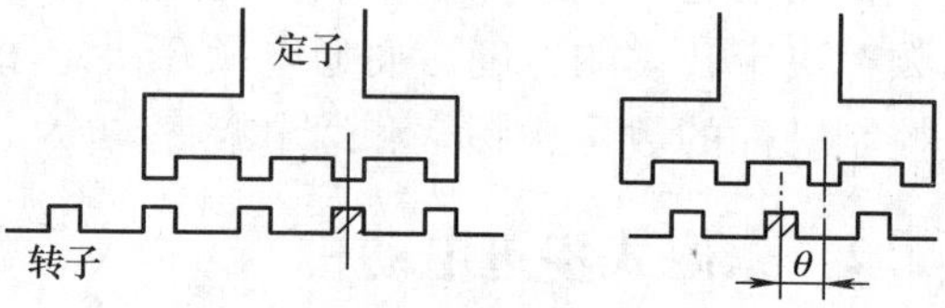

a)　　b)

图 3-4　定子、转子齿的相对位置

a）定子、转子齿对齐　b）转子转过一个小角度 θ

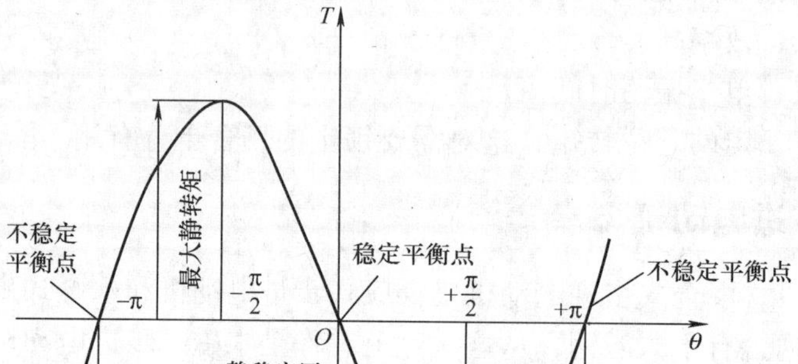

图 3-5　步进电动机矩角特性曲线

两个齿中心线之间的距离称为齿距，当转子转过一个齿距，矩角特性就变化一个周期，相应为 2π 电角度。

在电磁转矩的作用下，转子有一个稳定平衡点。如果步进电动机空载，则稳定平衡点为 $\theta=0$ 处，而 $\theta=\pm\pi$ 处则为不稳定平衡点。稳定平衡点不止一个，$\theta=\pm2\pi$，$\pm4\pi$，…均是稳定平衡点，即相隔一个转子齿距就有一个稳定平衡点。在静态情况下，如果受外负载转矩的作用，使转子偏离它的平衡点，但没有超过相邻的不稳定平衡点，则当外转矩除去后，转子在电磁转矩的作用下，仍能回到原来的平衡点，因此两个稳定平衡点之间的区域构成静稳定区。

步进电动机各相的矩角特性曲线差异不能过大，否则会引起精度下降和低频振荡，可以通过调整相电流的方法，使电动机各相矩角特性大致相同。

（2）最大静态转矩　图3-5中矩角特性曲线上电磁转矩T的最大值称为最大静态转矩。它与通电状态及绕组内电流值有关。在一定通电状态下，最大静态转矩与绕组内电流的关系，称为最大静态转矩特性。当控制电流较小时，最大静态转矩与电流的平方成正比，当电流稍大时，受磁路饱和的影响，最大静态转矩上升变缓，电流很大时，曲线趋向饱和。图3-6所示为一个三相步进电动机单相通电状态下的最大静态转矩特性曲线。

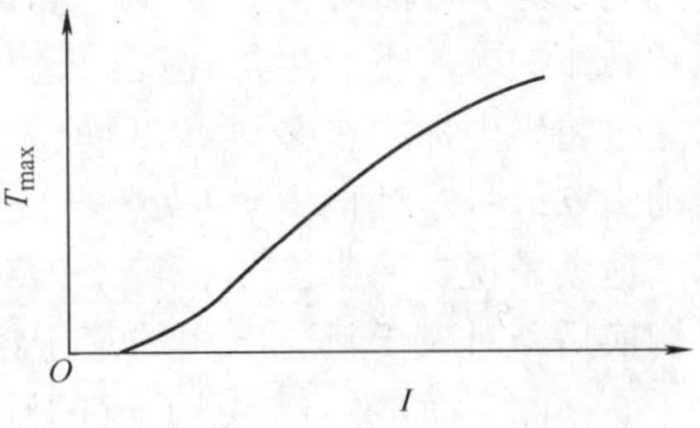

图3-6　最大静态转矩特性曲线

2. 动态特性

步进电动机运行时总是在电气和机械过渡过程中进行的，因此对它的动态特性有很高的要求，步进电动机的动态特性将直接影响系统响应的快速性及工作的可靠性。它不仅与电动机的性能和负载性质有关，还和电源的特性及通电的方式有关，主要包括以下方面。

（1）步进运行状态时的动态特性　若电动机绕组通电脉冲的时间间隔大于步进电动机机电过渡过程所需的时间，这时电动机为步进状态，以下讨论步进电动机的单步运行状态。

图3-7所示为单步运行矩角特性曲线。开始时，步进电动机的矩角特性为曲线①，若电动机空载，则转子稳定在O_1点处。加一个脉冲，通电状态改变，矩角特性曲线变成曲线②，转子将稳定在新的稳定点O_2。而当电动机带负载时，先假设负载转矩为T_1，则在初始状态时电动机的稳定位置是曲线①上的O_1'点。在改变通电状态的瞬间，转子位置还未来得及改变，而其受到的电磁转矩已是矩角特性曲线②上的O_3''，即电磁转矩的值大于负载转矩，从而使转子加速朝$+\theta$方向运动，达到新的平衡点O_2'处。如果开始负载转矩相当大，如图中T_2，则转子起点为曲线①的O_1''点。当通电状态改变时，由于新的矩角特性曲线②上b_2''点的电磁转矩的值小于负载转矩T_2，因此转子不能朝$+\theta$方向向新稳定点O_2''运动，反而向$-\theta$方向滑动。因此尽管步进电动机的最大静态转矩T_{max}比负载转矩T_2大，如在静态情况下加此T_2转矩，电动机能保持稳定，但电动机不能带动此T_2转矩做步进运行，即步进电动机能

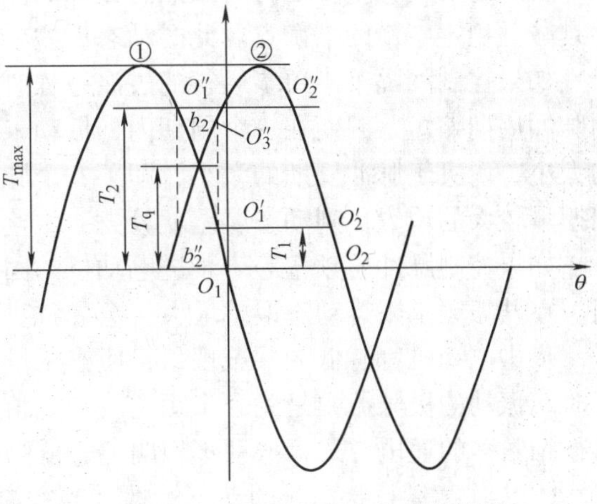

图3-7　单步运行矩角特性曲线

带动的最大转矩要比其最大静态转矩小。不难看出，曲线①和曲线②的交点转矩 T_q 是步进电动机能带动的负载转矩极限值，有时称 T_q 为步进电动机的起动转矩。在最大静态转矩相同的条件下，相数增大时，因曲线的交点转矩 T_q 较高，步进电动机带负载能力也相应增大。

以下讨论单步运行时，步进电动机转子运动的过渡过程。

如图 3-8 所示，当控制脉冲到来时，矩角特性突然向 $+\theta$ 方向移动了一个步距角 θ_s，这时转子在电磁转矩的作用下产生加速度。这时的矩角特性可以通过将纵坐标向右移 θ_s 角度而获得。因此转子的运动由 $\theta=-\theta_s$ 处向 $\theta=0$ 处移动，以达到平衡状态。这就是说，原来定子、转子齿对齐，当通电绕组切换后，对应于新通电相的定子齿，转子位置落后了 θ_s 角，因而要向新定子齿的轴线 $\theta=0$ 转动。当转子运动到 $\theta=0$ 的平衡点（定子、转子齿对齐）时，转矩为零，但由于转子积累了动能，不能马上停止，因而要冲过平衡点，使 $\theta>0$，此时，电磁转矩为负值，转子很快被减速至零，相当于图中 b 点，然后转子在负载转矩作用下反向运动，回到平衡点 $\theta=0$ 处，相当于图中 c 点，同样由于惯性，转子还要冲过平衡点。这样来回运动形成了步进电动机转子的振动，此振动的过渡过程在摩擦力等阻力矩的作用下逐渐衰减，最后稳定在平衡点，即新的矩角特性 $\theta=0$ 处。

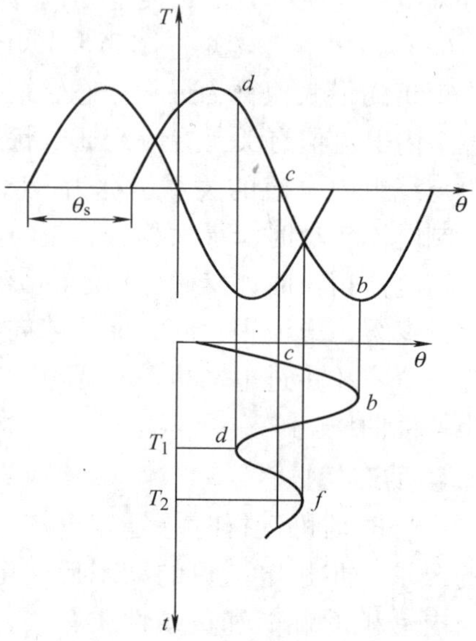

图 3-8　步进电动机转子运动的过渡过程

步进电动机在单步运行时虽然有振荡，但由于输入脉冲间隔大于过渡过程的时间，振荡会衰减并稳定于新的平衡点。此时动态误差较小，也不会出现失步、超步等现象。

如果控制间隔小于单步运行的过渡过程时间，步进电动机就处于连续运行状态。由于控制脉冲周期缩短，因而在一个周期内，振动未充分衰减，下一个脉冲就来到，此时动态误差的大小，取决于脉冲周期的大小，即下一个脉冲到来时转子处在什么位置。若处在超调量或回摆量较大的位置，则动态误差就较大。

如果控制脉冲的频率等于步进电动机的固有频率 f_0（即电动机共振频率），则将产生共振。在共振频率附近动态误差最大，会导致步进电动机失步。

步进电动机都有低频共振现象，应当尽量设法减弱振动并保证不失步。电动机在正常运行时，振动的极限振幅是一个步距角。步距角小，振动也小。因此，相数多的步进电动机或运行拍数多的通电方式，振动不很明显，低频共振的危险性也小一些。

（2）连续运行状态时的动态特性　当控制绕组的电脉冲频率增高时，相应的时间间隔也减小，以至小于电动机机电过渡过程所需的时间。若电脉冲的间隔小于图 3-8 中的时间 T_1，当脉冲由绕组 A 相切换到 B 相，再切换到 C 相时，转子从定子 A 极起动，移到定子 B 极，还来不及回转，C 相已经通电，这样转子将继续按原方向转动，形成连续运行状态。实际上，步进电动机大都是在连续运行状态下工作的。在这样的运行状态下电动机所产生的转矩称为动态转矩。下面对其做简要分析。

1）矩频特性。步进电动机的最大动态转矩和脉冲频率的关系，即 $T_{dm}=F(f)$，称为矩频特性，如图3-9所示。

从图3-9中可以看出，步进电动机的最大动态转矩小于最大静态转矩，并随着脉冲频率的升高而降低。原因是电动机绕组为电感性元件，随着脉冲频率的增加，感抗增大，使绕组中的电流减小，进而使电动机转矩减小。

因步进电动机的控制绕组中存在电感，相应地有一定的电气时间常数，所以控制绕组中电流增长也有一个过程，图3-10a所示为当脉冲频率较低时绕组中的电流波形，此时电流可以达到稳态值，图3-10b所示为当脉冲频率很高时控制绕组中的电流波形。此时绕组中的电流不能达到稳态值，故电动机的最大动态转矩小于最大静态转矩。而且脉冲频率越高，最大动态转矩越小，在步进电动机运行时，对应于某一频率，只有当负载转矩小于它在该频率时的最大动态转矩时，电动机才能正常运转。

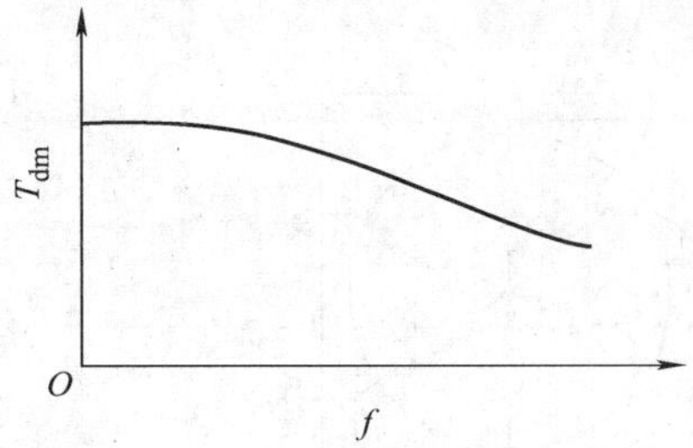

图3-9　步进电动机矩频特性曲线

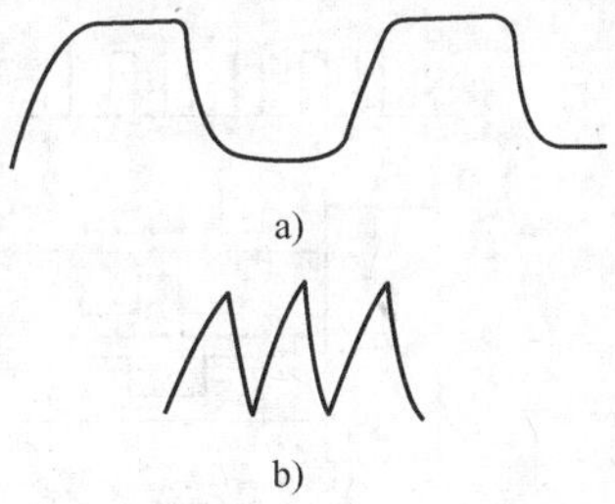

图3-10　绕组电感对电流波形的影响
a）低频时的电流波形　b）高频时的电流波形

2）工作频率。步进电动机的工作频率是指电动机按指令的要求进行正常工作时的最大脉冲频率。正常工作是指步进电动机不失步地转动，即一个脉冲转动一个步距角。失步包括丢步和越步。丢步是指转子前进的步数小于脉冲数，越步是指转子前进的步数多于脉冲数。一次丢步和越步的步距数是运行拍数的整数倍，丢步严重时，将使转子停留在一个位置上或者围绕一个位置振动。

步进电动机的工作频率，通常分为起动频率、制动频率及连续工作频率。对同样的负载转矩来说，正、反向的起动频率和制动频率是一样的，而连续工作频率要高得多。一般步进电动机的技术参数中只给出起动频率和连续工作频率。

步进电动机的起动频率 f_s 是指它在一定的负载转矩 T 下能够不失步地起动的最高频率。起动频率的大小是由许多因素决定的，绕组的时间常数越小，负载转矩和转动惯量越小，步矩角越小，则起动频率越高，如图3-11所示。

步进电动机的连续工作频率 f 又称运行频率。它是指步进电动机起动后，当控制脉冲连续发出时，不失步运行的最高频率。影响运行频率的因素与影响起动频率的因素基本上相同，但是转动惯量对运行频率的影响不像对起动频率的影响那么明显，它仅影响频率连续上升的速度。

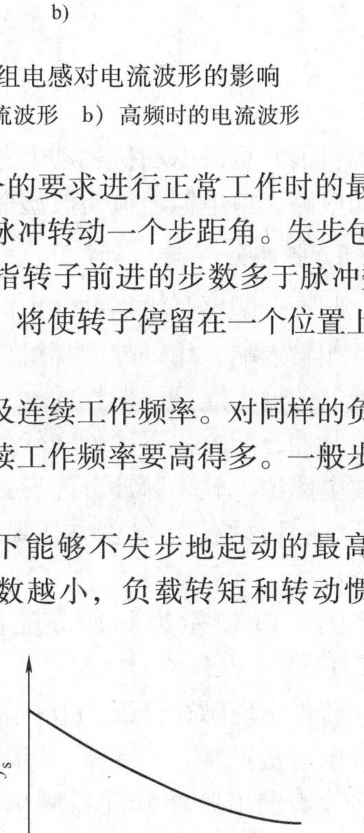

图3-11　起动频率与负载的关系

3.3.2　步进电动机的驱动电源

步进电动机的驱动电源包括脉冲分配器和功率放大器。

在数控机床中，由插补器发送给步进电动机脉冲序列及方向信号，脉冲序列的频率决定了步进电动机的转速，而脉冲的个数决定了电动机的转角，进而决定了由电动机带动的工作台的直线位移。为了使步进电动机连续运行，必须使脉冲序列中的信号依次控制各相绕组所在电路中的电子开关的启闭，这个过程相当于将脉冲序列依次分配给各个电子开关，实现上述功能的部件称为脉冲分配器。功率放大器的作用是将插补器发送的弱电信号进行功率的放大和转换，提供步进电动机绕组所需的具有一定功率的电流脉冲信号。因此，驱动电路性能的好坏极大程度上决定了步进电动机的潜力是否充分发挥。图 3-12 所示为步进电动机的控制电路。

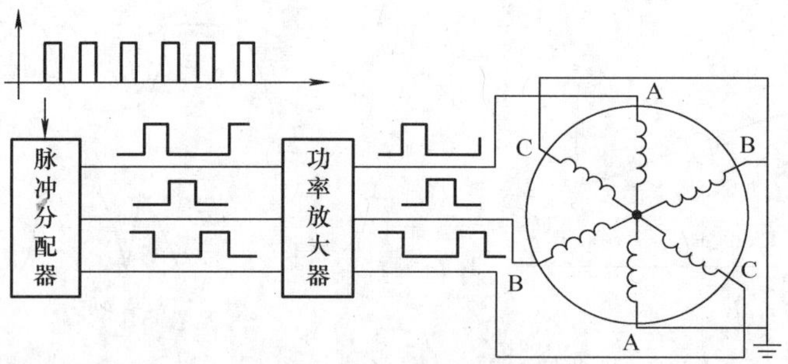

图 3-12　步进电动机控制电路

目前，步进电动机驱动电路形式主要有四类：串电阻型基本驱动电路、高低压双电源型驱动电路、单电源恒流斩波型驱动电路、细分控制驱动电路。

1. 脉冲分配器

脉冲分配器是将插补输出脉冲，按步进电动机所要求的规律分配给步进电动机驱动电路的各相输入端，用以控制绕组中电流的开通和关断。同时，由于电动机有正反转要求，脉冲分配器的输出既是周期性的，也是可逆的，因此，脉冲分配器也可称之为环形分配器。

脉冲分配方法有硬件和软件两种形式，其中硬件脉冲分配形式又可分为触发器法和专用集成电路法，软件脉冲分配形式主要有查表法等。一般来讲，硬件分配法速度较快，但缺乏灵活性；而软件分配法方便灵活，但要占用时间资源。

图 3-13 所示为脉冲分配器的专用集成芯片 CH250。

软件实现脉冲分配的查表法的基本思路是，结合电动机的驱动电路，按步进电动机励磁状态转换表求出脉冲分配器输出状态字组成的状态表，存放在 EPROM 中，然后根据步进电动机转向要求，将表地址中存储内容正向或反向输出，即可控制步进电动机的正反转。

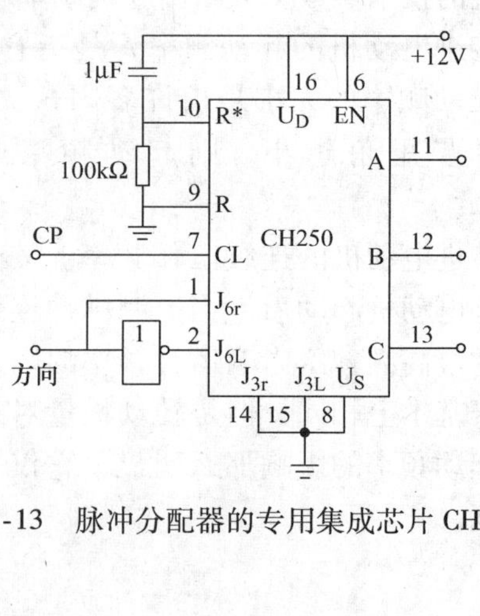

图 3-13　脉冲分配器的专用集成芯片 CH250

以三相步进电动机控制为例，假设计算机并行接口PA0、PA1、PA2分别与步进电动机的A、B、C三相对应，存放在EPROM中的状态表首地址为2000H，则对应的脉冲分配见表3-1。

表3-1　脉冲分配

序　号	C PA2	B PA1	A PA0	存储单元地址	内　容	转　向
1	0	0	1	2000H	01H	反转 ↑
2	0	1	1	2001H	03H	
3	0	1	0	2002H	02H	
4	1	1	0	2003H	06H	
5	1	0	0	2004H	04H	
6	1	0	1	2005H	05H	↓ 正转

2. 功率放大器

功率放大器的作用是将脉冲分配器输出的脉冲信号放大，以提供足够的功率驱动步进电动机。步进电动机的每一相绕组都有一套功率放大器，主要由硬件实现。

理想的功率放大器应使绕组中的电流波形为方波，但由于绕组的电感效应，往往实际电流的波形与要求的相差较远，因此通过不同的方法可以改善电流波形。常用的有以下方法。

（1）单电压功率放大器　图3-14a所示为一种典型的单电压功率放大器的原理图。L为步进电动机励磁绕组的电感，R_a为绕组的电阻，R_c为限流电阻；为了减小回路的时间常数$L/(R_a+R_c)$，电阻R_c并联一电容C，使回路电流上升沿变陡，提高了步进电动机的高频性能和起动性能。续流二极管VD和阻容吸收回路RC是功率晶体管VT的保护电路，在VT由导通到截止瞬间释放绕组电感产生的高压反电动势。

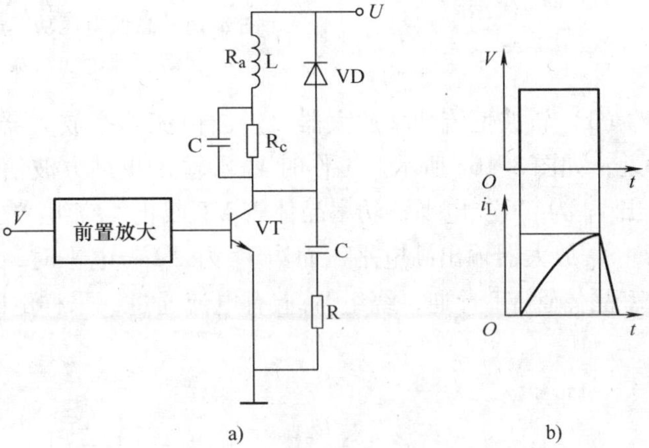

图3-14　单电压功率放大器
a）电路原理　b）电流波形

单电压驱动电路的优点是线路简单；缺点是限流电阻R_c消耗能量大，电流脉冲前、后沿不够陡（如图3-14b所示），改善了高频性能后，低频工作时振荡有所增加，特性变坏。这种电路常用于功率较小且要求不高的场合。

（2）高低电压功率放大器　图3-15a所示的高低电压功率放大器是单电压功率放大器的改进型，它供给步进电动机绕组两种电压，以改善电动机起动时的电流前沿特性。一种是高电压U_1，约为80～150V；另一种是低电压U_2，约为5～20V。在绕组指令脉冲到来时，脉冲的上升沿使VT_1和VT_2同时导通。由于二极管VD_1的作用，使绕组只加上高电压U_1，绕组的电流很快达到规定值。达到规定值后，VT_1 的输入脉冲先变成下降沿，使 VT_1 截止，电动机由低电压 U_2 供电，维持规定电流值，直到 VT_2 输入脉冲下降沿使 VT_2 截止。下一绕组循环这一过程。

由于采用高压驱动，电流增长快，绕组电流前沿变陡，提高了电动机的工作频率和高频时的转矩；同时，由于额定电流由低电压维持，只需阻值较小的限流电阻 R_c，故功耗较低。其缺点是电路较复杂，在高低压衔接处的电流波形顶部有下凹（见图 3-15b），将造成高频输出转矩下降并影响电动机运行的平稳性。

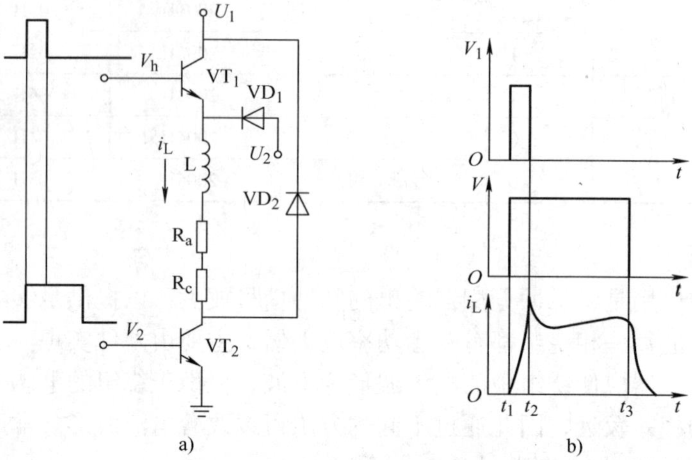

图 3-15　高低电压功率放大器

a）电路原理　b）电流波形

（3）斩波恒流功率放大器　斩波恒流功率放大器是利用斩波方法使电流维持在额定值附近，如图 3-16a 所示。工作时 V_{in} 端输入步进方波信号，当 V_{in} 为“0”电平时，由与门 A_2 输出 V_b 为“0”电平，功率晶体管 VT 截止，绕组 W 上无电流通过，采样电阻 R_3 无反馈电压，A_1 放大器输出高电平；而当 V_{in} 为“1”电平时，由与门 A_2 输出的 V_b 也是“1”电平，功率晶体管 VT 导通，绕组 W 上有电流通过，采样电阻 R_3 上出现反馈电压 V_f，由分压电阻

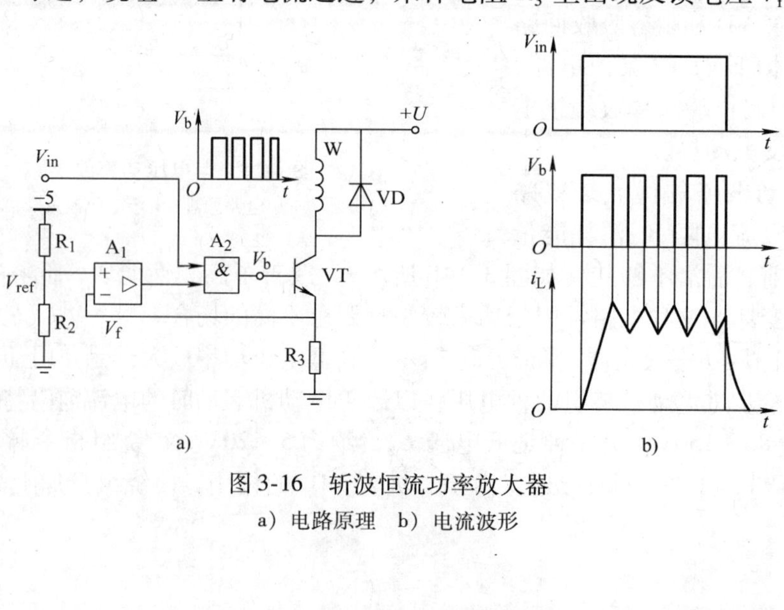

图 3-16　斩波恒流功率放大器

a）电路原理　b）电流波形

R_1、R_2得到的设定电压和反馈电压相减，来决定 A_1 输出电平的高低，再由与门 A_2 来控制 V_{in}信号是否通过。当 $V_{ref}>V_f$ 时，V_{in}信号通过与门，形成 V_b 正脉冲，打开功率晶体管 VT；反之，当 $V_{ref}<V_f$ 时，V_{in}信号被截止，无 V_b 正脉冲，功率晶体管 VT 截止。这样在一个 V_{in} 脉冲内，功率晶体管 VT 多次通断，使绕组电流在设定值上下波动。各点波形如图 3-16b 所示。

在这种控制方法中，由于采样电阻 R_3 的反馈作用，使绕组上的电流可以稳定在额定值附近，与外加电压 U 大小无关，是一种恒流驱动方案，对电源要求较低；绕组电流也与步进电动机的转速无关，可保证在很大频率范围内都输出恒定的转矩。与前两种电路相比，驱动电路虽较复杂，但绕组的脉冲电流边沿较陡；采样电阻 R_3 的阻值较小（一般为 0.2Ω），因此主回路电阻较小，系统的时间常数较小，反应较快，功率小、效率高。这种功放电路在实际中经常采用。

3.3.3 步进电动机的选用

合理地选用步进电动机是相当重要的，通常希望步进电动机的输出转矩大，起动频率和运行频率高，步距误差小，性能价格比高。但增大转矩与快速运行存在一定矛盾，高性能与低成本存在矛盾。因此实际选用时，必须全面考虑。

首先，应考虑系统的精度和速度的要求。为了提高精度，希望脉冲当量小。但是脉冲当量越小，系统的运行速度越低。故应兼顾精度与速度的要求来选定系统的脉冲当量。在脉冲当量确定以后，又可以此为依据来选择步进电动机的步距角和传动机构的传动比。

步进电动机的步距角从理论上说是固定的，但实际上还是有误差的。另外，负载转矩也将引起步进电动机的定位误差。应将步进电动机的步距误差、负载引起的定位误差和传动机构的误差全部考虑在内，使总的误差小于数控机床允许的定位误差。

步进电动机有两条重要的特性曲线，即反映起动频率与负载转矩之间关系的曲线和反映转矩与连续运行频率之间关系的曲线。这两条曲线是选用步进电动机的重要依据。一般将反映起动频率与负载转矩之间关系的曲线称为起动矩频特性，将反映转矩与连续运行频率之间关系的曲线称为工作矩频特性。

已知负载转矩，可以在起动矩频特性曲线中查出起动频率。这是起动频率的极限值，实际使用时，只要起动频率小于或等于这一极限值，步进电动机就可以直接带负载起动。

若已知步进电动机的连续运行频率 f，就可以从工作矩频特性曲线中查出转矩 M_{dm}，这也是转矩的极限值，有时称其为失步转矩。也就是说，若步进电动机以频率 f 运行，它所拖动的负载转矩必须小于 M_{dm}，否则就会导致失步。

数控机床的运行可分为两种情况：快速进给和切削进给。在这两种情况下，对转矩和进给速度有不同的要求。选用步进电动机时，应注意使在两种情况下都能满足要求。

假若要求进给驱动装置有如下性能：在切削进给时的转矩为 T_e，最大切削进给速度为 v_e；在快速进给时的转矩为 T_k，最大快进速度为 v_k。根据上面的性能指标，可按以下步骤来检查步进电动机能否满足要求。

首先，依据下式，将进给速度值转变成电动机的工作频率

$$f = \frac{1000v}{60\delta} \tag{3-4}$$

式中　f——步进电动机的工作频率，单位为 Hz；

v——进给速度，单位为 m/min；

δ——脉冲当量，单位为 mm。

在式(3-4) 中，若将最大切削进给速度 v_e 代入，可求得在切削进给时的最大工作频率 f_e；若将最大快速进给速度 v_k 代入，可求得在快速进给时的最大工作频率 f_k。

然后，根据 f_e 和 f_k 在工作矩频特性曲线上找到与其对应的失步转矩值 T_{dme} 和 T_{dmk}，若有 $T_e < T_{dme}$ 和 $T_k < T_{dmk}$，则表明电动机是能满足要求的，否则就是不能满足要求的。

3.4　开环系统的轮廓轨迹形成

由于各种工件的轮廓在编程时一般通过直线和圆弧进行拟合，刀具的轨迹通常只有直线和圆弧两种，因此在数控编程中只提供了直线和圆弧的功能字。这里，只讨论直线和圆弧轨迹的形成。

数控加工程序中要求按照进给速度（即 F 功能字）实现所要求的直线或圆弧轨迹。因此，必须同时实现要求的形状和速度。采用的方式是结合进给速度将轨迹形状分解成独立坐标上执行元件，即电动机的运行命令。而对于开环伺服系统而言，由于采用步进电动机作为执行元件，而步进电动机的执行命令为电脉冲，因此在数控系统中有一个部件完成这种轨迹与进给速度到独立电动机运行命令的分解，此部件称为插补器，其所用的方法称为插补算法。

对于以步进电动机作为执行元件的开环伺服系统（见图 3-17）。插补算法主要是脉冲增量插补。其特点是：每次插补结束，产生一个行程增量，同时以电脉冲的方式发送给步进电动机。通过在计算过程中不断向各个坐标轴发出相互协调的进给脉冲，以驱动坐标轴步进电动机运动。一个脉冲所产生的坐标轴移动量称为脉冲当量 δ，脉冲当量是脉冲分配的基本单位，按加工精度选定。普通机床取 $\delta = 0.01\text{mm}$，较精密精度的机床取 $\delta = 1\mu\text{m}$ 或 $\delta = 0.1\mu\text{m}$。因此，所有的坐标值在进行插补运算时都变换成脉冲当量的个数，即坐标值都为整数。例如，当 $\delta = 0.01\text{mm}$，$x = 10\text{mm}$ 时，x 坐标将变换为 1000。由于受到精度的影响，目前采用步进电动机的开环伺服系统仅用于经济型数控机床系统。

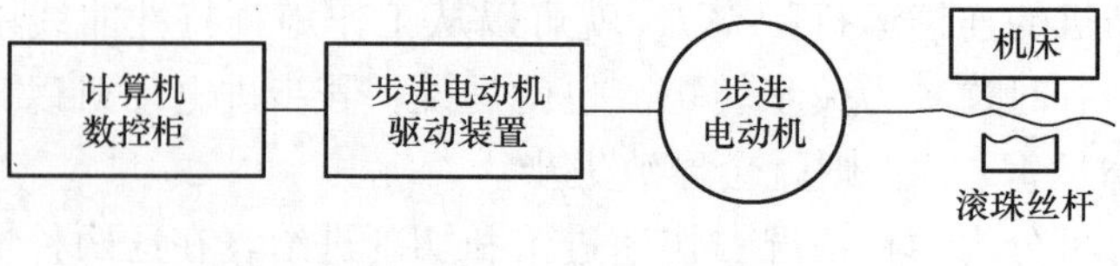

图 3-17　开环伺服系统

在普通的数控装置中，逐点比较法和数字积分法获得了广泛的应用，这些插补算法最初是用硬件实现的，现在通常使用软件来实现。本节将重点介绍这两种插补算法的原理。

3.4.1　逐点比较法

逐点比较法又称醉步法。这种方法的原理是：计算机在控制加工过程中，逐点地计算和判别加工偏差，以控制坐标进给，按规定轨迹加工出所需要的工件，由于步进电动机的进给是步进式的，由插补器控制机床（某个坐标），每走一步都要完成四个工作节拍，如图3-18所示。

图3-18　逐点比较法的工作节拍

1）偏差判别：判别加工点对规定图形的偏离位置，决定哪一个坐标轴进给。

2）方向进给：根据上一步的判断结果，控制某个坐标工作台进给一步，向规定的轨迹靠拢，缩小偏差。

3）偏差计算：计算新的加工点对规定轨迹的偏差，作为下一步判别的依据。

4）终点判别：判断是否到达终点，若到达终点，则停止插补，若没有到达终点，再回到第一拍，如此不断重复上述循环过程，就能加工出所需要的轨迹形状。

1. 逐点比较法直线插补原理

以第一象限的直线轨迹为例说明其插补过程。假设直线的起点为坐标原点，终点坐标 $A(x_e, y_e)$，如图3-19所示，则直线方程为

$$\frac{y}{x}=\frac{y_e}{x_e} \tag{3-5}$$

即

$$y=\frac{y_e}{x_e}x \tag{3-6}$$

式中 x，y 为该直线上任一点的坐标。

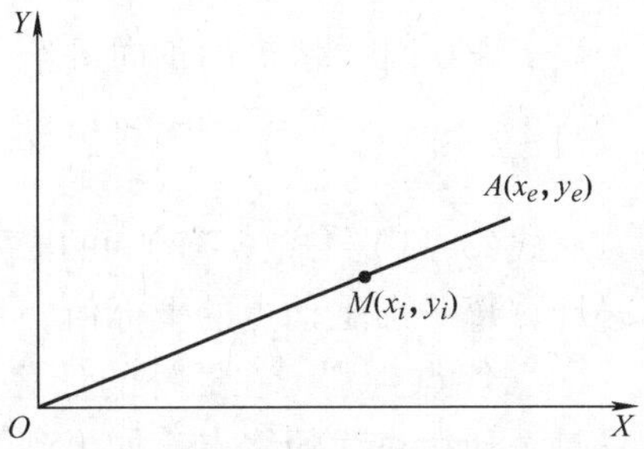

图3-19　直线方程

（1）偏差判别　设 $M(x_i, y_i)$ 为当前加工动点，若 M 位于该加工直线上，则

$$y_i=\frac{y_e}{x_e}x_i \Rightarrow y_ix_e=y_ex_i \Rightarrow y_ix_e-y_ex_i=0 \tag{3-7}$$

若 M 位于该直线上方，则

$$y_i>\frac{y_e}{x_e}x_i \Rightarrow y_ix_e>y_ex_i \Rightarrow y_ix_e-y_ex_i>0 \tag{3-8}$$

若 M 位于该直线下方，则

$$y_i<\frac{y_e}{x_e}x_i \Rightarrow y_ix_e<y_ex \Rightarrow y_ix_e-y_ex_i<0 \tag{3-9}$$

由此，引入偏差判别函数 F_i 为

$$F_i=y_ix_e-y_e \tag{3-10}$$

根据 F_i 的符号可以判断当前加工动点与给定直线轨迹的位置：

当 $F_i=0$ 时，加工动点在给定直线上。

当 $F_i>0$ 时，加工动点在给定直线上方。

当 $F_i<0$ 时，加工动点在给定直线下方。

（2）坐标进给　坐标进给的含义是向减少加工动点与加工轨迹偏差的方向运动，根据这个原则，有：

当 $F_i>0$ 时，朝 X 的正向进给一步，使点接近直线 OA。

当 $F_i<0$ 时，朝 Y 的正向进给一步，使点接近直线 OA。

当 $F_i=0$ 时，可任意走 X 的正向或 Y 的正向，一般规定朝 X 的正向进给一步。

在某一方向进给一步，就是由插补装置发出一个进给脉冲，来控制该方向的步进电动机带动工作台进给一步。

（3）偏差计算　若直接依据式(3-10）进行偏差计算，则要进行乘法和减法计算，还要对动点 M 的坐标进行计算，不论是硬件插补，还是软件插补，都比较繁杂，故为了便于计算机的计算，常采用以下递推的方法进行动点偏差的计算。

当 $F_i \geqslant 0$ 时，朝 X 的正向进给一步，新点坐标为（x_i+1，y_i），此时的偏差为

$$F_{i+1}=y_ix_e-y_e(x_i+1)=\underbrace{y_ix_e-y_ex_i}_{F_i}-y_e=F_i-y_e,\quad F_0=0 \tag{3-11}$$

当 $F_i<0$ 时，朝 Y 的正向进给一步，新点坐标为（x_i，y_i+1），此时的偏差为

$$F_{i+1}=(y_i+1)x_e-y_ex_i=\underbrace{y_ix_e-y_ex_i}_{F_i}+x_e=F_i+x_e,\quad F_0=0 \tag{3-12}$$

从式(3-11)、式(3-12）可以看出，偏差 F_{i+1} 的计算只用到了终点坐标值（x_e，y_e），而不必计算每一加工动点的坐标值，且只有加法和减法运算，形式简单。

（4）终点判别　在插补的计算过程中，还有一项任务需要完成，即终点判别，以确定刀具是否到达直线的终点。如果到了终点，就停止计算，否则继续做循环插补处理。

常用的判别方法有三种。

1）设置 Σ_x、Σ_y 两个减法计数器，在加工开始前，在 Σ_x、Σ_y 计数器中分别存入终点坐标值（x_e，y_e）。X 或 Y 坐标方向每进给一步时，就在相应的计数器中减去1，直到两个计数器中的数都减为零时，停止插补，到达终点。

2）设置一个终点计数器，计数器中存入 X 和 Y 两个坐标进给的步数总和 $\Sigma=x_e+y_e$，当 X 或 Y 坐标进给时均在 Σ 中减1，当减到零时，停止插补，到达终点。

3）选终点坐标值较大的坐标作为计数坐标。终点计数器存放终点最大的坐标值 $\Sigma=\max(|x_e|,|y_e|)$，在插补过程中，每当终点坐标值较大的那个轴进给一步，相应计数器就减1，当减到零时，停止插补到达终点。

2. 直线插补计算举例

例　设欲加工一直线 OA，起点在原点，终点为 $A(5,4)$，试用逐点比较法进行插补，并画出插补轨迹。

解：用第一种判别方法，则 $\Sigma=5+4=9$，插补前进行初始化：$F_0=0$，$x_e=5$，$y_e=4$。

其运算过程见表3-2，插补轨迹如图3-20所示。

表 3-2　直线插补运算过程

序号	工作节拍			
	偏差判别	坐标进给	偏差计算	终点判别
1	$F_0=0$	$+X$	$F_1=F_0-y_e=0-4=-4$	$\Sigma=9-1=8$
2	$F_1=-4<0$	$+Y$	$F_2=F_1+x_e=-4+5=1$	$\Sigma=8-1=7$
3	$F_2=1>0$	$+X$	$F_3=F_2-y_e=1-4=-3$	$\Sigma=7-1=6$
4	$F_3=-3<0$	$+Y$	$F_4=F_3+x_e=-3+5=2$	$\Sigma=6-1=5$
5	$F_4=2>0$	$+X$	$F_5=F_4-y_e=2-4=-2$	$\Sigma=5-1=4$
6	$F_5=-2<0$	$+Y$	$F_6=F_5+x_e=-2+5=3$	$\Sigma=4-1=3$
7	$F_6=3>0$	$+X$	$F_7=F_6-y_e=3-4=-1$	$\Sigma=3-1=2$
8	$F_7=-1<0$	$+Y$	$F_8=F_7+x_e=-1+5=4$	$\Sigma=2-1=1$
9	$F_8=4>0$	$+X$	$F_9=F_8-y_e=4-4=0$	$\Sigma=1-1=0$

3. 四个象限的直线插补计算

前述为第一象限的直线插补方法。按照相同的思路，可以扩展到其他三个象限的直线插补。为适用与四个象限的直线插补，在计算偏差时，无论哪个象限的直线，都使用其坐标的绝对值计算。四个象限的直线插补偏差符号和进给方向如图 3-21 所示，表 3-3 给出了相应的偏差计算。图 3-22 所示为对应直线插补流程图。L_1、L_2、L_3、L_4分别代表第一、二、三、四象限的直线。

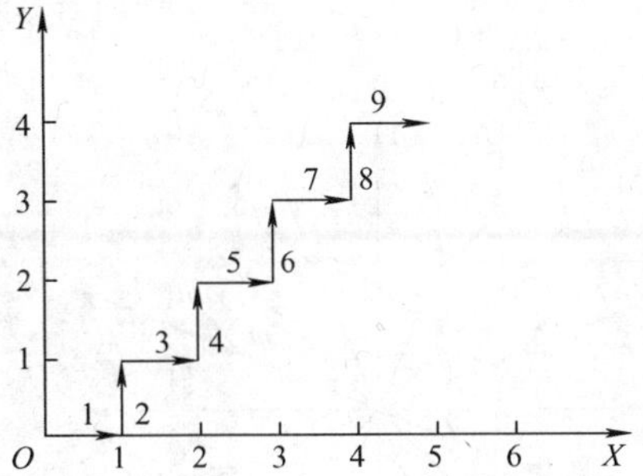

图 3-20　直线插补轨迹

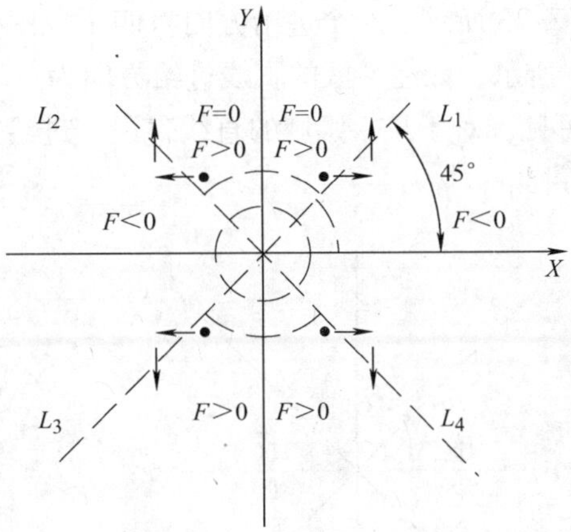

图 3-21　四个象限的直线插补偏差符号和进给方向

表 3-3　偏差计算

象　限	坐标进给		偏差计算	
	$F\geqslant0$	$F<0$	$F\geqslant0$	$F<0$
一	$+X$	$+Y$	$F_{i+1}=F_i-y_e$	$F_{i+1}=F_i+x_e$
二	$-X$	$+Y$		
三	$-X$	$-Y$		
四	$+X$	$-Y$		

4. 逐点比较法直线插补算法的改进

从以上介绍可以看出，逐点比较法每插补一次，要么在 X 方向走一步，要么在 Y 方向走一步，走步方向为 $+X$、$+Y$、$-X$、$-Y$ 这四个方向之一。因此可称之为四方向逐点比较法。四方向逐点比较法插补结果以与坐标轴垂直的折线逼近给定轨迹，插补误差小于或等于一个脉冲当量。

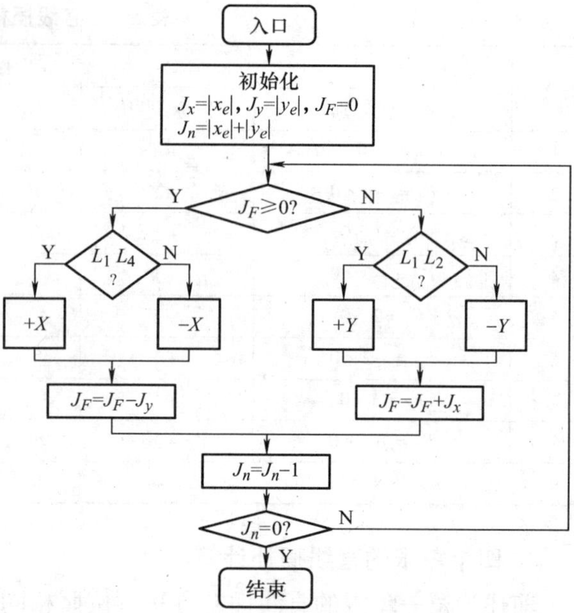

图 3-22　直线插补流程图

八方向逐点比较法与四方向逐点比较法相比，不仅以 $+X$、$+Y$、$-X$、$-Y$ 作为走步方向，还考虑两个坐标可以同时进给，即四个合成方向 $+X$ $+Y$、$+X-Y$、$-X+Y$、$-X-Y$ 也作为进给方向，如图 3-23 所示。八方向逐点比较法以 45°折线逼近给定轨迹，逼近误差小于半个脉冲当量，加工出来的工件质量要比四方向逐点比较法的高。

下面以四方向逐点比较法为基础，导出八方向直线逐点比较法的插补原理及算法。

如图 3-23 所示，八个进给方向将四个象限分为八个区域。在各个区域中直线的进给方向如图 3-24 所示，如在 1 区的直线进给方向为 $+X+Y$ 或 $+X$，在 2 区的直线进给方向为 $+X+Y$ 或 $+Y$。可见，对于某一区域的直线来说，进给方向只有两种可能，要么两坐标同时进给，要么单坐标进给。

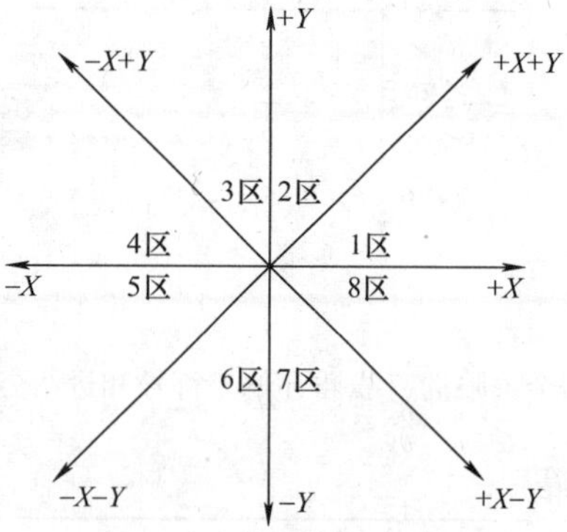

图 3-23　八个进给方向

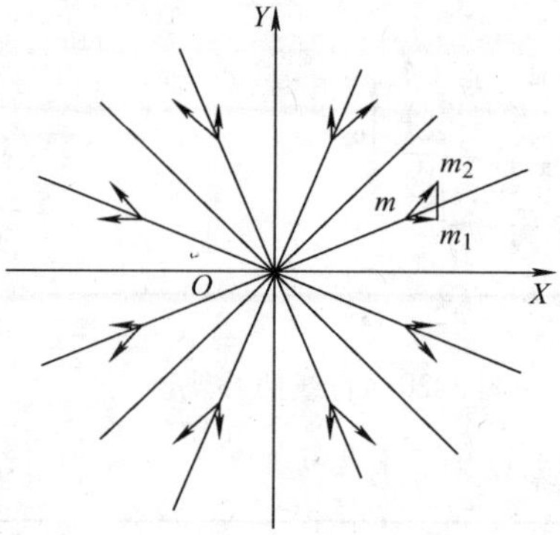

图 3-24　八个方向直线进给

这里以 1 区的直线插补为例。设动点为 m，如果向 $+X$ 走一步，到达点 m_1，则此点的偏差为 F_m；如果两坐标同时进给，到达点 m_2，则此点的偏差为 F_{m2}。如果在 m_1 的基础上再向 $+Y$ 方向进给一步，同样到达点 m_2，则其偏差仍为 F_{m2}。由四方向直线插补可知，向 $+X$ 走一步，则偏差为

$$F_{m1} = F_m - y_e \tag{3-13}$$

再由点 m_1 向 $+Y$ 走一步，偏差为

$$F_{m2} = F_{m1} + x_e \tag{3-14}$$

比较两个偏差绝对值的大小，如果 $|F_{m1}| > |F_{m2}|$，则表示单坐标进给偏差大，应两坐标同时进给，并保留 F_{m2} 作为下一步的偏差；反之则单坐标进给，保留 F_{m1} 作为下一步的偏差。

同理，对于 2 区的直线，向 $+Y$ 走一步，偏差为

$$F_{m2} = F_{m1} - y_e \tag{3-15}$$

按四方向逐点比较法的处理方式，均以坐标的绝对值计算，进给方向正负由数据处理程序直接传给插补程序，则 4、5、8 区的直线插补算法与 1 区的直线插补算法一致，3、6、7 区的直线插补算法与 2 区的直线插补算法一致。

八方向逐点比较法终点判别，可以用两个坐标总的走步数作为终点计数器的初值，单坐标进给时减 1，双坐标进给时减 2，计数器为 0 时停止插补。

八方向逐点比较法直线插补的流程如图 3-25 所示。

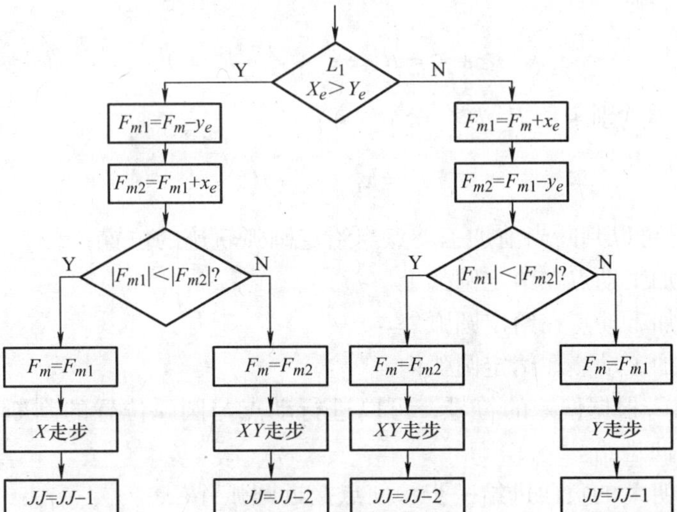

图 3-25　八方向逐点比较法直线插补的流程

5. 逐点比较法圆弧插补运算过程

由于圆弧属于有向曲线，因此以第一象限逆圆弧为例说明其插补原理。

与逐点比较法直线插补原理相同，逐点比较法圆弧插补每进给一步，也要进行四个节拍的工作。

（1）偏差判别　根据加工偏差确定加工动点相对于规定圆弧的位置，以决定进给方向。如图 3-26 所示，设圆弧 AB 为第一象限逆圆弧，$A(x_0, y_0)$ 为圆弧起点，$B(x_e, y_e)$为圆弧终点，圆心为坐标原点，圆弧半径为 R，加工动点 $M(x_i, y_i)$，则动点与圆弧的位置有以下情况：

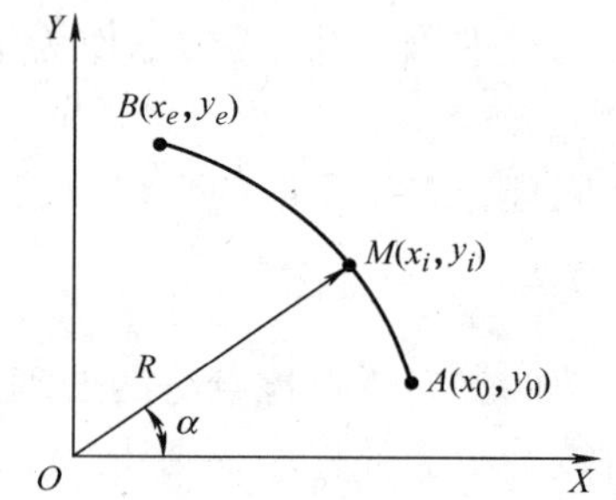

图 3-26　圆弧插补

动点在圆弧外，则

$$x_i^2 + y_i^2 > R^2 \Rightarrow x_i^2 + y_i^2 - R^2 > 0 \tag{3-16}$$

动点在圆弧内，则

$$x_i^2 + y_i^2 < R^2 \Rightarrow x_i^2 + y_i^2 - R^2 < 0 \tag{3-17}$$

动点在圆弧上，则

$$x_i^2 + y_i^2 = R^2 \Rightarrow x_i^2 + y_i^2 - R^2 = 0 \tag{3-18}$$

由此，引入偏差判别函数 F_i 为

$$F_i = x_i^2 + y_i^2 - R^2 \tag{3-19}$$

根据 F_i 的符号可以判断当前加工动点与给定圆弧轨迹的位置：

当 $F_i = 0$ 时，加工动点在给定圆弧上。

当 $F_i > 0$ 时，加工动点在给定圆弧外。

当 $F_i < 0$ 时，加工动点在给定圆弧内。

（2）坐标进给　根据偏差的符号，可以进行动点与圆弧位置的判断，使得动点向着减少与轨迹误差的方向进给。

当 $F_i > 0$ 时，朝 X 的负向进给一步，使点接近圆弧 AB。

当 $F_i < 0$ 时，朝 Y 的正向进给一步，使点接近圆弧 AB。

当 $F_i = 0$ 时，可任意走 X 的负向或 Y 的正向，一般规定朝 X 的负向进给一步。

（3）偏差与坐标计算　计算进给后新加工点的加工偏差和坐标值，为 F 下一次判别和计算提供依据。

由于偏差计算中包含三次乘法和两次加法，实现起来较复杂，因此采用与直线插补相同的方法来简化偏差的计算。

当 $F_i \geqslant 0$ 时，朝 X 的负向进给一步，新点坐标为（$x_i - 1$，y_i），此时的偏差为

$$F_{i+1} = (x_i - 1)^2 + y_i^2 - R^2 = \underbrace{x_i^2 + y_i^2 - R^2}_{F_i} - 2x_i + 1 = F_i - 2x_i + 1, \quad F_0 = 0 \tag{3-20}$$

当 $F_i < 0$ 时，朝 Y 的正向进给一步，新点坐标为（x_i，$y_i + 1$），此时的偏差为

$$F_{i+1}=x_i^{\ 2}+(y_i+1)^2-R^2=\underbrace{x_i^2+y_i^2-R^2}_{F_i}+2y_i+1=F_i+2y_i+1,\quad F_0=0 \tag{3-21}$$

从式(3-21)可以看出，偏差 F_{i+1} 的计算只需要两次加法，乘2在计算机中可以通过左移实现，形式简单。

(4) 终点判别　圆弧插补的终点判别方法与直线插补的方法基本相同。可将 X 和 Y 两个坐标进给的步数总和 $\Sigma=|x_e-x_0|+|y_e-y_0|$ 存入计数器，当 X 或 Y 坐标进给时均在 Σ 中减1，当减到零时，停止插补，到达终点。

例　设欲加工第一象限逆时针走向的圆弧 AB，起点为 $A(5,0)$，终点为 $B(0,5)$，如图3-27所示。试用逐点比较法进行插补，并画出插补轨迹。

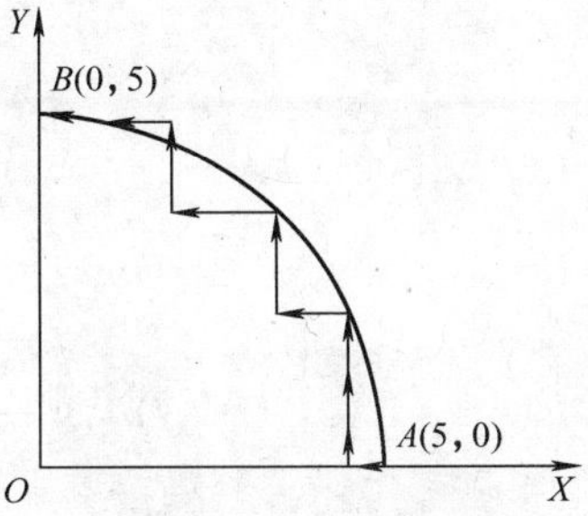

图3-27　圆弧插补轨迹

解：圆弧插补总步数为 $\Sigma=|x_e-x_0|+|y_e-y_0|=|0-5|+|5-0|=10$；起点在圆弧上，则 $F_0=0$，$x_0=5$，$y_0=0$。

根据上述插补方法列表计算，其运算过程见表3-4，插补轨迹如图3-27所示。

表3-4　圆弧插补运算过程

序号	工作节拍			
	偏差判别	坐标进给	偏差计算	终点判别
1	$F_0=0$	$-X$	$F_1=0-2\times5+1=-9$，$x_1=4$，$y_1=0$	$\Sigma=10-1=9$
2	$F_1=-9<0$	$+Y$	$F_2=-9+2\times0+1=-8$，$x_2=4$，$y_2=1$	$\Sigma=9-1=8$
3	$F_2=-8<0$	$+Y$	$F_3=-8+2\times1+1=-5$，$x_3=4$，$y_3=2$	$\Sigma=8-1=7$
4	$F_3=-5<0$	$+Y$	$F_4=-5+2\times2+1=0$，$x_4=4$，$y_4=3$	$\Sigma=7-1=6$
5	$F_4=0=0$	$-X$	$F_5=0-2\times4+1=-7$，$x_5=3$，$y_5=3$	$\Sigma=6-1=5$
6	$F_5=-7<0$	$+Y$	$F_6=-7+2\times3+1=0$，$x_6=3$，$y_6=4$	$\Sigma=5-1=4$
7	$F_6=0=0$	$-X$	$F_7=0-2\times3+1=-5$，$x_7=2$，$y_7=4$	$\Sigma=4-1=3$
8	$F_7=-5<0$	$+Y$	$F_8=-5+2\times4+1=4$，$x_8=2$，$y_8=5$	$\Sigma=3-1=2$
9	$F_8=4>0$	$-X$	$F_9=4-2\times2+1=1$，$x_9=1$，$y_9=5$	$\Sigma=2-1=1$
10	$F_9=1>0$	$-X$	$F_{10}=1-2\times1+1=0$，$x_{10}=0$，$y_{10}=5$	$\Sigma=1-1=0$

6. 四个象限圆弧插补计算

为叙述方便，用 SR_1、SR_2、SR_3、SR_4 分别表示第一、第二、第三、第四象限的顺圆弧；用 NR_1、NR_2、NR_3、NR_4 分别表示第一、第二、第三、第四象限的逆圆弧。

四个象限插补进给方向如图 3-28 所示，偏差计算见表 3-5 所示，插补流程图如图 3-29 所示。

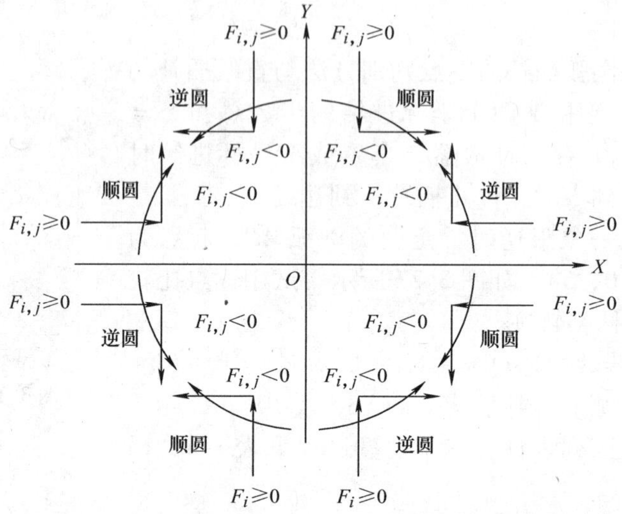

图 3-28　四个象限插补进给方向

表 3-5　四个象限圆弧插补偏差计算与进给方向

线　性	$F\geqslant 0$		$F<0$	
	偏差计算	坐标进给	偏差计算	坐标进给
SR_1	$F-2\lvert y\rvert+1\rightarrow F$ $\lvert y\rvert-1\rightarrow\lvert y\rvert$	$-Y$	$F+2\lvert x\rvert+1\rightarrow F$ $\lvert x\rvert-1\rightarrow\lvert x\rvert$	$+X$
NR_2		$-Y$		$-X$
SR_3		$+Y$		$-X$
NR_4		$+Y$		$+X$
NR_1	$F-2\lvert x\rvert+1\rightarrow F$ $\lvert x\rvert-1\rightarrow\lvert x\rvert$	$-X$	$F+2\lvert y\rvert+1\rightarrow F$ $\lvert y\rvert+1\rightarrow\lvert y\rvert$	$+Y$
SR_2		$+X$		$+Y$
NR_3		$+X$		$-Y$
SR_4		$-X$		$-Y$

注：表中动点坐标值的修正均是针对绝对值而言，并不是代数值。

7. 圆弧过象限

通过前面的分析可以看出，通过坐标系平移直线只可能处在一个象限内，因此，不存在过象限问题。但圆弧轮廓有可能跨越几个象限，这时需要在两象限交接处进行相应的处理，以保证加工的继续进行。

当圆弧跨过象限时，具有如下特点：

1）过象限前后动点坐标值的符号会改变。

2）过象限前后圆弧走向不变，即逆圆弧过象限的转换顺序是：$NR_1\rightarrow NR_2\rightarrow NR_3\rightarrow NR_4\rightarrow NR_1\rightarrow\cdots$；顺圆弧过象限的转换顺序是：$SR_1$—$SR_4\rightarrow SR_3\rightarrow SR_2\rightarrow SR_1\rightarrow\cdots$。

3）过象限圆弧与坐标轴必有交点，当动点处在坐标轴上时必有一个坐标值为零。此点可以作为过象限的标志。

4）终点判别不能直接使用前面介绍的判别式，直接采用终点坐标的代数值进行判断，也就是在插补过程中，比较动点坐标和终点坐标的两个代数值，只有在全部相等的情况下，才能反映插补过程的结束。

8. 逐点比较法合成进给速度分析

由前面的讨论可知，插补脉冲源每发出一个脉冲，插补器将进行一次运算，将有一个轴进给一步。插补脉冲源频率高低决定了坐标轴进给速度的快慢，其关系为

$$F = 60 f_M \delta \tag{3-22}$$

式中　F——加工进给速度，单位为mm/min；

f_M——脉冲源频率，单位为Hz；

δ——脉冲当量，单位为mm。

由于刀具的进给速度直接影响着加工零件的表面粗糙度，在插补过程中，人们总希望刀具的进给速度（合成速度）恒等于程编进给速度，或者只在允许范围内变化。但实际上，合成进给速度与插补计算方法、脉冲源频率、零件轮廓段的线型和尺寸均有关系。因此，有必要对逐点比较法的合成进给速度进行讨论。

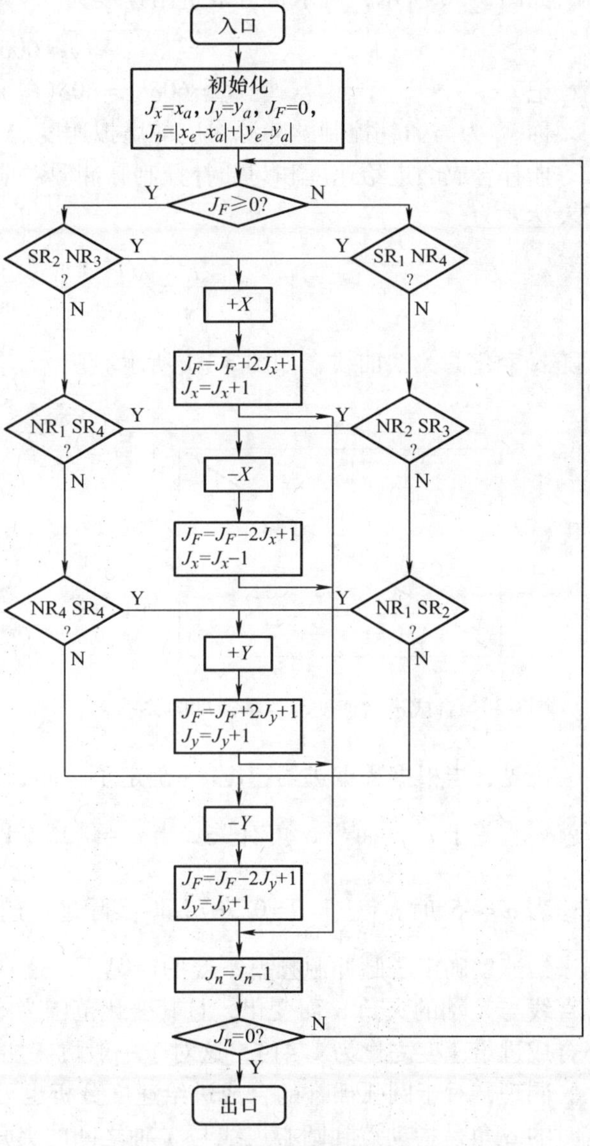

图3-29　逐点比较法圆弧插补流程

逐点比较法插补的特点是脉冲源每发送一个脉冲，就进行一次插补计算，或者X轴或Y轴进给一步，因此有

$$f_M = f_X + f_Y \tag{3-23}$$

式中　f_M——脉冲源频率，单位为Hz；

f_X——X轴进给脉冲频率，单位为Hz；

f_Y——Y轴进给脉冲频率，单位为Hz。

对应于X轴和Y轴的进给速度v_X和v_Y分别为

$$v_X = 60 f_X \delta \tag{3-24}$$

$$v_Y = 60 f_Y \delta \tag{3-25}$$

如图 3-30 所示，可求得合成进给速度为

$$v=\sqrt{v_X^2+v_Y^2}=60\delta\sqrt{f_X^2+f_Y^2} \tag{3-26}$$

记

$$v_M=60\delta f_M=60\delta(f_X+f_Y)=v_X+v_Y \tag{3-27}$$

称 v_M 为与插补控制脉冲源对应的虚拟速度。

插补合成的进给速度和与插补控制脉冲源对应的虚拟速度的比值称为插补速度变速率，其表达式为

$$\frac{v}{v_M}=\frac{\sqrt{v_X^2+v_Y^2}}{v_X+v_Y}=\frac{1}{\cos\alpha+\sin\alpha} \tag{3-28}$$

$\frac{v}{v_M}$随 α 变化的关系曲线，如图 3-31 所示。

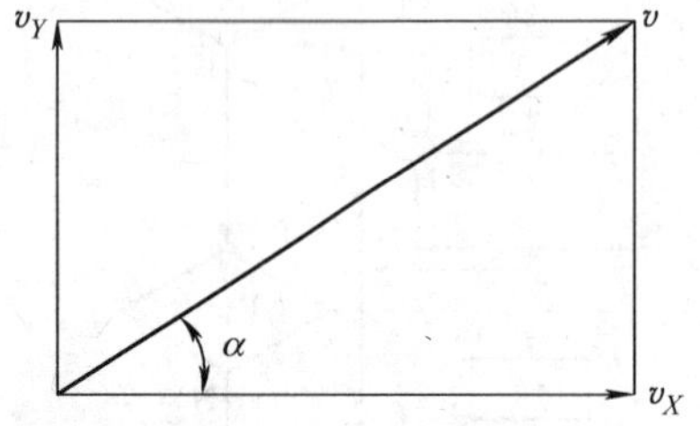

图3-30　合成进给速度与各轴速度的关系

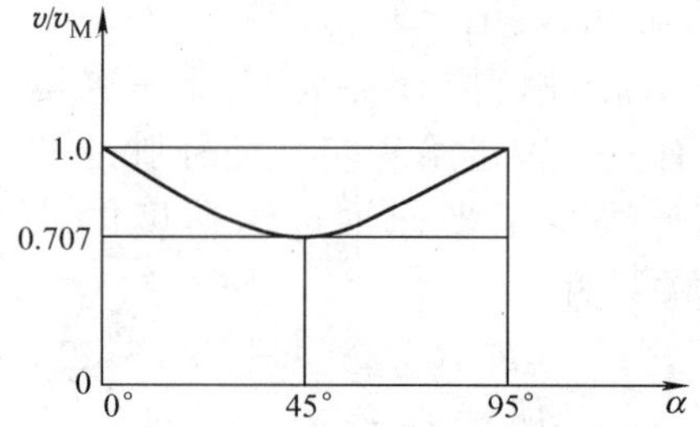

图 3-31　合成进给速度变换曲线

可见，当根据程编进给速度 F_p 确定了脉冲源频率 f_M 后，实际获得的合成进给速度 v 并非就一直等于 v_M，而与 α 角有关。当 $\alpha=0°$或 90°时，$\left(\frac{v}{v_M}\right)_{max}=1$，即正好等于程编进给速度；当 $\alpha=45°$时，$\left(\frac{v}{v_M}\right)_{min}=0.707$，即实际进给速度小于程编进给速度。这也就是说，在程编进给速度确定了脉冲源频率不变的情况下，逐点比较法直线插补的合成进给速度随着被插补直线与 X 轴的夹角 α 而变化，且其变化范围为 $v=(0.707\sim1)v_M$，最大合成进给速度与最小合成进给速度之比为 1.414，这对于一般机床加工来讲还是能够满足要求的。

同理，对于圆弧插补的合成进给速度分析也可采用相同的方法，并且结论也一样，只是这时的 α 角是指动点到圆心连线与 X 轴之间的夹角。

总之，通过上述合成进给速度分析可以得到一个结论，就是逐点比较法插补算法的进给速度是比较平稳的。

3.4.2　数字积分法

数字积分法又称数字微分分析器（Digital Differential Analyzer，DDA），它不仅可方便地实现一次、二次曲线的插补，还可用于各种函数运算，而且易于实现多坐标联动，因此 DDA 插补在轮廓数控系统中得到广泛应用。其基本原理可用图 3-32 所示的函数积分来说明。

从 $t=0$ 到 $t=T_1$，求函数 $y=f(t)$ 曲线所包围的面积时，可用积分公式

$$S=\int_0^{T_1}f(t)\mathrm{d}t \tag{3-29}$$

如果将 $0\sim T_1$ 的时间划分成时间间隔为 Δt 的有限区间，当 Δt 足够小时，可得近似公式

$$S = \int_0^{T_1} f(t)\,\mathrm{d}t \approx \sum_{i=1}^{n} y_{i-1}\Delta t \tag{3-30}$$

式中 $y_i = f(t_i)$。此公式说明，求积分的过程可以用数的累加来近似代替，其几何意义就是用一系列微小矩形面积之和来近似表示函数 $f(t)$ 以下的面积。

如果将 Δt 取得足够小，就可以满足所需要的精度。实现这种近似积分法的数字积分器称为矩形数字积分器。

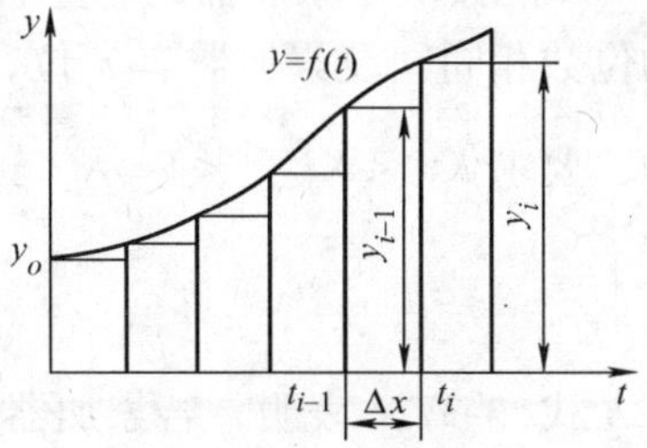

图3-32　函数积分

1. 数字积分法直线插补

设 XOY 平面内有一插补的直线，其起点为坐标原点 O，终点为 $A(x_e, y_e)$，进给速度为 v，沿 X 和 Y 方向的分速度为 v_X 和 v_Y，由直线的性质可得

$$\frac{v}{OA} = \frac{v_X}{x_e} = \frac{v_Y}{y_e} = K \tag{3-31}$$

由于位移是速度的时间积分，因此

$$\begin{cases} x = \int v_X \mathrm{d}t = \int K x_e \mathrm{d}t \\ y = \int v_Y \mathrm{d}t = \int K y_e \mathrm{d}t \end{cases} \tag{3-32}$$

考虑积分可以用数的累加来近似代替，即位移可以认为是速度的累积，当累积到一个脉冲当量时，可以产生运动，则

$$\begin{cases} x = \sum_{i=1}^{n} K x_e \Delta t \\ y = \sum_{i=1}^{n} K y_e \Delta t \end{cases} \tag{3-33}$$

通常把 Δt 当作单位时间“1”，则式(3-33）变为

$$\begin{cases} x = \sum_{i=1}^{n} K x_e \\ y = \sum_{i=1}^{n} K y_e \end{cases} \tag{3-34}$$

动点从原点出发走向终点的过程，可以看作是各坐标轴每隔一个单位时间 Δt 分别以增量 Kx_e 及 Ky_e 同时对两个累加器累加的过程。当累加值超过一个坐标单位（脉冲当量）时产生溢出。溢出脉冲驱动伺服系统进给一个脉冲当量，从而走出给定直线。

若经过 m 次累加后，x 和 y 分别到达终点（x_e，y_e），下式成立，即

$$\begin{cases} x = \sum_{i=1}^{m} K x_e = mKx_e = x_e \\ y = \sum_{i=1}^{m} K y_e = mK y_e = y_e \end{cases} \tag{3-35}$$

由此可见，比例系数 K 和累加次数之间关系为 $mK = 1$，即

$$m = \frac{1}{K} \tag{3-36}$$

K 的数值与累加器的容量有关。累加器的容量应大于各坐标轴的最大坐标值。一般二者的位数相同，设累加器有 n 位，则最大坐标值为 2^{n-1}，为保证每次累加最多只溢出一个脉冲，要求 $Kx_e < K2^{n-1} < 1 \Rightarrow K < \frac{1}{2^{n-1}}$，取 $K = \frac{1}{2^n}$，因此累加次数

$$m = \frac{1}{K} = 2^n \tag{3-37}$$

式(3-37) 表明，若累加器的位数为 n，则整个插补过程中要进行 2^n 次累加才能到达直线的终点。

因为 $K = \frac{1}{2^n}$，n 为寄存器的位数，对于存放于寄存器中的二进制数来说，Kx_e（或 Ky_e）与 x_e（或 y_e）是相同的，可以将前者看作小数点在最高位之前，而后者的小数点在最低位之后，所以，可以用 x_e 直接对 X 轴累加器进行累加，用 y_e 直接对 Y 轴的累加器进行累加。

2. DDA 平面直线插补器

图 3-33 所示为平面直线的插补运算框图。它由两个数字积分器组成，每个坐标的积分器由累加器和被积函数寄存器组成。被积函数寄存器存放终点坐标值。每隔一个时间间隔 Δt，将被积函数的值向各自的累加器中累加。x 积分累加器溢出的脉冲驱动 X 轴进给，y 积分累加器溢出的脉冲驱动 Y 轴进给。

不同象限平面直线 DDA 数字积分法采用与逐点比较法相同的处理方法，把符号与数据分开，取数据的绝对值作为被积函数，以符号作进给方向控制信号处理，便可对所有不同象限的直线进行插补。图 3-34 所示为 DDA 直线插补流程图。

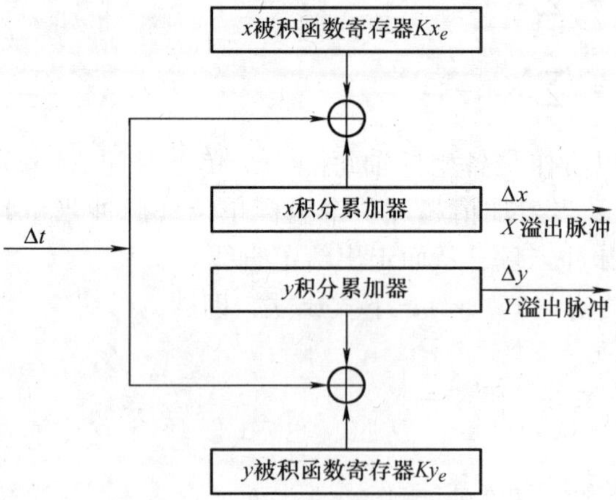

图 3-33 平面直线插补运算框图

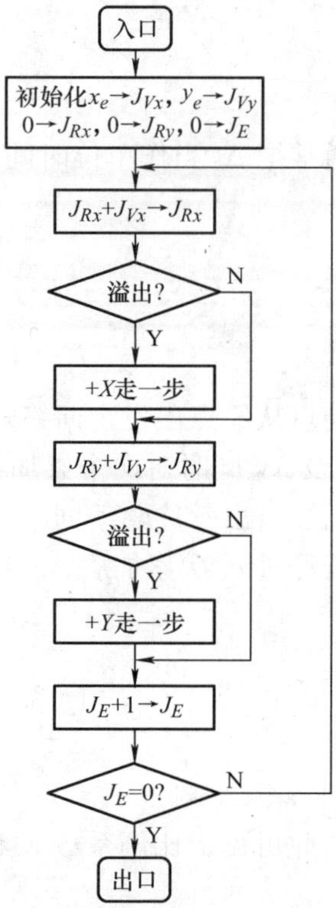

图 3-34 DDA 直线插补流程图

3. 直线插补计算举例

例　设有一直线 OA，起点为坐标原点 O，终点坐标为（4，6），试用数字积分法进行插补计算，并画出插补轨迹。

根据坐标值，选取的累加器和寄存器的位数为 3 位，即 $N=3$，则累加次数 $n=2^N=8$，累加器初值为 0。

插补运算过程见表 3-6，插补轨迹如图 3-35 所示。

表 3-6　直线插补运算过程

累加次数	X 轴数字积分器			Y 轴数字积分器		
	x 被积函数寄存器	x 积分累加器	X 方向进给	y 被积函数寄存器	y 积分累加器	Y 方向进给
0	4	0	0	6	0	0
1	4	0+4=4	0	6	0+6=6	0
2	4	4+4=8+0	1	6	6+6=8+4	1
3	4	0+4=4	0	6	4+6=8+2	1
4	4	4+4=8+0	1	6	2+6=8+0	1
5	4	0+4=4	0	6	0+6=6	0
6	4	4+4=8+0	1	6	6+6=8+4	1
7	4	0+4=4	0	6	4+6=8+2	1
8	4	4+4=8+0	1	6	2+6=8+0	1

4. 数字积分法圆弧插补

以第一象限逆圆弧 NR_1 为例来说明圆弧插补原理。如图 3-36 所示，设插补逆圆弧的圆心为坐标原点，圆弧起点为 $A(x_0, y_0)$，圆弧终点为 $B(x_e, y_e)$，圆弧半径为 R，进给速度为 v，沿 X 和 Y 方向的分速度为 v_X 和 v_Y，动点为 $N(x_i, y_i)$，由圆弧的性质及图中相似关系可得

$$\frac{v}{R}=\frac{v_X}{y_i}=\frac{v_Y}{x_i}=K \tag{3-38}$$

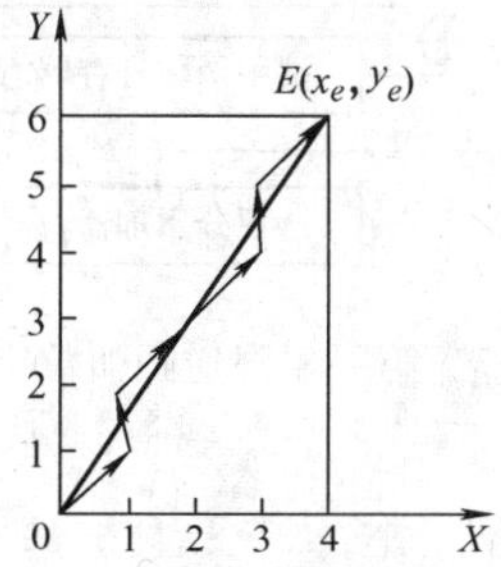

图 3-35　直线插补轨迹

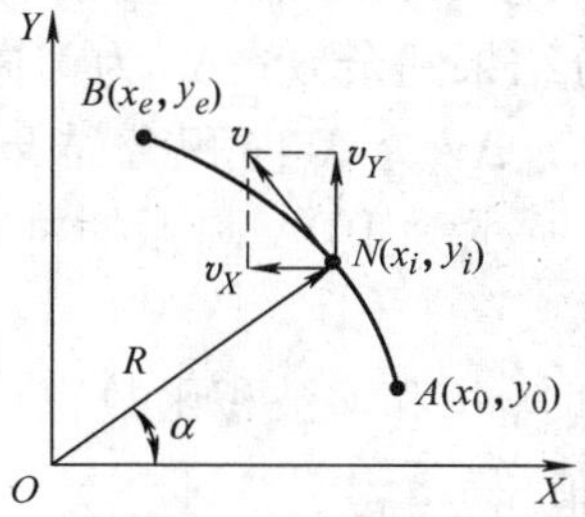

图 3-36　XY 平面数字积分法圆弧插补

如果进给速度 v 为匀速，则 K 为常数

$$\begin{cases} x = -\int v_X \mathrm{d}t = -\int K y_i \mathrm{d}t \\ y = \int v_Y \mathrm{d}t = \int K x_i \mathrm{d}t \end{cases} \Rightarrow$$

$$\begin{cases} x = -\sum_{i=1}^{n} K y_i \Delta t \\ y = \sum_{i=1}^{n} K x_i \Delta t \end{cases} \tag{3-39}$$

通常把 Δt 当作单位时间“1”，则式(3-39) 变为

$$\begin{cases} x = -\sum_{i=1}^{n} K y_i \\ y = \sum_{i=1}^{n} K x_i \end{cases} \tag{3-40}$$

式(3-39)、式(3-40) 表明，DDA 圆弧插补与直线插补有以下不同：

1) 在圆弧插补时，X 向的被积函数和 Y 向的被积函数均为动点坐标值。

2) 在圆弧插补时，$\pm X$ 向进给，由 Y 方向的被积函数控制；$\pm Y$ 向进给，由 X 方向的被积函数控制。

圆弧插补的终点判别，由计算出的动点坐标轴位置 $\sum x$ 值、$\sum y$ 值和圆弧的终点坐标进行比较，当某个坐标轴到终点时，该轴不再有进给脉冲发出，当两个坐标轴都到达终点后，运算结束。

5. DDA 圆弧插补器

由第一象限逆圆加工的 DDA 插补表达式可得到其圆弧数字积分插补框图，如图 3-37 所示。图中，J_{Vx} 为 X 方向的被积函数寄存器，J_{Vy} 为 Y 方向的被积函数寄存器，J_{Rx} 是 X 向的积分累加器，存放 X 向积分结果的余数；J_{Ry} 是 Y 向的积分累加器，存放 Y 向积分结果的余数；Δx 为 Y 向积分结果的溢出（进位），Δy 为 X 向积分结果的溢出（进位）。图 3-38 所示为 DDA 圆弧插补流程图，其工作过程如下。

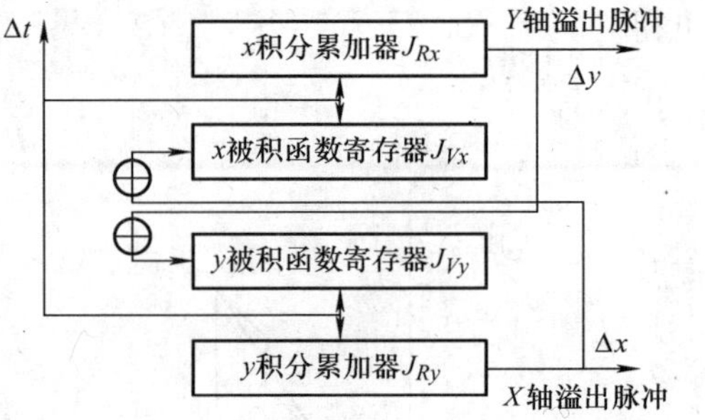

图 3-37 第一象限逆圆弧数字积分插补框图

1) 运算开始时，x 和 y 被积函数寄存器中分别存放 x、y 的初值 x_0、y_0。

2) x 被积函数寄存器累加得到的溢出脉冲发到 Y 方向，而 y 被积函数寄存器累加得到的溢出脉冲则发到 $-X$ 方向。

3）每发出一个进给脉冲后，必须将被积函数寄存器内的坐标值加以修正。其修正方法是：当 X 方向发出进给脉冲时，使 x 被积函数寄存器的内容减 1，这是因为 X 进给一步时，X 坐标减小；当 Y 方向发出进给脉冲时，使 y 被积函数寄存器的内容加 1，这是因为 Y 进给一步时，Y 坐标增大。即被积函数寄存器内随时存放着坐标的瞬时值。

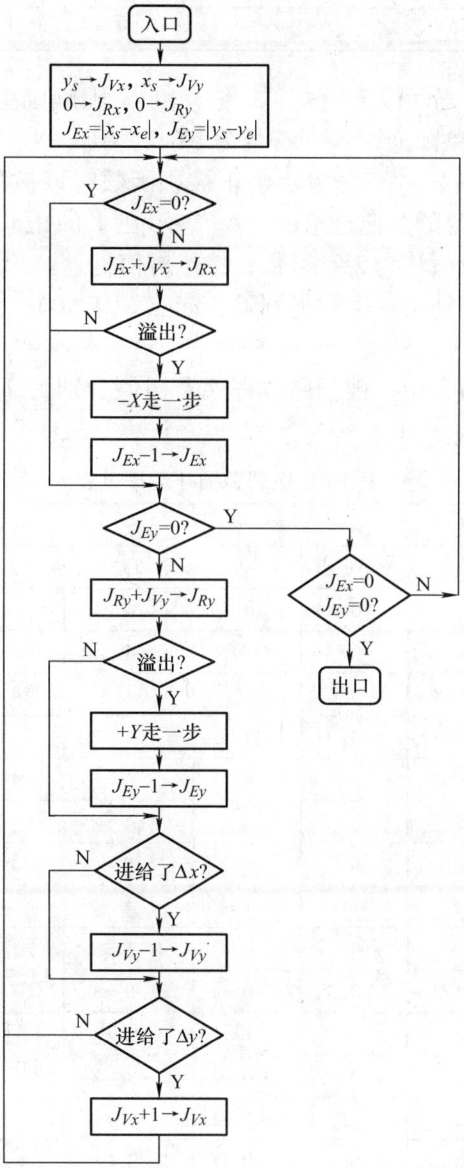

图 3-38　DDA 圆弧插补流程图

6. 其他象限圆弧的 DDA 插补

其他象限圆弧插补的原理与第一象限逆圆弧插补类似。其不同之处有两点：进给方向不同、被积函数的修正不同。XY 平面内坐标轴位移与被积函数的修正关系见表 3-7。

表 3-7　顺逆圆弧进给方向及被积函数的修正符号

	NR_1	NR_2	NR_3	NR_4	SR_1	SR_2	SR_3	SR_4
X 进给方向	$-\Delta x$	$-\Delta x$	$+\Delta x$	$+\Delta x$	$+\Delta x$	$+\Delta x$	$-\Delta x$	$-\Delta x$
Y 进给方向	$+\Delta y$	$-\Delta y$	$-\Delta y$	$+\Delta y$	$-\Delta y$	$+\Delta y$	$+\Delta y$	$-\Delta y$
J_{Vx} 修正符号	−	+	−	+	+	−	+	−
J_{Vy} 修正符号	+	−	+	−	−	+	−	+

表 3-7 共有八种线型，分别为第一、二、三、四象限顺圆弧（符号为 SR_1、SR_2、SR_3、SR_4）和第一、二、三、四象限逆圆弧（符号为 NR_1、NR_2、NR_3、NR_4）。“+”号表示修正被积函数时该被积函数加 1，“−”号表示修正被积函数时该被积函数减 1，$+\Delta x$ 表示在 X 的正向进给，$-\Delta x$ 表示在 X 的负向进给，$+\Delta y$ 表示在 Y 的正向进给，$-\Delta y$ 表示在 Y 的负向进给。被积函数值和余数值均为无符号数，按绝对值处理。

例　试用数字积分法插补第一象限逆圆弧，起点 $S(4, 0)$，终点 $E(0, 4)$，并画出插补轨迹。

解：选择寄存器位数为 3 位，被积函数寄存器初值分别为 $J_{Vx}=0$，$J_{Vy}=4$，终点判别寄存器 $J_{\Sigma x}=|0-4|=4$，$J_{\Sigma y}=|4-0|=4$，运算过程见表 3-8，插补轨迹如图 3-39 所示。

表 3-8　逆圆弧插补运算过程

	x 积分器				y 积分器			
	J_{Vx}	$J_{Rx}=J_{Rx}+J_{Vx}$	X 向进给	$J_{\Sigma x}$	J_{Vy}	$J_{Ry}=J_{Ry}+J_{Vy}$	Y 向进给	$J_{\Sigma y}$
	0	0	0	4	4	0	0	4
1	0+0=0	0+0=0	0	4	4	0+4=4	0	4
2	0+0=0	0+0=0	0	4	4	4+4=8+0	+1	4−1=3
3	0+1=1	0+1=1	0	4	4	0+4=4	0	3−0=3
4	1+0=1	1+1=2	0	4	4	4+4=8+0	+1	3−1=2
5	1+1=2	2+2=4	0	4	4	0+4=4	0	2−0=2
6	2+0=2	4+2=6	0	4	4	4+4=8+0	+1	2−1=1
7	2+1=3	6+3=8+1	−1	4−1=3	4	0+4=4	0	1−0=1
8	3+0=3	1+3=4	0	3−0=3	4−1=3	4+3=7	0	1−0=1
9	3+0=3	4+3=7	0	3−0=3	3+0=3	7+3=8+2	+1	1−1=0
10	3+1=4	7+4=8+3	−1	3−1=2	3+0=3	停止	—	—
11	4+0=4	3+4=7	0	2−0=2	3−1=2	—	—	—
12	4+0=4	7+4=8+3	−1	2−1=1	2+0=2	—	—	—
13	4+0=4	3+4=7	0	1−0=1	2−1=1	—	—	—
14	4+0=4	7+4=8+3	−1	1−1=0	1+0=1	—	—	—
15	4+0=4	停止	0	0−0=0	1−1=0	—	—	—

7. DDA 插补的合成进给速度及稳速控制

（1）合成进给速度　DDA 插补的特点是：脉冲源每发出一个插补控制脉冲，插补器进行一次累加运算。设 f_X、f_Y 分别为 X、Y 方向进给脉冲的频率，f_M 为脉冲源发出的控制脉冲频率，累加器容量为 2^N，X、Y 方向平均进给比率分别为 $X/2^N$ 和 $Y/2^N$。故 X、Y 方向的指令脉冲频率分别为

$$\begin{cases} f_X = \dfrac{x_e}{2^N} f_M \\ f_Y = \dfrac{y_e}{2^N} f_M \end{cases} \tag{3-41}$$

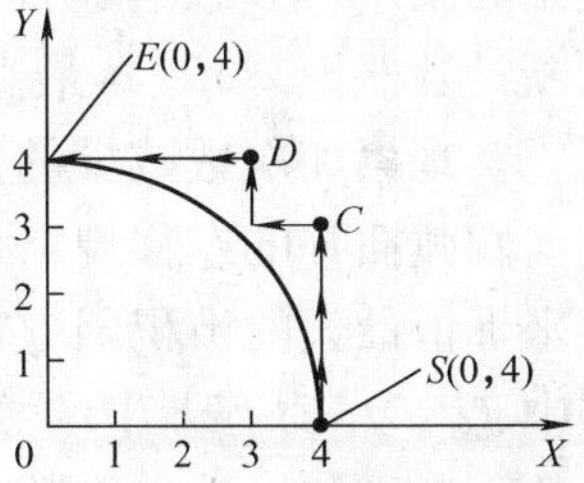

图 3-39　逆圆弧插补轨迹

各坐标的进给速度为

$$\begin{cases} v_X = \delta f_X = \delta \dfrac{x_e}{2^N} f_M \\ v_Y = \delta f_Y = \delta \dfrac{y_e}{2^N} f_M \end{cases} \tag{3-42}$$

式中 δ 为脉冲当量，合成进给速度为：

$$v = \sqrt{v_X^2 + v_Y^2} = \delta \frac{f_M}{2^N} \sqrt{x_e^2 + y_e^2} = \delta \frac{f_M}{2^N} L \tag{3-43}$$

其中

$$L = \sqrt{x_e^2 + y_e^2}$$

上述频率的量纲为 1/s，而速度的时间单位是 min，故式(3-43) 可写为

$$v = 60\delta \frac{f_M}{2^N} L \tag{3-44}$$

圆弧插补时，L 应改为圆弧半径 R。

记 $v_M = 60\delta f_M$，称 v_M 为与插补控制脉冲源对应的虚拟速度。

插补合成的进给速度和与插补控制脉冲源对应的虚拟速度的比值称为插补速度变速率，其表达式为

$$\frac{v}{v_M} = \frac{L}{2^N} \quad 或 \quad \frac{v}{v_M} = \frac{R}{2^N} \tag{3-45}$$

由式(3-45) 可以看出，当 v_M 不变时，v 随 L 或 R 变化。由于 L 或 R 的变化范围是 0 ~ 2^N，故合成进给速度的变化范围为 $v = (0 \sim 1)v_M$。当 L 较小时，脉冲溢出速度慢，进给慢；当 L 较大时，脉冲溢出速度快，进给快。显然这样难以实现编程进给速度，必须设法加以改善，实现稳速控制。

（2）稳速控制　通过左移规格化可以实现 DDA 插补的稳速控制。

左移规格化直线插补时，若寄存器中的数的最高位为“1”时，该数称为规格化数；反之，若最高位数为“0”，则该数称为非规格化数。显然，规格化数经过两次累加后必有一次溢出；而非规格化数必须进行两次以上的累加后才会有溢出。直线插补的左移规格化方法是：将被积函数寄存器 J_{Vx}、J_{Vy} 中的数同时左移（最低有效位输入零），并记下左移位数，直到 J_{Vx} 或 J_{Vy} 中的一个数是规格化数为止。直线插补经过左移规格化处理后，X、Y 两方向脉冲分配速度扩大同样倍数（即左移位数），而两者数值之比不变，因此斜率也不变。因为规格化后，每累加运算两次必有一次溢出，溢出速度不受被积函数的大小影响，较均匀，所以加工的效率和质量都大为提高。

由于左移后，被积函数变大，为使发出的进给脉冲总数不变，就要相应地减少累加次

数。如果左移 Q 次，累加次数为 2^{N-Q}。要达到这个目的，只要在 J_{Vx}、J_{Vy} 左移的同时，终点判断计数器把“1”从最高位输入，进行右移，使终点计数器使用长度（位数）缩小 Q 位即可，实现累加次数减少的目的。

圆弧插补的左移规格化处理与直线插补基本相同，不同的是：圆弧插补的左移规格化是使坐标值最大的被积函数寄存器的次高位为“1”（即保留一个前零）。也就是说，在圆弧插补中 J_{Vx}、J_{Vy} 寄存器中的数 x_i、y_i 随插补而不断修正（即进行 ±1 修正），进行 +1 修正后，函数不断增加，若仍取数的最高位“1”作为规格化数，则有可能在 +1 修正后溢出。规格化数以数的次高位为“1”，就避免了溢出。

另外，左移 i 位相当于 x、y 坐标值扩大了 2^i 倍，即 J_{Vx}、J_{Vy} 寄存器中的数分别为 2^ix_i 和 2^iy_i。当 y 积分器有溢出时，J_{Vx} 寄存器中的数应改为

$$2^iy \rightarrow 2^i(y+1)$$

上式说明：若规格化处理时左移了 i 位，对第一象限逆圆插补来说，当 J_{Ry} 中溢出一个脉冲时，J_{Vx} 中的数应加 2^i（而不是加 1），即应在 J_{Vx} 的第 $i+1$ 位加 1；同理，若 J_{Rx} 有一个脉冲溢出，J_{Vy} 的数应减少 2^i，即在第 $i+1$ 位减 1。

综上所述，虽然直线插补和圆弧插补时规格化数不一样，但均能提高进给脉冲溢出速度。

8. 提高 DDA 插补精度的措施

DDA 直线插补的插补误差小于脉冲当量，圆弧插补误差小于或等于两个脉冲当量。其原因是：在坐标轴附近进行插补时，一个积分器的被积函数值接近于 0，而另一个积分器的被积函数值接近最大值（圆弧半径），这样，后者连续溢出，而前者几乎没有溢出脉冲，两个积分器的溢出脉冲速率相差很大，致使插补轨迹偏离理论曲线。

减少插补误差的方法有：

1）减少脉冲当量，加工误差则也变小。但参加运算的数（如被积函数值）变大，寄存器的容量则变大。欲获得同样的进给速度，需提高插补运算速度。

2）余数寄存器预置数。在 DDA 插补之前，余数寄存器 J_{Rx}、J_{Ry} 预置某一数值。通常采用余数寄存器半加载。半加载是在 DDA 插补前，给余数寄存器置容量的一半值 2^{N-1}。这样只要再累加 2^{N-1}，就可以产生第一个溢出脉冲，改善了溢出脉冲的时间分布，减少了插补误差。

9. DDA 法的空间直线插补

数字积分法的优点在于不仅可以插补平面直线和圆弧，还可以插补空间直线，同时由于曲面由空间曲线组成，而空间曲线可以由空间直线进行逼近，因此空间直线的插补应用较多。

利用前面介绍的平面直线的 DDA 插补算法的思路，只需增加一个 Z 轴的积分器。Z 轴积分器的被积函数为直线终点的 Z 坐标值 Z_e。每进行一次插补，对三个积分器进行累加，哪个轴有溢出，这个轴就进给一步。

空间直线的终点判别可采用与平面直线相似的方法，可以每个轴各设一个终点判别计数器，分别进行终点判别，哪一个轴先到终点，则该轴停止进给，三个轴都到终点，则插补结束。

3.5　提高开环伺服系统精度的措施

由步进电动机构成的开环伺服系统一般没有位置检测装置，因而不能构成反馈回路，在此系统中，机械传动部分的结构和质量、步进电动机的质量和控制电路的性能，均会影响系统的工作精度。要提高开环伺服系统的工作精度，应从以下这几个方面考虑：改善步进电动机的性能，减小步距角；采用精密传动副，减小传动链中的传动间隙等。但这些因素往往由于结构和工艺的关系而受到一定的限制。为此，需要从控制方法上采取一些措施，如传动间隙补偿、螺距误差补偿和细分线路。

3.5.1　传动间隙补偿

在采用步进电动机作为执行元件的数控机床上加工零件时的进给运动，是依靠驱动装置带动齿轮、丝杠传动，进而推动机床工作台产生位移来实现的。提高传动元件的齿轮、丝杠制造装配精度，并采取消除传动间隙的措施，可以减小但不能完全消除传动间隙。当机械传动链在改变运动或旋转方向时，最初的若干个指令脉冲只能起到消除间隙的作用，造成步进电动机的空走，而工作台无实际移动，从而产生传动误差。传动间隙补偿的基本方法为：事先测出传动间隙的大小，作为参数存储在 RAM 中；每当接收到反向位移指令时，先不向步进电动机输送反向位移脉冲，而是将间隙值换算为脉冲数 N，驱动步进电动机转动，越过传动间隙，待间隙补偿结束后再按指令脉冲进行动作，如图 3-40 所示。

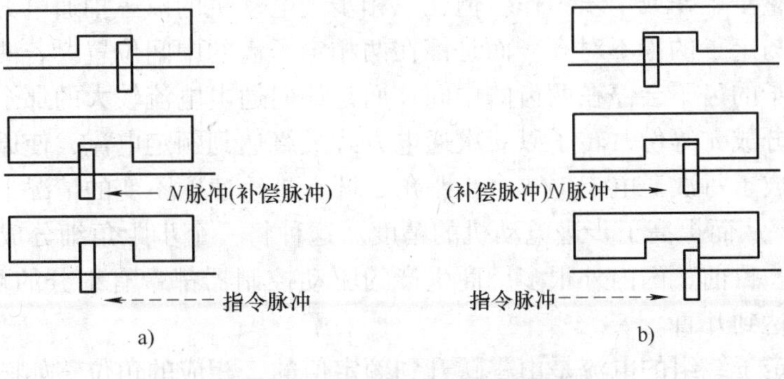

图 3-40　传动间隙补偿示意图
a）从左向右换向　b）从右向左换向

3.5.2　螺距误差补偿

传动链中的滚珠丝杠螺距不同程度地存在着制造误差，在开环伺服系统中，螺距累积误差直接影响着工作台的位移精度。可为数控装置提供自动螺距误差补偿功能来解决这个问题。设备进给精度调整时，设置若干个补偿点（通常可达 128 ~256 个），在每个补偿点处，把工作台的位置误差测量下来（见图 3-41）确定补偿值，作为控制参数输入给数控装置。设备运行时，工作台每经过一个补偿点，CNC 控制器就向规定的方向加入一个设定的补偿量，补偿螺距误差，使工作台到达正确的位置。由图 3-41 可以看出补偿前和补偿后工作台的位置误差情况。

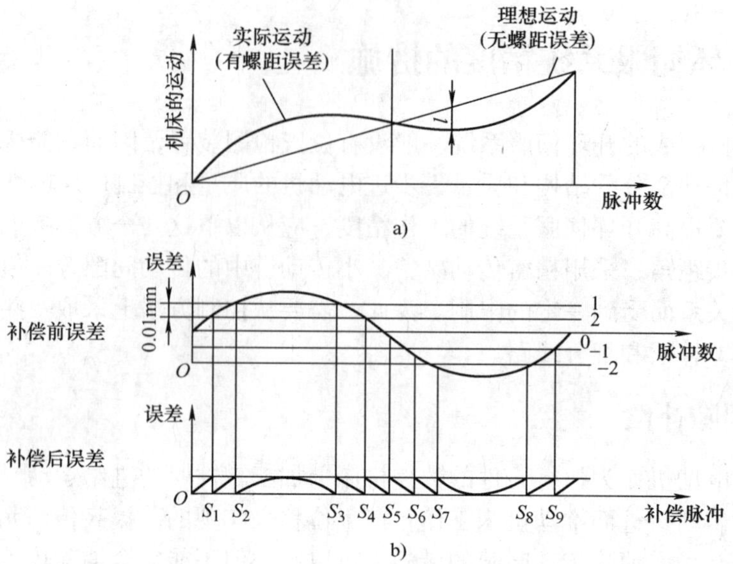

图 3-41　螺距误差补偿原理图

a）补偿前误差　b）补偿后误差

3.5.3　细分线路

未使用细分控制的步进电动机对应于一个通电脉冲，转子转过一个步距角。步距角的大小只有两种，即整步工作或半步工作。但在三相步进电动机的双三拍通电方式下是两相同时通电，转子的齿与定子的齿不对齐，而是停在两相定子齿的中间位置。若两相通以不同大小的电流，那么转子的齿不会停在两齿的中间，而是偏向通电电流较大的那个齿。如果把通向定子的额定电流分成 n 等份，转子以 n 次通电方式最终达到额定电流，使原来的每个脉冲走一个步距角，变成了每次通电走 $1/n$ 个步距角，即在进给速度不变的情况下，使脉冲当量缩小到原来的 $1/n$，从而提高了步进电动机的精度。这种将一个步距角细分成若干步的驱动方法称为细分驱动。目前，国内外很多厂商生产的驱动控制器都带有细分的环形脉冲分配器，最大的细分数可达到几百。

若无细分，定子绕组的电流是由零跃升到额定值的，相应的角位移如图 3-42a 所示；采

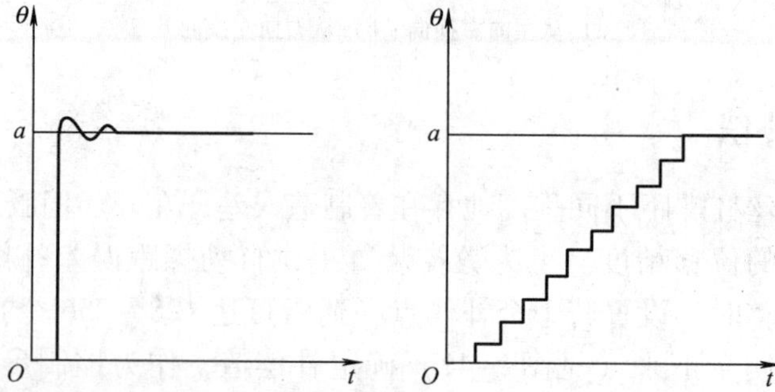

图 3-42　细分前后的角位移比较

a）无细分　b）细分后

用细分后，定子绕组的电流要经过若干小步（假设十细分，对应十步）的变化，才能达到额定值，相应的角位移如图3-42b所示。

习　题

3-1　简述反应式步进电动机的原理。

3-2　简述步进电动机连续运行时，频率与负载的关系。

3-3　简述步进电动机功率放大器的原理与类型。

3-4　一台三相反应式步进电动机，转子齿数为80，试分析并计算其步距角。

3-5　简述插补的原理及其与控制系统的关系。

3-6　在数控机床中，刀具能否严格按照零件轮廓运动？为什么？

3-7　直线的起点坐标在原点，终点$A(6, 5)$，分别用逐点比较法、数字积分法对该直线进行插补，并画出插补轨迹。

3-8　顺圆弧起点$A(0, 5)$，终点$B(5, 0)$，圆心为坐标原点，分别用逐点比较法、数字积分法对该圆弧进行插补，并画出插补轨迹。

第 4 章　闭环伺服系统及轨迹实现

4.1　概述

伺服系统是指以位置和速度作为控制对象的自动控制系统，又称随动系统，即指系统能跟随外部指令执行所期望的运动。数控机床中的伺服系统是连接数控装置和机床本体的关键部分，它接收来自数控系统的指令，经过放大和转换，驱动数控机床上的执行件（工作台或刀架）实现预期的运动。伺服系统的性能直接关系到数控机床执行机构的动态特性、静态特性、精度、稳定程度等。

4.1.1　伺服系统组成

数控伺服系统由伺服电动机、功率放大电路、电流调节器、速度调节器、位置调节器和相应的检测装置（如脉冲编码器等）组成。一般闭环伺服系统的结构如图 4-1 所示。这是一个三环结构系统，外环是位置环，中环是速度环，内环为电流环。

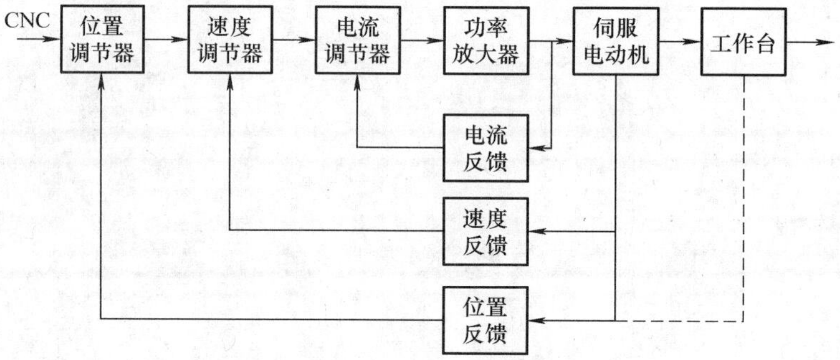

图 4-1　闭环伺服系统结构

位置环由位置调节器、位置检测和位置反馈部分组成。如果是半闭环系统，则位置反馈信号一般取自伺服电动机；如果是全闭环系统，则位置反馈信号取自工作台。速度环由速度调节器、速度检测（如测速发电机、脉冲编码器等）和速度反馈部分组成。电流环由电流调节器、电流检测和电流反馈部分组成。

位置控制主要用于进给运动坐标轴，对进给轴的控制是要求最高的位置控制，不仅对单个轴的运动速度和位置精度的控制有严格要求，而且在多轴联动时，还要求各进给运动轴有很好的动态配合，才能保证加工精度和表面质量。

位置控制功能包括位置控制、速度控制和电流控制。速度控制功能只包括速度控制和电流控制，一般用于对主轴的控制。

4.1.2 对伺服系统的基本要求

伺服系统作为数控系统的执行部件，不仅要稳定地保证所需的切削力矩和进给速度，而且要准确地完成指令规定的定位控制或者复杂的轮廓加工控制。对伺服系统的基本要求如下。

1. 精度高

伺服系统的精度是指输出量能复现输入量的精确程度。作为数控加工，对定位精度和轮廓加工精度要求都比较高，定位精度一般允许的误差为0.01～0.001mm，甚至0.1μm。轮廓加工精度与速度控制、联动坐标的协调一致控制有关。在速度控制中，要求伺服系统有较高的调速精度和较强的抗负载扰动能力，即对静态、动态精度要求都比较高。

2. 稳定性好

稳定是指系统在给定输入或外界干扰作用下，能在短暂的调节过程后，达到新的或者恢复到原来的平衡状态，对伺服系统要求有较强的抗干扰能力。稳定性是保证数控机床正常工作的条件，直接影响着数控加工的精度和表面粗糙度。

3. 快速响应

快速响应是伺服系统动态品质的重要指标，它反映了系统的跟踪精度。为了保证轮廓切削形状精度和低的加工表面粗糙度，要求伺服系统跟踪指令信号的响应要快。一方面要求过渡过程时间要短，一般在200ms以内，甚至小于几十毫秒；另一方面要求超调要小。这两方面的要求往往是矛盾的，实际应用中要采取一定的措施，按工艺加工要求做出一定的选择。

4. 调速范围宽

调速范围是指生产机械要求电动机能提供的最高转速和最低转速之比。在数控机床中，由于加工用刀具、被加工材质及零件加工要求的不同，伺服系统需要有足够宽的调速范围。目前，先进的伺服系统在分辨率为1μm的情况下，调速范围为0～240m/min，且为无级调速。但对于一般的数控机床而言，要求进给伺服系统在0～24m/min进给速度范围内都能工作就足够了。

伺服系统的总体控制效果是由位置控制、速度控制和电流控制一起决定的。对速度控制不需过分地追求像位置控制那么大的控制范围，否则，速度控制单元将会变得相当复杂，这将提高成本，又将降低可靠性。一般来说，在总的开环位置增益为$20s^{-1}$时，只要保证速度单元具有1000的调速范围就完全可以满足要求。当然，代表当今先进水平的速度控制单元技术，其调速范围已可达到十万以上。

主轴伺服系统主要是速度控制，它要求低速（额定转速以下）恒转矩调速具有100～1000调速范围，高速（额定转速以上）恒功率调速具有10以上的调速范围。

5. 低速大转矩

机床加工的特点是，在低速时进行重切削。因此，要求伺服系统在低速时要有大的转矩输出。进给坐标的伺服控制属于恒转矩控制，在整个速度范围内都要保持这个转矩。主轴坐标的伺服控制在低速时为恒转矩控制，能提供较大转矩，在高速时为恒功率控制，具有足够大的输出功率。

伺服系统中的执行元件——伺服电动机是一个非常重要的部件，应具有高精度、快反应、宽调速和大转矩的优良性能，尤其对进给伺服电动机要求更高，具体是：

1）电动机从低速到高速范围内能平滑运转，且转矩波动要小。在最低转速，如0.1r/min或更低转速时，仍有平稳的速度而无爬行现象。

2）电动机应具有大的、较长时间的过载能力，以满足低速大转矩的要求。电动机能在数分钟内过载数倍而不损坏，直流伺服电动机的过载倍数为4~6倍，交流伺服电动机的过载倍数为2~4倍。

3）为了满足快速响应的要求，即随着控制信号的变化，电动机应能在较短时间内达到规定的速度。响应速度直接影响着系统的品质，因此，要求电动机必须具有较小的转动惯量、较大的转矩、尽可能小的机电时间常数和很大的加速度（$400rad/s^2$以上）。这样才能保证电动机在0.2s以内从静止起动到额定转速。

4）电动机应能承受频繁的起动、制动和正反转。

4.1.3　伺服系统的分类

伺服系统分为开环伺服系统和闭环伺服系统。开环伺服系统通常使用步进电动机，闭环伺服系统多采用直流伺服电动机或交流伺服电动机。开环伺服系统不需要反馈元件，结构比较简单，成本低廉，但是精度取决于步进电动机的步距精度和工作频率，以及传动机构的传动精度，达不到很高的精度，主要应用在对精度要求不是很高的场合。闭环伺服系统需要在系统中增加检测元件，直接或间接地将被控制量反馈给控制系统，构成闭环控制系统。因系统较复杂、成本高，故适用于对精度要求比较高的场合。闭环伺服系统又根据检测元件所在位置的不同，分为半闭环和全闭环两种。

长期以来，在调速性能要求较高的场合，直流电动机调速一直占据主导地位。但是由于其电刷和换向器易磨损，有时会产生火花，使最高速度及应用环境受到限制，且结构复杂、制造困难、成本较高。而交流电动机不仅克服了直流电动机结构上存在整流子、电刷维护困难、造价高、寿命短、应用环境受限等缺点，同时又充分发挥了交流电动机坚固耐用、经济可靠、惯量小、动态响应好、输出功率大等优点。随着电力电子技术、计算机控制技术和现代控制理论的发展，交流伺服驱动技术出现了突破性的进展，使得交流调速系统逐步具备了宽的调速范围、高的稳态精度、快的动态响应，以及在四象限做可逆运行等良好的技术性能。因此，在数控机床上，交流伺服电动机已逐渐取代了直流伺服电动机。

4.2　交流伺服电动机原理

4.2.1　交流伺服电动机的类型

数控机床上应用的交流伺服电动机一般为三相，分为异步型和同步型两种。

异步型交流伺服电动机的工作原理与普通异步电动机相似，但是，交流伺服电动机必须克服其所谓“自转”现象，即无控制信号时，它不应转动，特别是当它已在转动时，如果控制信号消失，它应能立即停止转动。而普通的感应电动机转动起来以后，如果控制信号消失，往往仍在继续转动。为使交流伺服电动机具有控制信号消失，立即停止转动的功能，把它的转子电阻做得特别大，使它的临界转差率大于1。

异步型交流伺服电动机结构简单，制造容量大。它的缺点是运行时必须从电网吸收滞后的无功功率，使电网功率因数变差；速度受负载的变化影响较大，不能经济地实现宽调速范围的平滑调节。因此其一般不用于数控机床的进给运动，而是用在主轴驱动系统中。

同步型交流伺服电动机虽较异步型交流伺服电动机复杂，但比直流伺服电动机简单。它的定子与异步型电动机一样，都装有对称三相绕组。而转子却不同，按不同的转子结构又分为电磁式及非电磁式两大类，后一类又分为磁滞式、反应式、永磁式等多种。其中磁滞式、反应式同步电动机存在效率低、功率因数低、制造容量不大等缺点。数控机床中多用永磁式交流伺服电动机。与电磁式相比，永磁式的优点是结构简单、运行可靠、效率较高；缺点是体积大、起动特性欠佳。但采用高剩磁感应、高矫顽力的稀土类磁铁材料后，电动机在外形尺寸、质量及转动惯量方面都比直流电动机大为减少，与异步型交流伺服电动机相比，效率较高，体积也较小。

4.2.2　永磁交流同步伺服电动机

1. 结构

永磁交流同步伺服电动机由定子、转子和检测元件三部分组成，其结构如图4-2所示。电枢在定子上，定子具有齿槽，内有三相交流绕组，形状与普通交流感应电动机的定子相同。但采取了许多改进措施，如非整数节距的绕组、奇数的齿槽等。这种结构的优点是气隙磁密度较高，极数较多；电动机外形呈多边形，且无外壳，利于散热；转子由多块永磁铁和铁心组成；检测元件（脉冲编码器或旋转变压器）安装在电动机轴上，它的作用是检测转子磁场相对于定子绕组的位置。

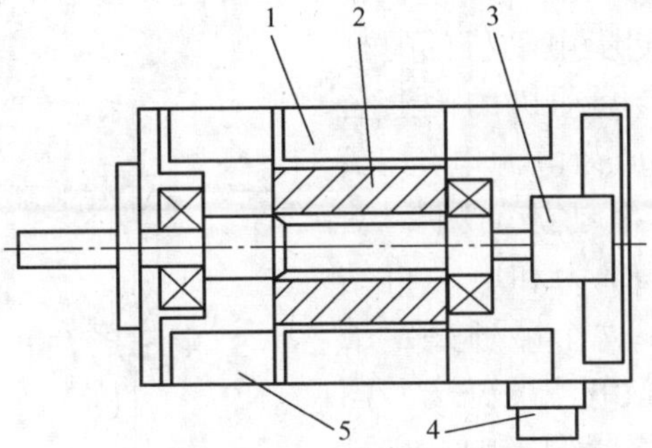

图4-2　永磁交流同步伺服电动机

1—定子　2—转子　3—脉冲编码器　4—接线盒　5—定子三相绕组

2. 工作原理

永磁交流同步伺服电动机定子绕组接通三相电源后便产生旋转磁场。根据磁极异性相吸的原理，转子磁极被定子磁场吸住而以相同的转速（即同步转速）一起旋转，如图4-3所示。这就是同步电动机名称的由来和简单的工作原理。但是，同步电动机不能产生起动转矩，这可以用图4-4来说明。设在起动瞬间，定子旋转磁场位于图4-4a虚线所示位置，静止的转子磁极受到顺时针方向的力矩。但经过交流的半个周期（对于工频为0.01s），旋转磁场已转了半周到达图 4-4b 虚线所示位置，而转子由于惯性尚未跟上，它的磁极又受到逆时针方向的力矩。这样在定子磁场旋转一周的时间内，静止转子的平均转矩等于零，因此同步电动机不能自行起动。

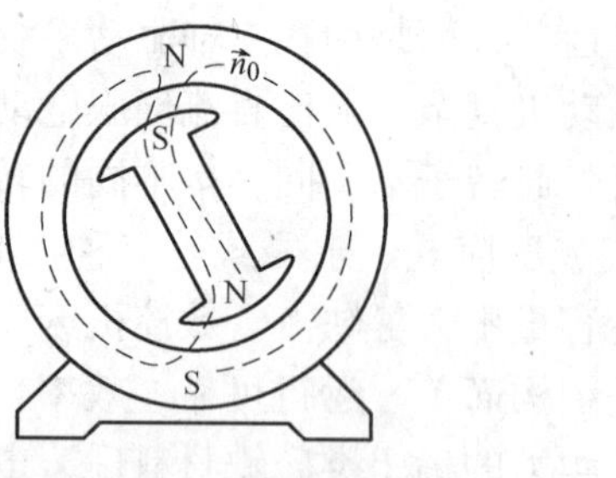

图 4-3　永磁交流同步伺服电动机工作原理

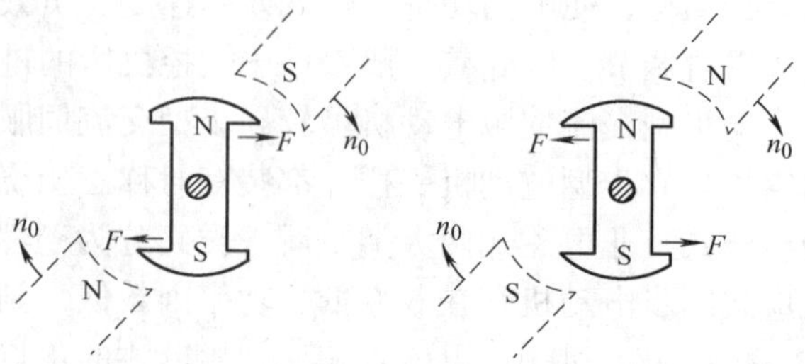

a)　　b)

图 4-4　永磁交流同步伺服电动机无起动转矩分析

a）顺时针力矩　b）逆时针力矩

转子是励磁绕组的同步电动机，可采用“异步起动”法起动。即制造电动机时，在凸极面上装有一些笼型导条构成的起动绕组。起动时，定子先接通三相电源，转子借助起动绕组按异步电动机原理起动旋转。当转子转速接近同步转速时，再在励磁绕组中通入直流励磁电流产生固定极性的磁极，于是旋转磁场就吸引转子磁极，把转子拉入同步运行。对于永磁交流同步伺服电动机，不采用异步起动法。解决的办法是在设计时设法减小电动机的转动惯量，或者在速度控制单元中采取先低速后高速的控制方法。

同步电动机起动完毕就以恒速运转，其转速为 $n_0=60f/p$（f 为电源频率，p 为磁极对数），它只与电源频率和磁极对数有关，不随负载大小而变。因此它的机械特性曲线 $n=f(T)$（n 为转速，T 为转矩）是一条平行于横轴的直线，即呈绝对硬特性。同步电动机的机械负载增大时，虽然转速不变，但转子磁极轴线与定子旋转磁场轴线之间的夹角 θ 要增大，如图 4-5 所示。同步电动机的每极工作磁通 Φ 可以套用异步电动机的磁通公式 $\Phi=U/(4.44f_1N_1K_1)$（U 为电源电压，f_1 为定子绕组中产生的感应电动势的频率 N_1 为定子每相绕组的匝数，K_1 为和电动机结构有关的定子绕组系数），这个磁通是定子电流的旋转磁场和转子励磁电流的磁场共同合成的磁通，它不受负载变化的影响。机械负载增大时，Φ 恒定而 θ 角增大，这使旋转磁场与转子磁场之间吸引力 F 的切线分量 F_T 增大，如图 4-5 所示。因此电磁转矩增大，直至与负载阻转矩相平衡为止。这时转子仍以同步转速旋转，只不过转子磁极比旋转磁场在空间滞后多一些而已。两磁场的相互作用好像一根无形的弹簧，旋转磁场仿佛用这根无形弹簧拉着转子磁极一起旋转，负载增大，使 θ 角增大，电磁转矩跟着增大。这如同被弹簧所拉的物体阻力增大，弹簧被拉长而拉力跟着增大一样。

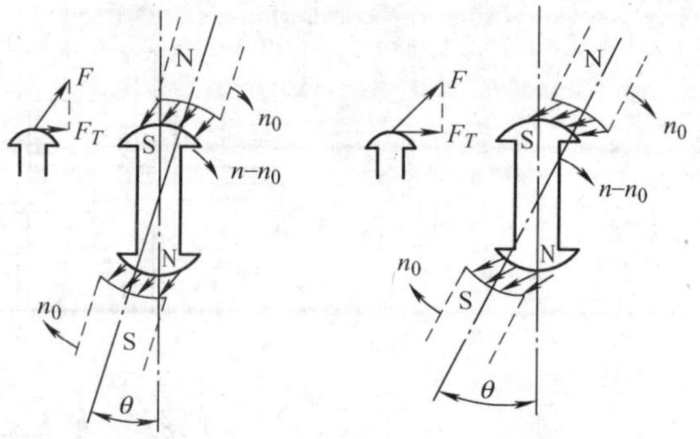

a)　　b)

图 4-5　T 随负载而变的原理

a）负载小时，θ 角小　b）负载大时，θ 角大

同步电动机利用 θ 角的变化来自动适应负载的变化，这与异步电动机利用转差率 S 的变化来自动适应负载变化是不同的。

4.3　交流伺服电动机的变频调速

只要改变电动机电源的供电频率，即可改变交流伺服电动机转速的大小（$n_0 = 60f/p$），因此永磁交流同步伺服电动机应用最多的是变频调速。

变频调速系统可以分为交-直-交变频调速与交-交变频调速两大类。前者常称为带直流环节的间接变频调速，后者则常称为直接变频调速。

4.3.1　交-直-交变频调速

变频调速实质上是向交流电动机提供一个频率可控的电源。能实现这一功能的装置称为变频器。变频器由两部分组成：主电路和控制电路。其中，主电路通常采用交-直-交方式，即先将交流电转变成直流电（整流、滤波），再将直流电转变成频率可调的矩形波交流电（逆变）。图 4-6 所示是电压型交-直-交变频调速主电路的原理图，它是变频器常用的基本格式。

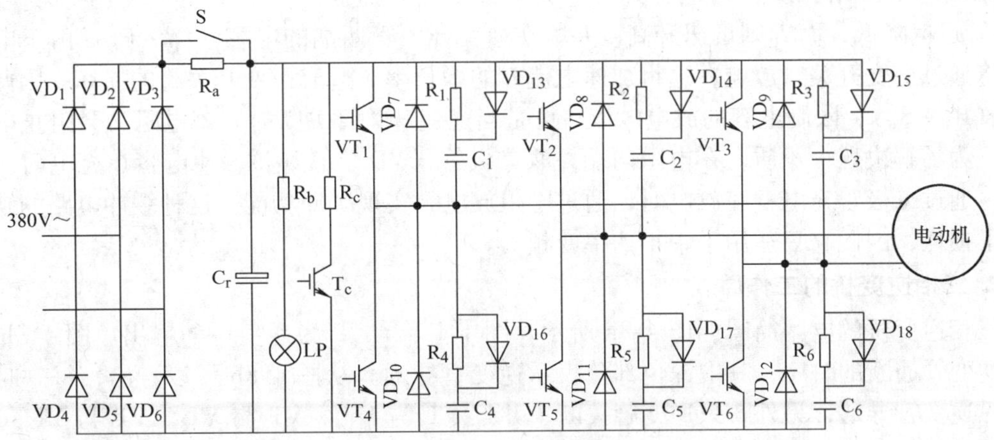

图 4-6　电压型交-直-交变频调速主电路原理

1. 主电路中各元件的功能

（1）交-直电路　整流管 $VD_1 \sim VD_6$ 组成三相整流桥，对三相交流电进行全波整流。整流后的直流电压 $U = 1.35 \times 380\text{V} = 513\text{V}$，滤波电容 C_r 滤除整流后的电压纹波，并在负载变化时保持电压平稳。当变频器通电时，瞬时冲击电流较大，为了保护电路元件，加限流电阻 R_a。延时一段时间后，通过控制电路使开关 S 闭合，将限流电阻短路。

电源指示灯 LP 除了指示电源通断外，还可以在电源断开时，作为滤波电容 C_r 放电通路和指示。滤波电容 C_r 容量通常很大，因此放电的时间较长（数分钟），几百伏的高电压会威胁人员安全。因此，在维修时，要等指示灯熄灭后才能进行。

R_c 是制动电阻。电动机在制动过程中处于发电状态，由于电路是处在断开情况下，储存的电能无处释放，使电路电压不断升高，将会损坏电路元件，因此，应给一个放电通路，使这部分再生电流消耗在电阻 R_c 上。制动时，通过控制电路使开关管 T_c 导通，形成放电通路。

（2）直-交电路　逆变开关管 VT_1 ~ VT_6 组成三相逆变桥，将直流电逆变成频率可调的矩形波交流电。逆变管可以选择绝缘栅双极晶体管（Insulated Gate Bipolar Transistor，IGBT）、功率场效应晶体管（Metal Oxide Semiconductor Field Effect Transistor，MOSFET）。

续流二极管 VD_7 ~ VD_{12} 的作用是：当逆变开关管由导通状态变为截止时，电压突变降为零，但由于电动机线圈的电感作用，储存在线圈中的电能开始释放，续流二极管提供通道，维持电流继续在线圈中流动。另外，当电动机制动时，续流二极管为再生电流提供通道，使其回流到直流电源。

电阻 R_1 ~ R_6、电容 C_1 ~ C_6、二极管 VD_{13} ~ VD_{18} 组成缓冲电路，来保护逆变开关管。由于开关管在开通和关断时，要受集电极电流 I_C 和集电极与发射极间电压 V_{CE} 的冲击，如图 4-7 所示，因此要通过缓冲电路进行缓解。当逆变开关管关断时，V_{CE} 迅速升高，I_C 迅速降低，过高增长率的电压对逆变开关管造成危害，因此通过在逆变开关管两端并联电容（C_1 ~ C_6）来减小电压增长率；当逆变开关管开通时，V_{CE} 迅速降低，而 I_C 则迅速升高，并联在逆变开关管两端的电容（C_1 ~ C_6）由于电压降低，将通过逆变开关管放电，这将加速电流 I_C 的增长率，造成逆变开关管的损坏，因此增加电阻（R_1 ~ R_6），限制电容的放电电流。可是当逆变开关管关断时，该电阻又会阻止电容的充电。为了解决这个矛盾，在电阻两端并联二极管（VD_{13} ~ VD_{18}），使电容在充电时，避开电阻，通过二极管充电，在放电时，通过电阻放电，实现缓冲功能。这种缓冲电路的缺点是增加了损耗，因此它只适用于中小功率变频器。

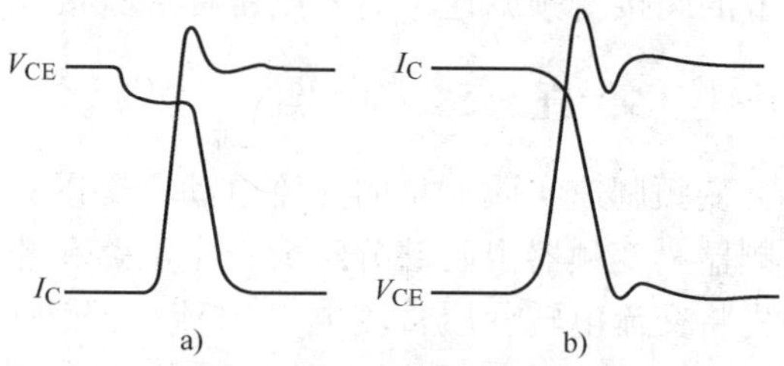

图 4-7　开关管开通与关断波形
a）开关管开通　b）开关管关断

2. 三相逆变桥的工作原理

三相逆变桥的电路简图如图 4-8a 所示，图中 R、Y、B 为逆变桥的输出。图 4-8b 所示是各逆变管通断的时序，其中深色部分表示逆变管导通。从图 4-8b 可以看出，每一时刻总有 3 只逆变管导通，另外 3 只逆变管关断；并且 VT_1 与 VT_4、VT_2 与 VT_5、VT_3 与 VT_6 每对逆变管不能同时导通。

在 t_1 时间段，VT_1、VT_3、VT_5 这 3 只逆变管导通，电动机线圈电流的方向是从 R 到 Y 和从 B 到 Y（设从 R 到 Y、从 Y 到 B、从 B 到 R 为正方向，下同），得到线电压为 U_{RY} 和 $-U_{YB}$。在 t_2 时间段，VT_1、VT_5、VT_6 这 3 只逆变管导通，电动机线圈电流的方向是从 R 到 Y 和从 R 到 B，得到的线电压为 U_{RY} 和 $-U_{BR}$。

在 t_3 时间段，VT_1、VT_2、VT_6 这 3 只逆变管导通，电动机线圈电流的方向是从 R 到 B 和从 Y 到 B，得到的线电压为 $-U_{BR}$ 和 U_{YB}。

在 t_4 时间段，VT_2、VT_4、VT_6 这 3 只逆变管导通，电动机线圈电流的方向是从 Y 到 R 和从 Y 到 B，得到的线电压为 $-U_{RY}$ 和 U_{YB}。

在 t_5 时间段，VT_2、VT_3、VT_4 这 3 只逆变管导通，电动机线圈电流的方向是从 Y 到 R 和从 B 到 R，得到的线电压为 $-U_{RY}$ 和 U_{BR}。

在 t_6 时间段，VT_3、VT_4、VT_5 这 3 只逆变管导通，电动机线圈电流的方向是从 B 到 R 和

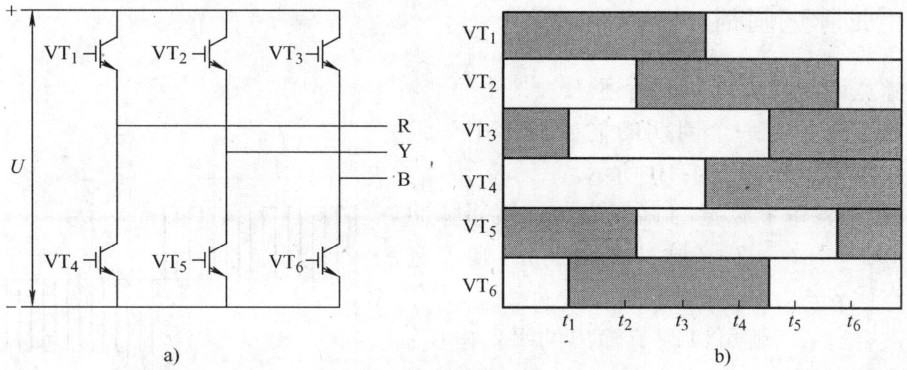

图4-8　三相逆变桥工作原理

a）电路简图　b）逆变管通断时序

从B到Y，得到的线电压为U_{BR}和$-U_{YB}$。

线电压U_{RY}、U_{YB}、U_{BR}的波形如图4-9所示。从图中可以看出，三者之间互差120°，它们的幅值是U。

因此，只要按图4-8b的规律控制6只逆变管的导通和关断，就可以把直流电逆变成矩形波三相交流电，而矩形波三相交流电的频率可在逆变时受到控制。

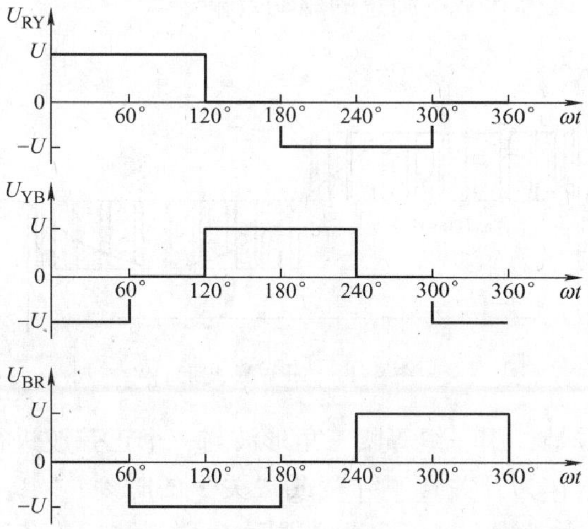

图4-9　逆变输出线电压波形

然而，矩形波不是正弦波，含有许多高次谐波成分，将使交流异步电动机产生发热、力矩下降、振动噪声等不利结果。为了使输出的波形接近正弦波，可采用正弦脉宽调制（Sine Pulse Width Modulation，SPWM）。

另外，若电源电压U不变，当降低电源频率f调速时，则磁通Φ将增加，使铁心饱和，从而导致励磁电流和铁损耗大量增加、电动机温升过高等，这是不允许的。为了解决这一问题，要求在变频调速系统中，降频的同时最好降压，即频率与电压能协调控制，亦即电源电压U必须与电源频率f成比例地变化，此时近似为恒转矩调速方式。

4.3.2 正弦脉宽调制

正弦脉宽调制的原理如下所述。

将图 4-9 所示的一个周期的输出波形用一组等宽脉冲波来表示，如图 4-10 所示。

图 4-10 中，每个脉宽的宽度为 t_1，相邻脉冲的间隔为 t_2，$t_1+t_2=T_z$（脉冲波周期），则等宽脉冲的占空比 $\alpha=t_1/(t_1+t_2)$。

调节占空比 α，就可以调节输出的平均电压；调节脉宽调制（Pulse Width Modulation，PWM）波的频率 $1/T_t$，就可以改变电源频率，实现调速。通过控制电路，可以容易地实现对脉冲波的占空比和 PWM 波的频率分别进行调整。

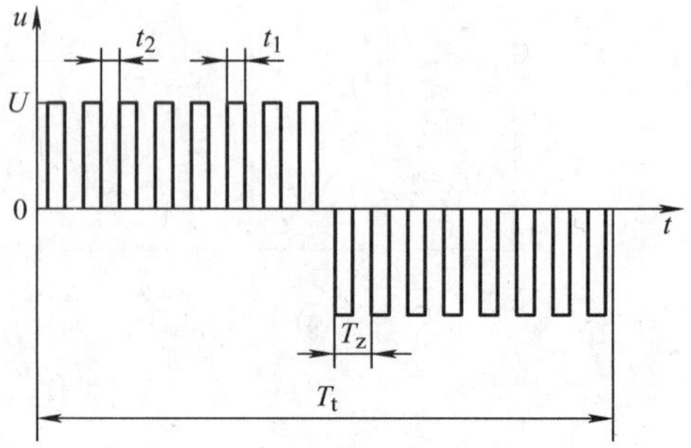

图 4-10 含有等宽脉冲波的脉宽调制波形

但是，虽然实现了变频与变压，可是逆变电路输出的电压波形仍然是一组矩形波，而不是正弦波，仍然存在许多高次谐波的成分。

一种方法是将等宽的脉冲波变成宽度渐变的脉冲波，其宽度变化规律应符合正弦的变化规律，如图 4-11 所示。我们把这样的波称为正弦脉宽调制波，简称 SPWM 波。SPWM 波大大地减少了谐波成分，可以得到基本满意的驱动效果。

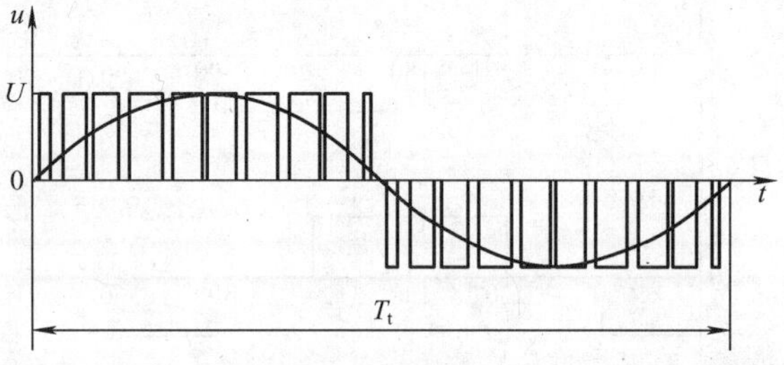

图 4-11 SPWM 波形

产生 SPWM 波的方法是：用一组等腰三角形波与一个正弦波进行比较，如图 4-12 所示，其相等的时刻（即交点）作为开关管“开”或“关”的时刻。

将这组等腰三角形波称为载波，而正弦波则称为调制波。正弦波的频率和幅值是可控制的，改变正弦波的频率，就可以改变输出电源的频率，从而改变电动机的转速；改变正弦波的幅值，也就改变了正弦波与载波的交点，使输出脉冲系列的宽度发生变化，从而改变了输出电压。

三相逆变开关管生成 SPWM 波的控制可以有两种方式：一种是单极性控制；另一种为双极性控制。

采用单极性控制时，每半个周期内，逆变桥的同一桥臂的上、下两只逆变开关管中，只有一只逆变开关管按图 4-12 所示的规律反复通断；而另一只逆变开关管始终关断；在另外半个周期内，两只逆变开关管的工作状态正好相反。

三相逆变器中的 6 只逆变开关管的工作状态仍然可以用图 4-8b 进行描述。图中深色的

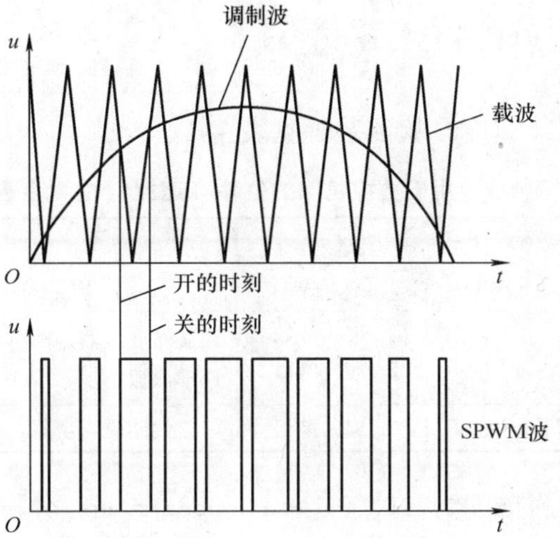

图4-12　产生SPWM波的方法

部分是逆变开关管按图4-12的规律进行开通与关断的时间，而空白部分则是逆变开关管始终关断的时间。例如，T_1 开关管在 t_1、t_2、t_3时间段中按SPWM波的规律进行开通和关断，在 t_4、t_5、t_6时间段则全关断；同一桥臂的 T_4 开关管正好相反，在 t_1、t_2、t_3时间段全关断，而在 t_4、t_5、t_6时间段则按SPWM波的规律进行开通和关断。三个桥臂工作的规律都相同，只是在相位上相差120°。

SPWM控制信号可用多种方法产生，可以采用模拟电路实现，缺点是所需硬件较多，而且不够灵活，改变参数和调试比较麻烦。而由数字电路实现的SPWM变频，采用以软件为基础的控制模式，虽克服了模拟电路方法的缺点，但是需通过计算确定SPWM的脉宽，会产生延时和响应时间。近年来出现了一些专用生成三相或单相SPWM波控制信号的大规模集成电路芯片，如HEF4752、SLE4520、SA4828等。

4.4　闭环伺服系统常用检测装置

检测装置是闭环伺服系统的重要组成部分。它的作用是检测位移、速度、电流等参数，并反馈给控制系统，构成闭环控制。采用闭环控制的数控机床的加工精度主要取决于检测装置的精度。因此，研制和选用性能优良的检测装置是非常重要的。

对于采用半闭环控制的数控机床，位置检测装置一般采用旋转变压器，或者高分辨率的脉冲编码器，安装在进给电动机或丝杠的端头。旋转变压器（或脉冲编码器）的位移严格地对应着工作台的直线位移。

对于采用全闭环控制的数控机床，可采用感应同步器、光栅、磁栅等测量装置，直接测量工作台的直线位移。

检测装置能分辨出的最小测量值称为分辨率。分辨率不仅取决于检测装置本身，也取决于测量线路。

数控机床对检测装置的主要要求有：

1）高可靠性和高抗干扰性。

2）满足精度、速度、行程的要求。

3）使用维护方便，适合机床运行环境。

4）成本低。

用于数控机床的位移（速度）检测装置见表4-1。

表4-1　用于数控机床的位移（速度）检测装置

	数字式		模拟式	
	增量式	绝对式	增量式	绝对式
回转型	圆光栅	编码盘	旋转变压器、圆感应同步器、圆形磁栅	多极旋转变压器
直线型	长光栅、激光干涉仪	编码尺	直线感应同步器、磁栅	绝对值磁尺

通常，检测装置的检测精度为±0.001～±0.002mm/m，分辨率为0.001～0.01mm/m。能满足机床工作台以0～24m/min的速度运动。不同类型数控机床对检测装置的精度和适应速度的要求是不同的，对大型机床以满足速度要求为主，对中、小型机床和高精度机床以满足精度要求为主。所选择的测量装置的分辨率应比加工精度高一个数量级。下面就数控机床上常用的光栅和脉冲编码器做一介绍。

4.4.1　光栅

光栅分为物理光栅和计量光栅，物理光栅刻线细密，用于光谱分析和光波波长的测定。计量光栅，比较而言刻线较粗，但栅距也较小，在0.004～0.25mm之间，主要用在数字检测系统。目前应用在高精度数控机床的伺服系统中的光栅传感器，其精度仅次于激光式测量。

光栅根据光线的运动路径分为透射光栅和反射光栅。在数控系统中用的较多的是透射光栅。透射光栅的特点是：光源可以采用垂直入射光，光电元件能够直接接收，因此信号的幅值比较大，光栅读数头的结构简单。常用透射光栅的条纹密度有25条/mm、50条/mm、100条/mm和250条/mm四种，某些特殊用途的光栅可达1000条/mm。

光栅按运动方式分为长光栅和圆光栅，长光栅用来测量直线位移；圆光栅用来测量角度位移。它们的工作原理基本相似，实际中长光栅应用得较多。

下面以玻璃透射式长光栅为例，来介绍其用于数控机床检测系统的工作原理。

（1）光栅的结构　光栅由标尺光栅和光栅读数头两部分组成。标尺光栅一般安装在机床的活动部件（如工作台）上，光栅读数头安装在机床固定部件（如底座）上。光栅读数头中安装有指示光栅，当光栅读数头相对于标尺光栅移动时，指示光栅便相对于标尺光栅做相对移动。标尺光栅和指示光栅构成了光栅尺。在安装光栅尺时，标尺光栅和指示光栅的平行度，以及两者之间的间隙（一般取0.05mm或0.1mm）要严格保证。图4-13所示为一光栅尺的简单示意图。标尺光栅和指示光栅上均匀刻有很多条纹，从局部放大部分看，黑色部分为不透光宽度a，白色部分为透光宽度b，则光栅栅距（或称节距）为$d=a+b$。

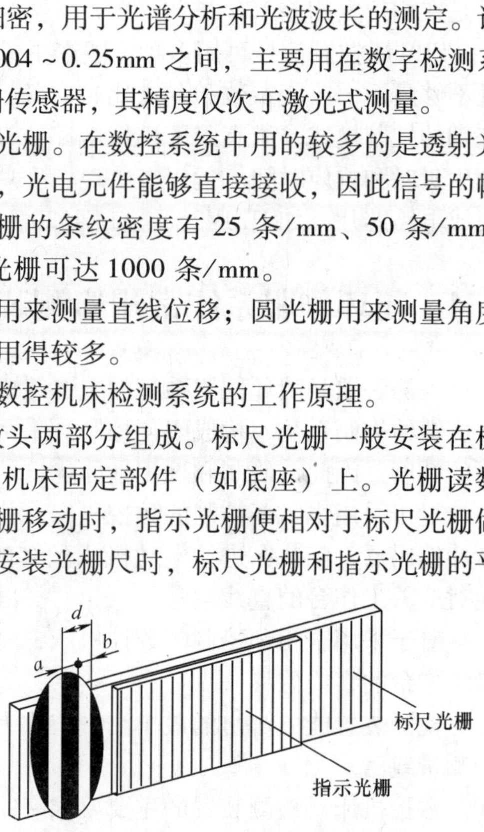

图4-13　光栅尺示意图

（2）光栅的工作原理　如图4-14所示，栅距相等的标尺光栅和指示光栅刻面，相对以很小的间隙平行放置，且指示光栅上的线纹和标尺光栅上的线纹之间形成一个小角度 θ。在光源的照射下，由于光的衍射或遮光效应，在与两光栅线纹角 θ 的平分线相垂直的方向上，形成明暗相间的条纹。这种条纹称为“莫尔条纹”，其光强度分布近似于正弦波形。如果将指示光栅沿标尺光栅长度方向平行地移动，莫尔条纹也跟着移动，但移动方向与指示光栅垂直。当指示光栅移动一条刻线时，莫尔条纹也正好移动一个条纹。如果光栅移动方向相反，则莫尔条纹移动方向也相反。即可以通过测量莫尔条纹的移动方向和移动的条纹数，测量光栅水平方向的位移。莫尔条纹中两条亮纹或两条纹暗之间的距离称为莫尔条纹的宽度，以 w 表示，则

$$w = d/[2\sin(\theta/2)] \approx d/\theta \tag{4-1}$$

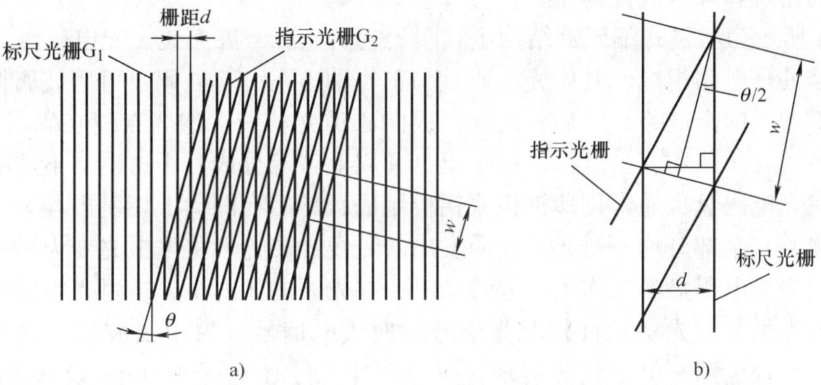

图4-14　光栅工作原理

a）莫尔条纹形成原理　b）莫尔条纹放大原理

放大比 k 为

$$k = d/w = 1/\theta \tag{4-2}$$

若取 $d=0.01\text{mm}$，$\theta=0.001\text{rad}$，则 $w=10\text{mm}$，$k=1000$。即条纹被放大了1000倍，调节 θ 即可以改变放大倍数，这就大大减轻了电子放大线路的负担。

莫尔条纹具有误差平均效应，可以消除光栅的栅距不均匀造成的测量误差。

图4-15所示为光栅尺的外形图。

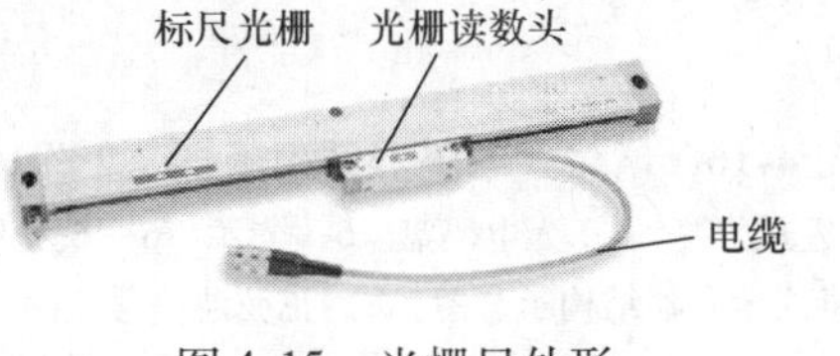

图4-15　光栅尺外形

4.4.2　脉冲编码器

脉冲编码器是一种旋转式脉冲发生器，又称编码盘或码盘，能把机械转角变成电脉冲，是数控机床上使用广泛的位置检测装置，经过变换电路也可用于速度检测。脉冲编码器分光电式、接触式和电磁感应式三种。从精度和可靠性方面来看，光电式脉冲编码器优于其他两种，数控机床上主要使用光电式脉冲编码器。

脉冲编码器是一种增量检测装置，它的型号是由每转发出的脉冲数来区分。数控机床上常用的脉冲编码器有2000P/r、2500P/r和3000P/r等；在高速、高精度数字伺服系统中，应用高分辨率的脉冲编码器，如20000P/r、25000P/r、30000P/r等。现在已有使用每转发出十万乃至几百万个脉冲的编码器。

光电式编码器可分为增量式和绝对式两种。增量式脉冲编码器能够把回转件的旋转方向、旋转角度准确测量出来。绝对式光电脉冲编码器可将被测转角转换成相应的代码来指示绝对位置而没有累计误差，是一种直接编码式的测量装置。

（1）增量式编码器　增量式编码器的结构较为简单，应用也很广泛。增量式编码器可通过光电转换将被测轴的角位移增量转换成相应的脉冲数字量，然后由计算机数控系统或计数器计数得到角位移和直线位移量。

图4-16a所示为增量式编码器结构示意图。它由光源、聚光镜、光电码盘、光栏板、光敏元件和信号处理电路组成，其中光电码盘与工作轴连在一起。码盘可用玻璃材料制成，表面镀上一层不透光的金属铬，然后在上面制成向心透光狭缝。透光狭缝在码盘圆周上等分，数量从几百条到几千条不等。这样，整个码盘圆周上就等分成若干透明与不透明区域。除此之外，增量式光电码盘也通常用薄钢板或铝板制成，然后在圆周上切割出均匀分布的若干条槽做透光狭缝，其余部分均不透光。光源发出的光线经聚光镜将发散光变为平行光照明，以提高分辨率。当光电码盘随工作轴一起转动时，在光源的照射下，透过光电码盘和光栏板形成忽明忽暗的光信号。光敏元件把此光信号转换成电信号，为正弦波信号（见图4-16b），可以通过信号处理电路，将正弦波信号转换为脉冲信号（见图4-16c，设脉冲幅值为5V）。根据脉冲数目和频率即可得到工作轴的角位移和角速度。

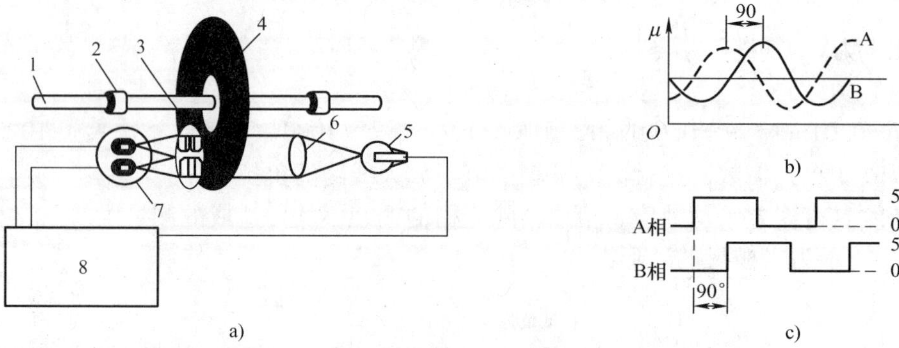

图4-16　增量式编码器结构示意及工作原理

1—旋转轴　2—轴承　3—透光狭缝　4—光电码盘　5—光源　6—聚光镜　7—光栏板　8—光敏元件

a）增量式编码器结构示意图　b）正弦波信号　c）脉冲信号

如果只采用1路光敏元件（即1路脉冲信号），可以测得工作轴的角位移和角速度的大小，但是无法得到其旋转的方向。在通常情况下，需要采用2路光敏元件，并且将它们错开90°相位角安装，这样当工作轴向一定的方向旋转时，可以得到如图4-16c所示的相位相差90°的两路电脉冲信号。根据两路电脉冲信号的超前、滞后关系，可以确定工作轴的旋转方向。图4-16c中，A相脉冲超前B相脉冲90°，设此时工作轴为正方向旋转，若B相脉冲超前A相脉冲90°，则说明工作轴为反方向旋转。

有的增量式编码器除了A、B两相信号之外，还有C相信号。该信号在工作轴旋转一周的固定位置上产生一个脉冲，称为基准脉冲或零点脉冲。例如，用数控车床切削螺纹时，可将零点脉冲作为车刀进刀点和退刀点的信号使用，以保证切削螺纹时不会出现乱扣。零点脉冲也可用于高速旋转的转数记数或者加工中心等数控机床上的主轴准停信号。

在通常情况下，为了提高信号传输的可靠性和抗干扰能力，A、B、C信号采用差动方式传送，即采用A、$\overline{A}$、B、$\overline{B}$、C、$\overline{C}$六路信号。当脉冲已固定而需要提高分辨率时，可利用A、$\overline{A}$、B、$\overline{B}$信号，对原脉冲数进行倍频实现。

（2）绝对式编码器　增量式编码器的缺点是：有可能由于噪声或者其他外部干扰产生计数错误；如果电源切断后会失去位置信息。采用绝对式编码器就可以解决这些问题。坐标值可以从绝对式编码器直接读出，不会有累积进程中的误记数。绝对编码器本身具有机械式存储功能，即便停电或者其他原因造成坐标值清除，通电后，仍可找到原绝对坐标位置。最常用的绝对式编码器是光电式二进制循环编码器。

下面以接触式绝对编码器和光电式绝对编码器为例分别介绍绝对式编码器的测量原理。

1）接触式绝对编码器。图4-17所示为接触式四位二进制绝对编码器示意图。它是在一个不导电基体上做出许多金属区使其导电，其中涂黑部分为导电区，用“1”表示，其他部分为绝缘区，用“0”表示。这样，在每一个径向上，都有由“1”“0”组成的二进制代码。最里一圈是公用的，它和各码道所有导电部分连在一起，经电刷和电阻接电源正极。编码器的各圈称为码道。除公用码道外，四位二进制编码器的四圈码道上也都装有电刷，电刷经电阻接地，电刷布置如图4-17a所示。由于码盘与被测轴连在一起，而电刷位置是固定的，当码盘随被测轴一起转动时，电刷和码盘的位置发生相对变化。若电刷接触的是导电区域，则经电刷、码盘、电阻和电源形成回路，该回路中的电阻上有电流流过，为“1”；反之，若电刷接触的是绝缘区域，则不形成回路，电阻上无电流流过，为“0”。由此可根据电刷的位置得到由“1”和“0”组成的四位BCD码。通过图4-17b可看到电刷位置与输出代码的对应关系。

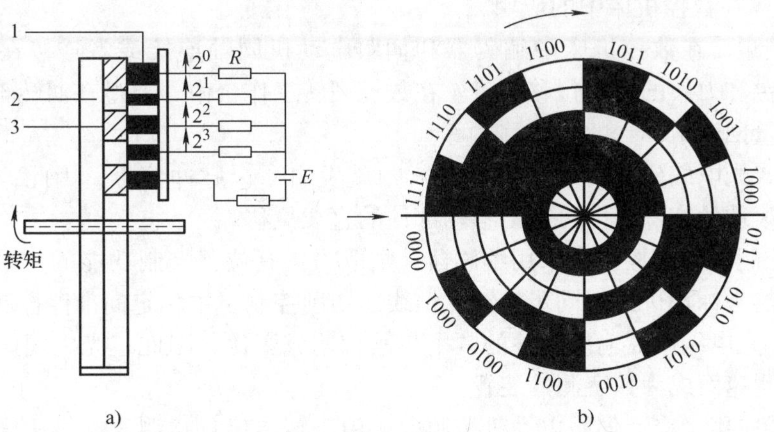

图4-17　接触式四位二进制绝对编码器示意图

a）电刷布置　b）电刷位置与输出代码的对应关系

1—电刷　2—绝缘体　3—导电体

编码器码道的圈数就是二进制的位数，且高位在内，低位在外。由此可以推断出，若是 n 位二进制码盘，就有 n 圈码道，且圆周均为 2^n 等分，即共有 2^n 个数来表示码盘的不同位置，所能分辨的角度为

$$\alpha = \frac{360°}{2^n} \tag{4-3}$$

显然，位数 n 越大，所能分辨的角度越小，测量精度就越大。

图 4-17 所示的编码器，可以很简单地根据各码道电刷的值，测出编码器的绝对位移值。但是对编码器的制作和电刷安装要求很严格，如果电刷的安装存在误差，使个别电刷偏离原来的位置，则会给测量造成很大的误差。例如，0000→1111，可能会出现 0 ~ 15 之间的任一十进制数。这种误差称为非单值误差。因此在一般情况下，使用二进制循环码及格雷码作编码器，如图 4-18 所示。循环码是无权码，其特点是相邻两个代码间只有一位数发生变化，即“1”变为“0”或“0”变为“1”，由于读数不发生突变，电刷安装不准确而产生的误差最多不会超过“1”（分辨率），这样误差就大为减小了。

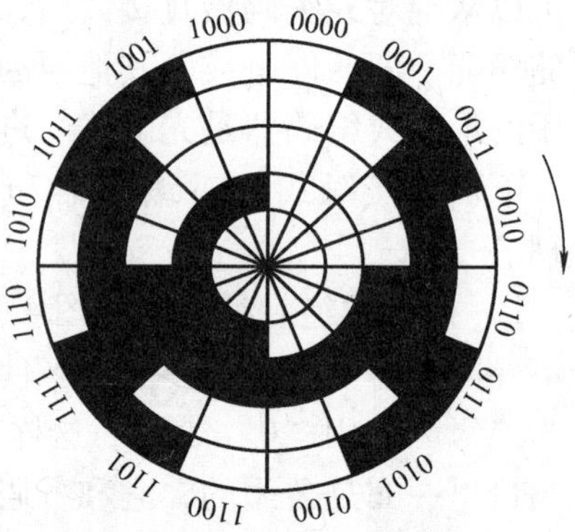

图 4-18　二进制格雷码编码器

接触式编码器的优点是结构简单、体积小、输出信号强；缺点是电刷磨损造成寿命降低，转速不能太高，精度受码道数限制，使用范围有限。

2）光电式绝对编码器。绝对式光电码盘与接触式码盘结构相似，只是其中的黑白区域不表示导电区和绝缘区，而是表示透光区和不透光区。其中，黑的区域指不透光区，用“0”表示；白的区域指透光区，用“1”表示。因此，在任意角度都有“1”和“0”组成的二进制代码。另外，在每一码道上都有一组光敏元件，这样，不论码盘转到哪一角度位置，与之对应的各光敏元件受光的输出为“1”，不受光的输出为“0”，由此组成 n 位二进制编码。

（3）编码器在数控机床中的应用

1）位移测量。在数控机床中编码器和伺服电动机同轴连接或者连接在滚珠丝杠的末端，用于工作台和刀架的直线位移测量。在数控回转工作台中，通过在回转轴末端安装编码器，可直接测量回转工作台的角位移。

由于增量式光电编码器每转过一个分辨角就发出一个脉冲信号，因此，根据脉冲的数量、传动比及滚珠丝杠螺距即可得出移动部件的直线位移。

2）主轴控制。主轴控制中采用编码器，则成为具有位置控制功能的主轴控制系统，可实现主轴旋转与坐标轴进给的同步控制、恒线速切削控制、主轴定向准停控制等。

3）测速。光电编码器输出脉冲的频率与其转速成正比，因此，光电编码器可代替测速发电机的模拟测速而成为数字测速装置。

4）编码器应用于交流伺服电动机控制中，用于转子位置检测，提供速度反馈和位置反馈信号。

5）零标志脉冲用于回参考点控制。数控机床采用增量式的脉冲编码器时，数控机床在接通电源后要作回参考点的操作。这是因为机床断电后，系统就失去了对各坐标轴位置的记

忆，所以在接通电源后，必须让各坐标轴回到机床某一固定点上，这一固定点就是机床坐标系的原点或零点，也称机床参考点。使机床回到这一固定点的操作称为回参考点或回零操作。

4.4.3　旋转变压器

旋转变压器又称同步分解器，是一种角位移测量元件，它具有结构简单，动作灵敏，工作可靠，对环境条件要求低，输出信号幅度大和抗干扰能力强等特点，因此被广泛应用在数控机床上。

1. 旋转变压器的结构

旋转变压器的结构与两相绕线式异步电动机相似，由定子和转子组成。旋转变压器分为有刷式和无刷式两种。在有刷式结构中（见图4-19），转子绕组的端点通过电刷和滑环引出，其特点是结构简单，体积小，但因电刷与滑环是机械滑动接触的，所以可靠性差，寿命也较短。目前数控机床上常用的是无刷式旋转变压器，其结构如图4-20所示。

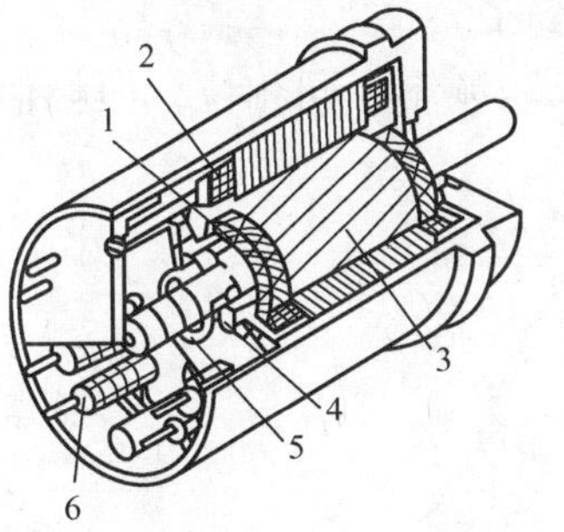

图4-19　有刷式旋转变压器

1—转子绕组　2—定子绕组　3—转子
4—整流子　5—电刷　6—接线柱

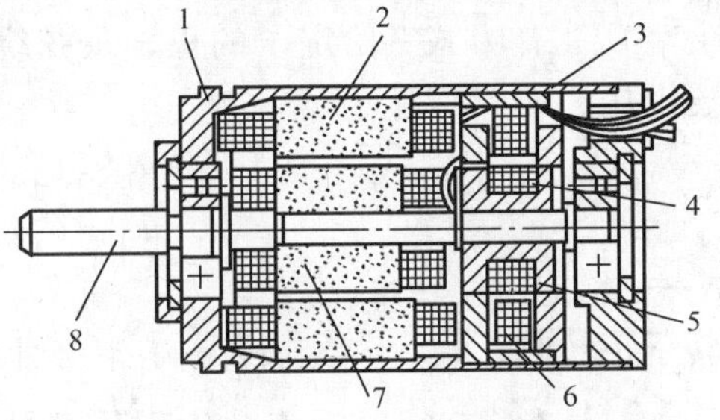

图4-20　无刷式旋转变压器

1—壳体　2—分解器定子　3—变压器定子
4—变压器一次绕组　5—变压器转子线轴
6—变压器二次绕组　7—分解器转子　8—转子轴

无刷旋转变压器由分解器和变压器组成。在图4-20中，左边是分解器，右边是变压器，变压器的作用是将分解器转子绕组上的感应电动势传输出来，这样就省掉了电刷和滑环。变压器的一次绕组与分解器的转子轴固定在一起，与转子轴一起旋转。分解器中的转子输出信号接在变压器的一次绕组上，变压器的二次绕组与分解器中的定子一样固定在旋转变压器的壳体上。工作时，分解器的定子绕组外加励磁电压，转子绕组即耦合出与偏转角相关的感应电压，此信号接在变压器的一次绕组上，经耦合由变压器的二次绕组输出。

2. 旋转变压器的工作原理

实际应用的旋转变压器为正、余弦旋转变压器，其定子和转子各有相互垂直的两个绕组，图4-21所示为正、余弦旋转变压器原理图。

其中，定子上的两个绕组分别为正弦绕组和余弦绕组，励磁电压用 u_{1s} 和 u_{1c} 表示，转子绕组中一个绕组为输出电压 u_2，另一个绕组接高阻抗作为补偿；θ 为转子偏转角。定子绕组通入不同的励磁电压，可以得到两种工作方式。

（1）鉴相工作方式　给定子的正、余弦绕组分别通入同幅、同频，但相位差 π/2 的交流励磁电压，即

$$u_{1s}=U_{m}\sin\omega t \tag{4-4}$$

$$u_{1c}=U_{m}\sin(\omega t+\pi/2)=U_{m}\cos\omega t \tag{4-5}$$

当转子正转时这两个励磁电压在转子绕组中产生了感应电压，经叠加，在转子中的感应电压 u_2 为

$$u_2=kU_{m}\cos(\omega t-\theta) \tag{4-6}$$

式中　k——电磁耦合系数，$k<1$；

U_m——励磁电压幅值；

θ——相位角（转子偏转角）。

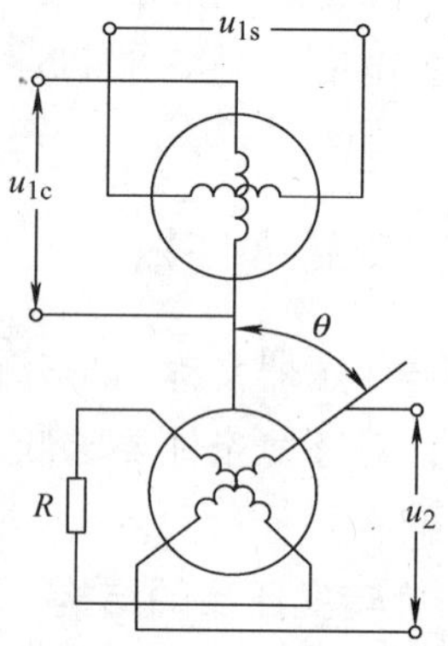

图 4-21　正、余弦旋转变压器原理

同理，当转子反转时，可得

$$u_2=kU_{m}\cos(\omega t+\theta) \tag{4-7}$$

由式(4-6)、式(4-7) 可以看出，转子输出电压的相位角和转子的偏转角之间有严格的对应关系，只要检测出转子输出电压的相位角，就可知道转子的偏转角。由于旋转变压器的转子是和被测轴连接在一起的，故被测轴的角位移也就得到了。

（2）鉴幅工作方式　给定子的正、余弦绕组分别通以同频率、同相位，但幅值不同的交流励磁电压，即

$$u_{1s}=U_{m}\sin\alpha\sin\omega t \tag{4-8}$$

$$u_{1c}=U_{m}\cos\alpha\sin\omega t \tag{4-9}$$

式中　α——给定电气转角。

当转子正转时，u_{1s}、u_{1c}经叠加，在转子上的感应电压 u_2 为

$$u_2=kU_{m}\cos(\alpha-\theta)\sin\omega t \tag{4-10}$$

同理，转子反转时，可得

$$u_2=kU_{m}\cos(\alpha+\theta)\sin\omega t \tag{4-11}$$

式(4-10)、式(4-11) 中，$kU_m\cos(\alpha-\theta)$、$kU_m\cos(\alpha+\theta)$ 为感应电压的幅值。

由式(4-10)、式(4-11) 可以看出，转子感应电压的幅值随转子的偏转角 θ 而变化，测量出幅值即可求得偏转角 θ，从而获得被测轴的角位移。

3. 旋转变压器的应用

当旋转变压器工作于鉴相方式时，感应电压信号和励磁信号之间的相位差角 θ，可通过专用的鉴相器线路检测出来并表示成相应的电压信号，通过测量该电压信号，便可间接地求得 θ 值。但由于该电压信号是关于 θ 的周期性函数，因此在实际应用中，不但要测出该电压信号的大小，而且还要测出该电压的周期性变换次数，或者将被测角位移限制在 $\pm\pi$ 之内。

同理，当旋转变压器工作于鉴幅方式时，感应电压信号的幅值也是关于 θ 的周期性函数。因此在实际应用中也要测量信号的周期性变换次数，或者将被测角位移限制在 $\pm\pi$ 之内。

无刷旋转变压器一般为多级旋转变压器。多级旋转变压器是增加定子或转子的磁极对数，使电气转角为机械转角的倍数，用来代替单级旋转变压器，不需要升速齿轮，从而提高了定位精度。另外还可用三个旋转变压器按 1∶1、10∶1 和 100∶1 的比例相互配合串联，组成精、中、粗三级旋转变压器测量装置。若精测的丝杠位移为 10mm，则中测范围为

100mm，粗测为1000mm。为了使机床工作台按指令值到达规定位置，须用电气转换电路在实际值不断接近指令值的过程中，使旋转变压器从“粗”到“中”再到“精”，最后的位置精度由精旋转变压器来决定。

4.4.4　感应同步器

感应同步器是一种电磁感应式的高精度位移检测装置，实质上，它是多极旋转变压器的展开形式。感应同步器分旋转式和直线式两种，前者用于角度测量，后者用于长度测量，两者工作原理相同。在结构上，两者都包括固定和运动两大部分，对旋转式分别称为定子和转子；对直线式分别称为定尺和滑尺。

感应同步器具有检测精度比较高、抗干扰性强、寿命长、维护方便、成本低、工艺性好等优点，广泛应用于数控机床及各类机床的数控改造。

1. 感应同步器的结构

（1）直线感应同步器的结构　图4-22所示为直线感应同步器的结构示意图，它由定尺和滑尺组成。定尺安装在机床的不动部件上，滑尺安装在机床的移动部件上。定尺和滑尺平行安装，两尺面间的间隙约为0.2～0.3mm。定尺和滑尺的基板通常采用厚度为10mm、与机床床身材料的热膨胀系数相近的钢板或铸铁制成。定尺和滑尺相对的一面均有导电绕组，绕组用铜箔构成（厚0.05mm或0.07mm），用绝缘粘结剂将其热压粘接在基板上，经精密的照相腐蚀工艺制成所需印刷绕组形式。基板和绕组之间有绝缘层。滑尺绕组表面还要加一层和绕组绝缘的屏蔽层（材料为铝箔或铝膜），以防止静电干扰。在定尺表面上还要涂上一层耐切削液的清漆涂层作为保护层，以防止切削液的飞溅影响。

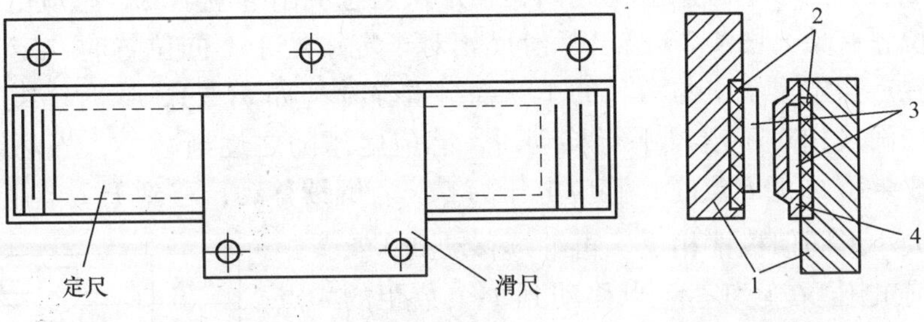

图4-22　直线感应同步器的结构示意

1—基板（钢板或铸铁）　2—绝缘　3—绕组（铜箔）　4—屏蔽层（绝缘铝箔）

图4-23所示为直线感应同步器绕组原理图，定尺上制有单向的均匀感应绕组，尺长一般为250mm，绕组节距为τ（通常为2mm）。滑尺上有两组励磁绕组，一组是正弦绕组，另一组是余弦绕组，两绕组节距与定尺绕组节距相同，并且相互错开1/4节距。当正弦绕组和定尺绕组对准时，余弦绕组和定尺绕组相差$\tau/4$的距离。

（2）圆感应同步器的结构　图4-24所示为圆感应同步器的结构示意图，它的定子和转子同样由基板、绝缘层、绕组及屏蔽层组成。定子和转子都采用不锈钢、硬铝合金等材料做基板，呈环形辐射状。定子和转子同样以一定的间隙平行安装，相对的一面上均有导电绕组。

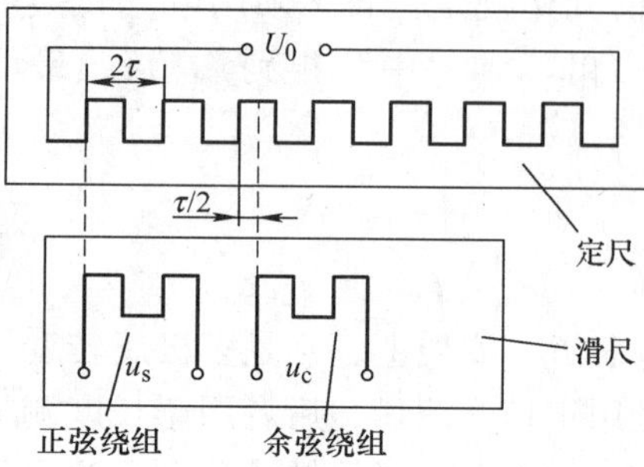

图 4-23　直线感应同步器绕组原理

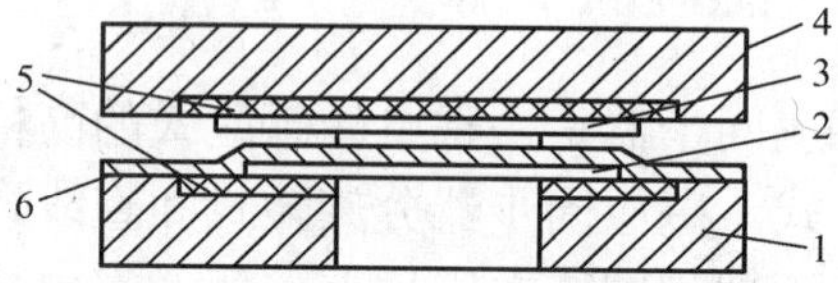

图 4-24　圆感应同步器的结构示意图

1—转子基板　2—转子绕组　3—定子绕组　4—定子基板　5—绝缘层　6—屏蔽层

图 4-25 所示为圆感应同步器的绕组原理图，定子绕组由两相正交绕组（sin 绕组和 cos 绕组）组成，做成分段式，两相绕组交差分布，相差 90°电角度。转子绕组为连续绕组。

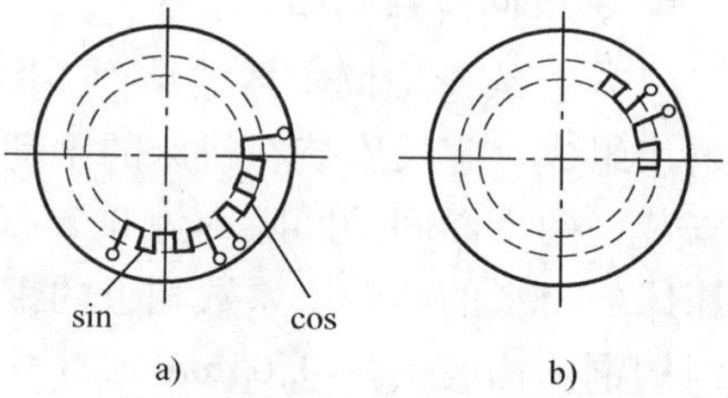

图 4-25　圆感应同步器绕组原理

a）定子绕组　b）转子绕组

2. 感应同步器的工作原理

以直线感应同步器为例介绍感应同步器的工作原理。感应同步器的工作原理与旋转变压器的工作原理相同。当向滑尺的两个励磁绕组通以交流励磁电压时，在滑尺绕组中产生励磁电流，绕组周围产生按正弦规律变化的磁场，由于电磁感应的原因，在定尺上感应出感应电压，感应电压的大小与滑尺和定尺相对位置有关。图 4-26 给出了滑尺相对于定尺处于不同位置时，定尺绕组中感应电压的变化情况。当定尺绕组与滑尺的正弦绕组重叠时（如 a 点），这时绕组完全耦合，感应电压最大。当滑尺相对于定尺平行移动时，感应电压随之逐渐减小，当两绕组刚好错开 1/4 节距，即图 4-26 中的 b 点时，感应电压为零。若继续移动，移到 1/2 节距的 c 点时，感应电压与 a 点大小形同但极性相反。再继续移动到 3/4 节距的 d 点时，感应电压又变为零。当移动到 1 个节距的 e 点时，感应电压和 a 点相同。这样滑尺在移动一个节距的过程中，感应电压变化了一个余弦波形。同理，因余弦绕组与正弦绕组错开 1/4 节距，即 π/2 的相位角，由余弦绕组励磁在定尺上产生的感应电压按正弦规律变化。定尺上的总感应电压，是上述两个感应电压的线性叠加。感应同步器就是利用感应电压的变化来进行位置检测的。

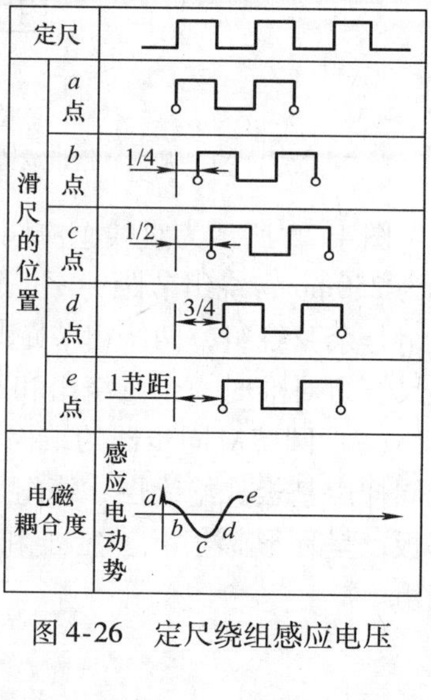

图 4-26　定尺绕组感应电压

与旋转变压器类似，根据滑尺励磁绕组供电方式的不同，感应同步器也有两种工作方式：鉴相工作方式和鉴幅工作方式。

（1）鉴相工作方式　给滑尺的正、余弦绕组分别通入同幅、同频，但相位差 π/2 的交流励磁电压，即

$$u_s = U_m \sin\omega t \tag{4-12}$$

$$u_c = U_m \sin(\omega t + \pi/2) = U_m \cos\omega t \tag{4-13}$$

若起始时滑尺的正弦绕组与定尺的感应绕组重合，当滑尺移动 x 距离时，正弦绕组和余弦绕组在定尺绕组中产生的感应电压分别为

$$u_{ds} = k u_s \cos\theta = kU_m \sin\omega t\cos\theta \tag{4-14}$$

$$u_{dc} = k u_c \cos(\theta + \pi/2) = -kU_m \cos\omega t\sin\theta \tag{4-15}$$

式中　k——电磁耦合系数，$k<1$；

U_m——励磁电压幅值；

θ——相位角（滑尺绕组相对于定尺绕组的空间相位角，$\theta = 2\pi x/\tau$）。

应用叠加原理，定尺绕组上的感应电压为

$$u_d = u_{ds} + u_{dc} = kU_m \sin\omega t\cos\theta - kU_m \cos\omega t\sin\theta = kU_m \sin(\omega t - \theta) \tag{4-16}$$

由式(4-16)可以看出，在鉴相工作方式中，感应电压 u_d 是一个幅值不变的交流电压，其相位随 θ 的变化而变化，而 θ 与滑尺的位移 x 有严格的对应关系。通过鉴别定尺感应电压的相位，即可测得滑尺和定尺的相对位移量。

（2）鉴幅工作方式　给滑尺的正、余弦绕组分别通以同频率、同相位，但幅值不同的交流励磁电压，即

$$u_s = U_m \sin\alpha\sin\omega t \tag{4-17}$$

$$u_c = U_m \cos\alpha\sin\omega t \tag{4-18}$$

式中　α——给定电气转角。

则在定尺绕组上产生的感应电压为

$$u_d = u_{ds} + u_{dc} = u_2 = k u_s \cos\theta - k u_c \sin\theta = kU_m \sin(\alpha - \theta)\sin\omega t \tag{4-19}$$

当滑尺和定尺处于 $\alpha = \theta$ 位置时，$u_d = 0$。在滑尺移动过程中，在一个节距内 $\alpha = \theta$ 的点称为节距零点。当定尺和滑尺之间产生相对位移 Δx，即改变滑尺位置时，$\alpha \neq \theta$，使得 $u_d \neq 0$。

令 $\Delta\theta = \alpha - \theta$，此时在定尺绕组上产生的感应电压为

$$u_d = kU_m \sin(\alpha - \theta)\sin\omega t = kU_m \sin\Delta\theta\sin\omega t \tag{4-20}$$

当 $\Delta\theta$ 很小时，定尺绕组上的感应电压可以近似表示为

$$u_d = kU_m \Delta\theta\sin\omega t \tag{4-21}$$

又因为 $\Delta\theta = 2\pi\Delta x/\tau$，所以 u_d 又可以表示为

$$u_d = 2\pi kU_m (\Delta x/\tau)\sin\omega t \tag{4-22}$$

由式(4-21)可知，定尺绕组上的感应电压 u_d 实际上是误差电压，当滑尺位移量 Δx 很小时，误差电压幅值和 Δx 成正比，因此可以通过测量 u_d 的幅值来测量位移量 Δx 的大小。

3. 感应同步器的特点

由于感应同步器具有一系列的优点，因此广泛应用于位移检测。其特点如下。

1）精度高。因为定尺的节距误差有平均补偿作用，所以尺子本身的精度能做得较高。直线式感应同步器对机床位移的测量是直接测量，不经过任何机械传动装置，测量精度取决于尺子的精度。

2）测量长度不受限制。当测量长度大于250mm时，可以采用多块定尺接长的方法进行测量。几十米的中型或大型机床中，工作台位移的直线测量大多数采用直线感应同步器来实现。

3）对环境的适应性较强。因为感应同步器定尺和滑尺的绕组是在基板上用光学腐蚀方法制成的铜箔锯齿形的印制电路绕组，铜箔与基板之间有一层极薄的绝缘层。定尺的绕组上面涂有耐腐蚀的绝缘层，以保护尺面；滑尺的绕组上面用绝缘粘结剂粘贴一层铝箔，以防静电感应。定尺和滑尺的基板采用与机床床身热胀系数相近的材料，当温度变化时，仍能获得较高的重复精度。

4）维修简单、寿命长。感应同步器的定尺和滑尺互不接触，因此无任何摩擦、磨损，使用寿命长，不怕灰尘、油污及冲击振动。同时，由于它是电磁耦合器件，因此不需要光源、光敏元件，不存在元件老化及光学系统故障等问题。

5）工艺性好，成本较低，便于成批生产。

4. 感应同步器的安装和使用注意事项

1）感应同步器在安装时必须保持两尺平行，两平面的间隙约为0.25mm，倾斜度小于0.5°，装配面波纹度在0.01mm/250mm以内。滑尺移动时，晃动的间隙及平行度误差的变化小于0.1mm。

2）感应同步器大多装在容易被切屑及切屑液浸入的地方，因此必须加以防护，否则切屑夹在间隙内，会使定尺和滑尺绕组刮伤或短路，使装置发生无动作及损坏。

3）电路中的阻抗和励磁电压不对称，以及励磁电流失真度超过2%，将对检测精度产生很大的影响，因此在调整系统时，应加以注意。

4）由于感应同步器感应电势低，阻抗低，因此应加强屏蔽，以防止干扰。

5）当采用将定尺接长的方法扩大测量范围时，要根据具体的使用情况，按照一定的步骤和要求拼接定尺，全部定尺接好后，使用激光干涉仪或量块加千分表进行全长误差测量，对超差处进行重新调整，使得总长度上的累积误差不大于单块定尺的最大偏差。

4.5 数据采样插补

以交流伺服电动机为驱动元件，采用闭环伺服的数控系统，一般采用数据采样法进行插补。数据采样插补又称时间标量插补或数据增量插补。这类插补算法的特点是数控装置产生的不是单个脉冲，而是数字量。插补运算分两步完成。第一步为粗插补（一般数据采样插补都是指粗插补），采用时间分割思想，把加工一段曲线的整段时间细分为许多相等的时间间隔 T（称为插补周期）。在每个插补周期内，根据插补周期 T 和编程的进给速度 F 计算轮廓步长（或进给步长）$l=FT$，然后用若干段步长为 l 的微小直线段来逼近给定曲线。第二步为精插补，数控系统通过位移检测装置定时对插补的实际位移进行采样，根据位置反馈采样周期的大小，采用基准脉冲直线插补，在粗插补算出的轮廓步长内再插入若干点，即在粗插补计算出的每一微小直线段上再做“数据点的密化工作”。一般粗插补用软件实现，精插补用硬件实现，但也有一些CNC系统精插补仍采用软件实现。

4.5.1 插补周期与采样周期

插补周期 T 是相邻两次粗插补之间的时间间隔。采样周期 T_c 指数控系统中伺服位置环的位置反馈采样周期。对于给定的某个数控系统而言，插补周期和采样周期是两个固定不变的时间常数。

通常 $T \geqslant T_c$，并且为了便于系统内部控制软件的处理，当 T 和 T_c 不相等时，一般要求 T 是 T_c 的整数倍。这是由于插补运算较复杂，处理时间较长；而位置环数字控制算法较简单，处理时间较短。

插补周期对系统稳定性没有影响，但对被加工轮廓的轨迹精度有影响；而采样周期对系统稳定性和轮廓误差均有影响。因此，选择 T 时主要从插补精度方面考虑，而选择 T_c 时则从伺服系统的稳定性和动态跟踪误差两方面考虑。

在通常情况下，插补周期越长，插补计算误差也将越大，因此，单从减小插补计算误差角度考虑，插补周期应尽量选得小一些。但另一方面，插补周期也不能太短。由于 CNC 系统在完成插补运算的同时，还要执行显示、监控、位置采样及控制等实时任务，因此插补周期应大于插补运算时间和完成其他相关任务所需时间之和，一般为 8 ~ 10ms。例如，美国 A – B 公司的 7360CNC 系统的插补周期与采样周期均为 10. 24ms，而日本 FANUC 公司的 7M 数控系统中的插补周期为 8ms，采样周期为 4ms，即插补周期为采样周期的 2 倍。在这种情况下，插补程序每 8ms 被调用 1 次，为下一个周期算出各坐标轴应进给的增量长度；而位置反馈采样程序每 4ms 被调用 1 次，将插补程序计算好的坐标增量除以 2 后再进行直线段的精插补。现代数控系统的插补周期已缩短到 2 ~ 4ms，有的已经达到零点几毫秒。

4.5.2 插补周期与精度、速度之间的关系

在数据采样直线插补过程中，由于给定轮廓本身就是直线，那么插补分割后的小直线段与给定直线是重合的，也就不存在插补误差问题。但在圆弧插补过程中，一般采用切线、内接弦线和割线（内外差分弦）来逼近圆弧，从而造成了轮廓插补误差。

如图 4-27 所示，设用内接弦线或割线逼近圆弧时产生的最大半径误差为 δ，在一个插补周期 T 内逼近弦线所对应的圆心角为 θ，圆弧半径为 R，刀具进给速度为 F，采用弦 线对圆弧进行逼近时，由图 4-27a 可知

$$R^2 - (R-\delta)^2 = \left(\frac{l}{2}\right)^2$$

整理得

$$2R\delta - \delta^2 = \frac{l^2}{4} \tag{4-23}$$

对式(4-23)，舍去高阶无穷小 δ^2，得

$$\delta = \frac{l^2}{8R} = \frac{(FT)^2}{8R} \tag{4-24}$$

采用割线对圆弧进行逼近时，假设内外差分弦的半径误差相等，即 $\delta_1 = \delta_2 = \delta$，则由图 4-27b 可知

$$(R+\delta)^2 - (R-\delta)^2 = \left(\frac{l}{2}\right)^2$$

整理得

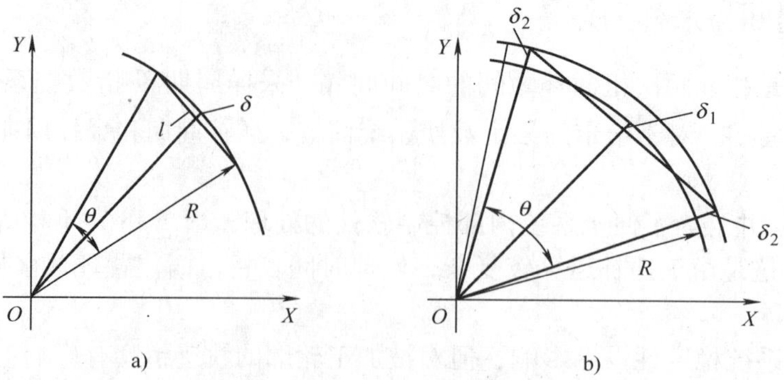

图 4-27　弦线、割线逼近圆弧的径向误差

a）弦线　b）割线

$$\delta = \frac{l^2}{16R} = \frac{(FT)^2}{16R} \tag{4-25}$$

可见，当轮廓步长 l 相等时，内外差分弦的半径误差是内接弦的一半。但由于采用割线对圆弧进行逼近时计算复杂，因此应用较少。

另外，逼近误差 δ 与进给速度 F、插补周期 T 的平方成正比，与圆弧半径 R 成反比。进给速度 F、圆弧半径 R 一定的条件下，插补周期 T 越短，逼近误差 δ 就越小。由于数控机床的插补误差应小于数控机床的分辨率，因此当逼近误差 δ 及插补周期 T 确定之后，可根据圆弧半径 R 选择进给速度 F，以保证逼近误差 δ 不超过允许值。

4.5.3　直线函数法

直线函数法又称弦线法，是典型的数据采样插补方法之一。在圆弧插补时，以内接弦进给代替弧线进给，提高了圆弧插补的精度。

1. 直线函数法直线插补

设要求刀具在 $X-Y$ 平面内做如图 4-28 所示的直线运动，起点为原点 O，终点为 $P(x_e, y_e)$。OP 与 X 轴的夹角为 α，插补的进给步长为 l。要使动点从 O 到 P 沿给定直线运动，必须使 X 轴和 Y 轴的运动速度始终保持一定的比例关系，这个比例关系由终点坐标的比值决定。

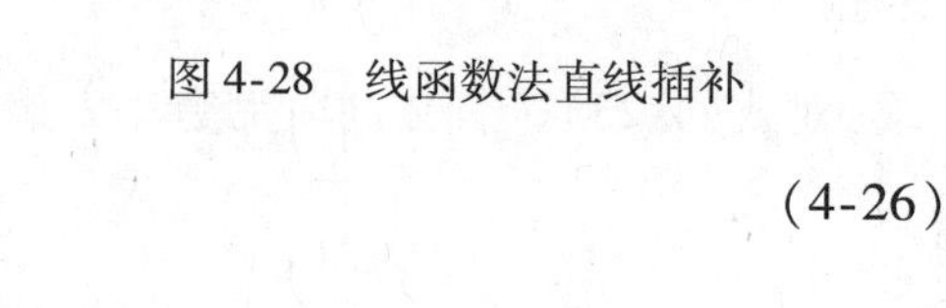

图 4-28　线函数法直线插补

设 OA 为一次进给步长 l，根据图中的几何关系可得

$$\tan\alpha = y_e / x_e \tag{4-26}$$

则

$$\cos\alpha = 1/\sqrt{1+\tan^2\alpha} \tag{4-27}$$

从而可求得 X 轴、Y 轴的插补进给量分别为

$$\begin{cases} \Delta x = l\cos\alpha \\ \Delta y = \Delta x(y_e / x_e) \end{cases} \tag{4-28}$$

直线函数法直线插补计算，就是算出下一插补周期内各个坐标轴的进给量。因此，插补计算可按以下步骤进行：

1）根据加工指令中的进给速度 F 计算轮廓步长 l。

2）根据终点坐标值计算 $\tan\alpha$。

3）根据 $\tan\alpha$ 计算 $\cos\alpha$。

4）计算 X 轴进给量 Δx。

5）计算 Y 轴进给量 Δy。

在进给速度不变时，各个插补周期 Δx 和 Δy 不变，但在加减速过程中是要变化的。

2. 直线函数法圆弧插补

如图4-29所示，要加工圆心在原点 O、半径为 R 的第一象限顺圆弧，在顺圆弧上的 B 点是继 A 点之后的插补瞬时点，两点的坐标分别为 $A(x_i, y_i)$、$B(x_{i+1}, y_{i+1})$，现求在一个插补周期 T 内 X 轴和 Y 轴的进给量 Δx、Δy。

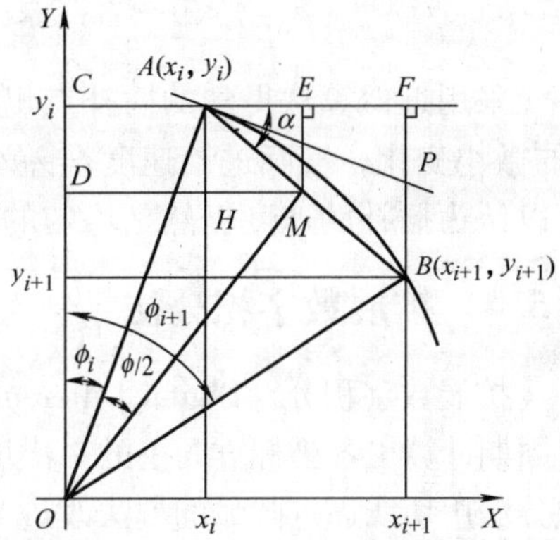

图4-29 直线函数法圆弧插补

图中的弦 AB 是圆弧插补时每个插补周期内的进给步长 l，AP 是 A 点的圆弧切线，AF 是 X 轴的平行线，M 是弦 AB 的中点，ME 和 BF 均垂直于 AF。显然 E 是 AF 的中点，$OM \perp AB$。由此，圆心角具有下列关系

$$\phi_{i+1} = \phi_i + \phi \tag{4-29}$$

式中 ϕ——进给步长 l 所对应的角增量，称为角步距。

根据图4-29，有 $\angle AOC = \angle PAF = \phi_i$，$\angle BAP = 1/2\angle AOB = \frac{1}{2}\phi$。

因此

$$\alpha = \angle PAF + \angle BAP = \phi_i + \frac{1}{2}\phi \tag{4-30}$$

在 ΔMOD 中，

$$\tan\left(\phi_i + \frac{1}{2}\phi\right) = \frac{DH + HM}{OC - CD} = \frac{x_i + \frac{1}{2}\Delta x}{y_i - \frac{1}{2}\Delta y} = \frac{x_i + \frac{1}{2}l\cos\alpha}{y_i - \frac{1}{2}l\sin\alpha} \tag{4-31}$$

所以
$$\tan\alpha = \frac{\Delta y}{\Delta x} = \frac{x_i + \frac{1}{2}l\cos\alpha}{y_i - \frac{1}{2}l\sin\alpha} \tag{4-32}$$

在式(4-32)中，$\cos\alpha$ 和 $\sin\alpha$ 均为未知数，难以求解，因此采用近似算法，用 $\cos45°$ 和 $\sin45°$ 来代替，即

$$\tan\alpha \approx \frac{x_i + \frac{1}{2}l\cos45°}{y_i - \frac{1}{2}l\sin45°} \tag{4-33}$$

再由关系式

$$\cos\alpha = \frac{1}{\sqrt{1+\tan^2\alpha}}, \quad \sin\alpha = \frac{1}{\sqrt{1+1/\tan^2\alpha}} \tag{4-34}$$

进而求出

$$\Delta x = l\cos\alpha \tag{4-35}$$

再将式(4-35) 代入式(4-33) 可求得 Δy。

因此，可以求出新的插补点坐标为

$$\begin{cases} x_{i+1} = x_i + \Delta x \\ y_{i+1} = y_i - \Delta y \end{cases} \tag{4-36}$$

采用近似算法得到的插补点仍旧位于圆弧轨迹上，所引起的偏差仅造成每次插补的步长 l 的微小变化，实际进给速度误差小于指令速度的 1%，这种变化在加工中是允许的，完全可以认为插补的速度仍然是均匀的。

4.5.4　扩展数字积分法

扩展数字积分（Digital Differential Analyzer，DDA）法属于数据采样插补法，每隔一个插补周期计算出各坐标方向上的一次增量值。它是在数字积分法的基础上发展起来的，并将数字积分法用切线逼近圆弧的方法改进为用割线逼近，减小了逼近误差，提高了圆弧插补的精度。

美国 A－B 公司的 7360CNC 系统采用了扩展 DDA 插补法，系统的插补周期与采样周期相同，均为 10.24ms。

1. 扩展 DDA 法直线插补

如图 4-30 所示，设要加工的直线为 OP，其起点为原点，终点为 $P(x_e, y_e)$，设在时间 λ_t 内动点以速度 V 由起点运动到终点，则 V 的 X、Y 轴分量 V_x 和 V_y 为

$$\begin{cases} V_x = \dfrac{x_e}{\sqrt{x_e^2+y_e^2}}V \\ V_y = \dfrac{y_e}{\sqrt{x_e^2+y_e^2}}V \end{cases} \tag{4-37}$$

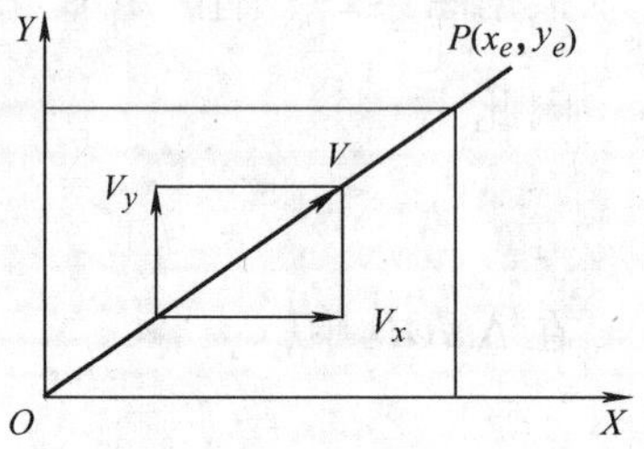

图 4-30　扩展 DDA 法直线插补

将时间 λ_t 用插补周期 T 分割为 n 个子区间，n 取最接近大于或等于 λ_t/T 的整数，从而在每个插补周期 T 内的坐标增量分别为

$$\begin{cases} \Delta x = V_xT = \dfrac{x_e}{\sqrt{x_e^2+y_e^2}}VT = \dfrac{V}{\sqrt{x_e^2+y_e^2}}x_eT = \mathrm{FRN}x_eT \\ \Delta y = V_yT = \dfrac{y_e}{\sqrt{x_e^2+y_e^2}}VT = \dfrac{V}{\sqrt{x_e^2+y_e^2}}y_eT = \mathrm{FRN}y_eT \end{cases} \tag{4-38}$$

式中　V——进给速度；

FRN——进给速率数，$\mathrm{FRN} = \dfrac{V}{\sqrt{x_e^2+y_e^2}}$。

由式(4-38) 可以看出，扩展 DDA 法直线插补各轴的进给步长分别为轮廓步长的轴向分量，其大小仅随进给速率数 FRN 变化。

对于具体的一条直线来说，V、x_e、y_e及 T 为已知常数，因此，式(4-38) 中的 FRN 也是常数，可以用常数 λ_d表示，称为步长系数，则式(4-38) 可写为

$$\begin{cases}\Delta x = \lambda_{d} x_e \\ \Delta y = \lambda_{d} y_e\end{cases} \tag{4-39}$$

在计算出每个插补周期 T 内的 Δx、Δy 的基础上，可以得到本插补周期末的动点位置坐标值为

$$\begin{cases}x_{i+1} = x_i + \Delta x \\ y_{i+1} = y_i + \Delta y\end{cases} \tag{4-40}$$

比较式(4-39) 和式(4-28)，发现它们其实是完全一致的。

2. 扩展 DDA 法圆弧插补

如图4-31 所示，要加工圆心坐标为 O、半径为 R 的第一象限顺圆弧 A_iD。设目前刀具处在 $A_i(x_i, y_i)$ 点位置，若在一个插补周期 T 内，刀具沿切线方向进给一个步长 l 后到达 A_{i+1}点，可见 A_{i+1}点偏离所要求的圆弧轨迹较远，径向误差较大。若通过线段 A_iA_{i+1}的中点 B 作半径为 OB 的圆弧的切线 BC，再通过点 A_i 作 BC 的平行线 A_iH，并在 A_iH 上截取直线段 $A_iA'_{i+1}$，使 $A_iA'_{i+1} = A_iA_{i+1} = l$，可以证明，$A'_{i+1}$一定不在所要求圆弧 A_iD 的内侧。用线段 $A_iA'_{i+1}$来代替 A_iA_{i+1}的切线段进给，会使径向误差大为减小。

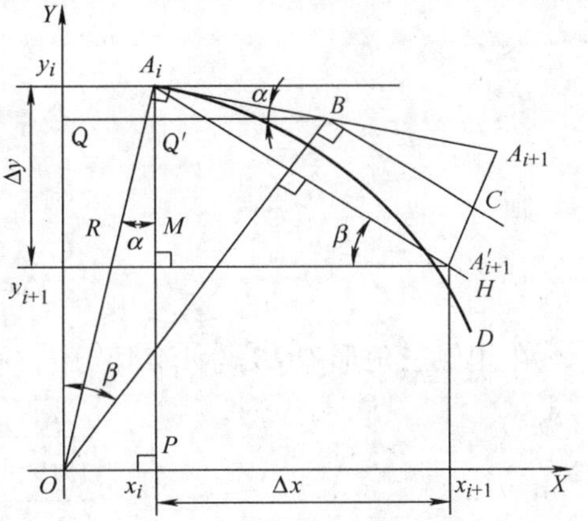

图4-31　扩展 DDA 法圆弧插补

由图4-31 可知，在 ΔOPA_i中，有

$$\sin\alpha = \frac{OP}{OA_i} = \frac{x_i}{R} \tag{4-41}$$

$$\cos\alpha = \frac{A_iP}{OA_i} = \frac{y_i}{R} \tag{4-42}$$

过 B 点作 X 轴的平行线 BQ 交 Y 轴于 Q 点，并交 A_iP 线段于 Q'点，由图可得，直角三角形 OQB 与直角三角形 $A_iMA'_{i+1}$相似，则有

$$\frac{MA'_{i+1}}{A_iA'_{i+1}} = \frac{OQ}{OB} \tag{4-43}$$

式中，$MA'_{i+1} = \Delta x$，$A_iA'_{i+1} = l$。在直角三角形 $A_iQ'B$ 中有 $A_iQ' = A_iB\sin\alpha = \frac{l}{2}\sin\alpha$，则

$$OQ = A_iP - A_iQ' = y_i - \frac{l}{2}\sin\alpha \tag{4-44}$$

在直角三角形 OA_iB 中有

$$OB = \sqrt{A_iB^2 + OA_i^2} = \sqrt{\left(\frac{l}{2}\right)^2 + R^2} \tag{4-45}$$

将式(4-44) 和式(4-45) 代入式(4-43) 中，得

$$\frac{\Delta x}{l}=\frac{y_i-\frac{l}{2}\sin\alpha}{\sqrt{\left(\frac{l}{2}\right)^2+R^2}} \tag{4-46}$$

将式(4-41) 代入式(4-46) 并整理，得

$$\Delta x=\frac{\left(y_i-\frac{lx_i}{2R}\right)l}{\sqrt{\left(\frac{l}{2}\right)^2+R^2}} \tag{4-47}$$

因为 $l \ll R$，故可将 $\left(\frac{l}{2}\right)^2$ 略去，则式(4-47) 变为

$$\Delta x \approx \frac{l}{R}\left(y_i-\frac{lx_i}{2R}\right)=\frac{V\lambda_t}{R}\left(y_i-\frac{V\lambda_t x_i}{2R}\right) \tag{4-48}$$

令

$$\lambda_d=\frac{V\lambda_t}{R}=\mathrm{FRN}\lambda_t \tag{4-49}$$

则

$$\Delta x=\lambda_d\left(y_i-\frac{\lambda_d x_i}{2}\right) \tag{4-50}$$

在相似三角形 OQB 与 $A_iMA'_{i+1}$ 中，有

$$\frac{A_iM}{A_iA'_{i+1}}=\frac{QB}{OB}=\frac{QQ'+Q'B}{OB} \tag{4-51}$$

已知 $A_iA'_{i+1}=l=VT$，$OB=\sqrt{\left(\frac{l}{2}\right)^2+R^2}$，$QQ'=x_i$，又由直角三角形 $A_iQ'B$ 得 $Q'B=A_iB\cos\alpha=\frac{ly_i}{2R}$，因此

$$\Delta y=A_iM=\frac{A_iA'_{i+1}(QQ'+Q'B)}{OB}=\frac{l\left(x_i+\frac{ly_i}{2R}\right)}{\sqrt{\left(\frac{l}{2}\right)^2+R^2}} \tag{4-52}$$

同理，由于 $l \ll R$，故略去 $\left(\frac{l}{2}\right)^2$，则式(4-52) 为

$$\Delta y \approx \frac{l}{R}\left(x_i+\frac{ly_i}{2R}\right) \tag{4-53}$$

仍记 $\lambda_d=\frac{l}{R}=\frac{VT}{R}$，则

$$\Delta y=\lambda_d\left(x_i+\frac{l\lambda_d y_i}{2}\right) \tag{4-54}$$

由于 $A_i(x_i, y_i)$ 为已知，故利用式(4-47) 和式(4-54) 很容易求得 Δx 和 Δy 的值，从而可算出本次插补周期刀具应达到的坐标位置 x_{i+1} 和 y_{i+1} 的值，即

$$\begin{cases} x_{i+1} = x_i + \Delta x \\ y_{i+1} = y_i + \Delta y \end{cases} \tag{4-55}$$

以上为第一象限顺圆弧插补计算公式的推导过程，依照此原理，不难得出其他象限及其他走向的圆弧扩展 DDA 法插补的计算公式。

由上述扩展 DDA 法圆弧插补公式可知，采用该方法只需有限次的加法、减法及乘法运算，因而计算较方便、速度较快。此外，该方法采用割线逼近圆弧，其精度较直线函数法高。因此，扩展 DDA 法是一种比较适合 CNC 系统的数据采样插补方法。

4.5.5　数据采样插补算法的速度控制

轮廓控制系统中，既要对运动轨迹严格控制，也要对运动速度严格控制，以保证被加工零件的精度和表面粗糙度、刀具和机床的寿命，以及生产效率。在高速运动时，为避免在起动时和停止阶段发生冲击、失步、超程和振荡，数控装置还应对运动速度进行加减速控制。

数控装置的加减速控制多用软件实现，可以在插补前进行，也可以在插补后进行。

在插补前进行的加减速控制称为前加减速控制，仅对程编速度 F 指令进行控制，其优点是不会影响实际插补输出的位置精度，但需预测减速点，计算量较大。

在插补后进行的加减速控制称为后加减速控制，分别对各运动轴进行加减速控制，故不必预测减速点，而是在插补输出为零时才开始减速，经过一定的延时逐渐靠近终点。但在加减速过程中对坐标合成位置有影响。

以下仅以前加减速控制为例介绍数控装置的速度控制。

1. 稳定速度和瞬时速度

稳定速度即系统处于稳定进给状态时，一个插补周期内的进给量。数据采样插补根据程编进给速度计算稳定速度为

$$f_s = \frac{FTK}{60 \times 1000} \tag{4-56}$$

式中　f_s——稳定速度，单位为 mm；
　　F——程编进给速度，单位为 mm/min；
　　T——插补周期，单位为 ms；
　　K——速度系数，包括快速倍率、切削进给倍率等。

为了调速方便，设置了速度系数 K 来反映速度倍率的调节范围，$K = 0 \sim 200\%$，当中断服务程序扫描到面板上的倍率开关状态时，给 K 设置相应参数，从而对数控装置面板手动速度调节做出正确响应。

瞬时速度指系统在每个插补周期内的实际进给量。当系统处于稳定进给状态时，瞬时速度 $f_i = f_s$，当系统处于加速（或减速）状态时，$f_i < f_s$（或 $f_i > f_s$）。

2. 线性加减速处理

当机床起/停或者在切削加工过程中改变进给速度时，数控系统自动进行线性加减速处理。加减速的速率必须作为机床的参数预先设置好，其中包括机床允许的最大进给速度 F_{max} 和由 0 加速到 F_{max} 或者由 F_{max} 减速到 0 所需的时间（ms）。例如，取 $t = 100$ms，设定了上述参数后，快速进给的加速度 a 为

$$a = \frac{1}{60 \times 1000} \times \frac{F_{max}}{t} \tag{4-57}$$

（1）加速处理　系统每插补一次都要计算稳定速度和瞬时速度，并进行加速处理。当计算出的当前稳定速度大于原来的稳定速度时，则进行加速处理。每加速一次的瞬时速度为

$$f_{i+1} = f_i + aT \tag{4-58}$$

式中　T——插补周期。

系统采用新的瞬时速度f_{i+1}进行插补运算，对各坐标轴进行分配，一直加速到新的稳定速度为止。

（2）减速处理　系统每进行一次插补计算，都要进行终点判别，计算刀具实际位置离终点的瞬时距离S_i，并且根据减速标志，检查是否到达减速区域S。若已到达，则进行减速处理。减速区域按下式计算

$$S = \frac{f_s^2}{2a} + \Delta s \tag{4-59}$$

式中　Δs——提前量，可作为参数预先设置好。

如果不需要提前一段距离开始减速，则可取$\Delta s = 0$，每减速一次的瞬时速度为

$$f_{i+1} = f_i - aT \tag{4-60}$$

新的瞬时速度作为插补进给量参与插补运算，控制各坐标轴的移动，直至减速到新的稳定速度或达到终点，速度减为0。

3. 终点判别处理

任何轮廓曲线在插补过程中都要进行终点判别，以便顺利进入零件下一个轮廓段的插补与加工。终点判别是插补运算的重要问题之一，因为插补运算的速度取决于插补方法和终点判别方法。对于数据采样插补，由于插补动点的坐标值采用带符号的代数值参与运算，因此利用当前插补点和程序终点的距离判断是否抵达终点是非常简单明了的。设插补点与程序段终点之间的距离为S_i，则终点判别条件为

$$S_i^2 = (x_e - x_i)^2 + (y_e - y_i)^2 \leqslant \left(\frac{FT}{2}\right)^2 \tag{4-61}$$

即当插补点距离终点小于或等于半个步长时，理论上就认为到达了终点。

每进行一次插补计算，系统都要计算刀具中心离本程序终点的距离S_i，然后进行终点判别。若即将到达终点，就设置相应标志，以便进行程序段转接等的处理；若本程序段要减速，则在到达减速区域时设减速标志，并开始减速处理，终点判别计算分为直线和圆弧插补两个方面。

利用式(4-61）进行终点判别时，每次都需进行多次平方运算，这将直接影响插补运算的速度。如果这种影响特别严重，则必须针对直线或圆弧插补寻找更加快捷的终点判别方法。

例如，如图4-32所示直线插补，设刀具沿直线OP_e运动，$P_e(x_e, y_e)$为直线程序段终点，A为某一瞬时点(x_i, y_i)。

瞬时点离终点的距离S_i除了用式(4-46）计算，也可采用式(4-62）计算。

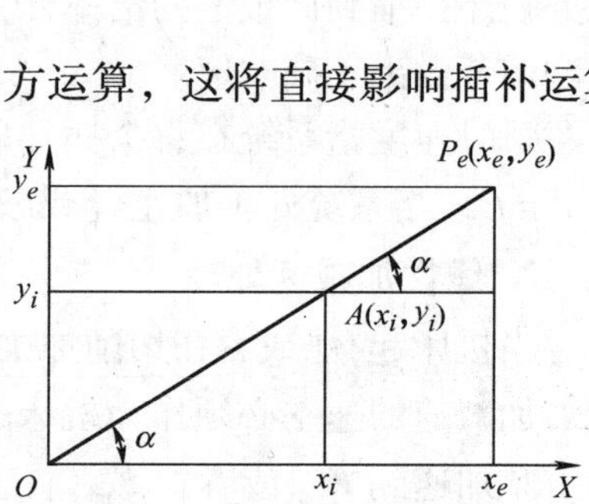

图4-32　直线插补终点判别

$$S_i = |x_e - x_i| / \cos\alpha \tag{4-62}$$

因为 $\cos\alpha$ 已经事先求得，所以式(4-62）运算量较小。

例　设某闭环数控系统采用直线函数法插补零件轮廓，插补周期为8ms。若程编进给速度 $F = 300\text{mm/min}$，进给速度倍率为100%，试完成如下运算。

1）求稳定进给速度 f_s（mm)。

2）插补第一象限直线 OE，直线轮廓的起点为 $O(0, 0)$，终点为 $E(8, 6)$，试计算每个插补周期内 X、Y 轴的位移增量分别为多少（坐标单位：mm)。

3）若插补圆弧 SE，圆心为 $O(0, 0)$，起点为 $S(0, 10)$，终点为 $E(10, 0)$，设稳定进给时某动点 A 坐标为（6，8)，试求下一个插补动点 B 的坐标（x_{i+1}，y_{i+1}）（坐标单位：mm)。

解：1）稳定进给速度

$$f_s = \frac{FTK}{60 \times 1000} = \frac{300 \times 8 \times 1}{60 \times 1000}\text{mm} = 0.04\text{mm}$$

即 $l = 0.04\text{mm}$。

2）$\tan\alpha = y_e / x_e = 6/8 = 0.75$

则 $\cos\alpha = 1/\sqrt{1 + \tan^2\alpha} = 1/\sqrt{1 + 0.75^2} = 0.8$

$\Delta x = l\cos\alpha = 0.04 \times 0.8\text{mm} = 0.032\text{mm}$

$\Delta y = \Delta x(y_e / x_e) = 0.032 \times 0.75\text{mm} = 0.024\text{mm}$

3）如图4-29所示，$\tan\alpha \approx \dfrac{x_i + \frac{1}{2}l\cos45°}{y_i - \frac{1}{2}l\sin45°} = \dfrac{6 + \frac{1}{2} \times 0.04 \times \cos45°}{8 - \frac{1}{2} \times 0.04 \times \sin45°} = 0.7531$

$$\cos\alpha = \frac{1}{\sqrt{1 + \tan^2\alpha}} = \frac{1}{\sqrt{1 + 0.7531^2}} = 0.7988$$

$$\sin\alpha = \frac{1}{\sqrt{1 + 1/\tan^2\alpha}} = \frac{1}{\sqrt{1 + 1/0.7531^2}} = 0.6016$$

$\Delta x = l\cos\alpha = 0.04 \times 0.7988\text{mm} = 0.03195\text{mm}$

$$\Delta y = \Delta x \frac{x_i + \frac{1}{2}l\cos\alpha}{y_i - \frac{1}{2}l\sin\alpha} = 0.03195 \times \frac{6 + \frac{1}{2} \times 0.04 \times 0.7988}{8 - \frac{1}{2} \times 0.04 \times 0.6016}\text{mm} = 0.02406\text{mm}$$

则，下一个插补点 B 的坐标为

$x_{i+1} = x_i + \Delta x = (6 + 0.03195)\text{mm} = 6.03195\text{mm}$

$y_{i+1} = y_i - \Delta y = (8 - 0.02406)\text{mm} = 7.97594\text{mm}$

习　题

4-1　与直流调速相比，交流调速有哪些优点？

4-2　画出三环闭环伺服系统的结构图，各闭环的作用是什么？交流电动机调速系统有哪些类型？

4-3　数控机床对伺服系统的基本要求有哪些？

4-4　简述交-直-交变频调速的原理。

4-5　简述 SPWM 的含义。

4-6　数控机床对位移量的检测要求有哪些？

4-7　说明光栅尺的构成，它与数控机床的连接方式有哪些？工作原理是什么？

4-8　在使用光栅尺时，莫尔条纹的作用是什么？

4-9　脉冲编码器与数控机床的连接方式有哪些？简述编码器在数控机床中的应用。

4-10　什么情况下采用数据采样插补？

4-11　数据采样插补中插补周期的选择依据有哪些？插补周期和采样周期有何联系？

4-12　设某闭环数控系统采用直线函数法插补零件轮廓，插补周期为 10ms。若程编进给速度 $F=400$mm/min，进给速度倍率为 120%，试完成如下运算。

1）求稳定进给速度 f_s（mm）。

2）插补第一象限直线 OE，直线轮廓的起点为 $O(0, 0)$，终点为 $E(10, 8)$，试计算每个插补周期内 X、Y 轴的位移增量分别为多少（坐标单位：mm）。

3）若插补圆弧 SE，圆心为 $O(0, 0)$，起点为 $S(0, 10)$，终点为 $E(10, 0)$，设稳定进给时某动点 A 坐标为（8，6），试求下一个插补动点 B 的坐标（x_{i+1}，y_{i+1}）（坐标单位：mm）。

第 5 章　激光雕刻机实验平台

5.1　概述

5.1.1　数控雕刻机平台简介

数控雕刻机是数控技术和雕刻工艺相结合的产物，是一种专用的数控机床。与通用数控机床类似，数控雕刻机通过数控系统根据程序代码控制雕刻机动作，实现雕刻加工的自动化。与传统的手工雕刻、仿形雕刻相比，数控雕刻具有生产效率高、加工精度高、成品率高、对零件的适应性强等显著优势。同时，借助于专用的雕刻 CAD/CAM 软件系统，加工控制程序生成快捷、修改方便。因此，数控雕刻机现已成为实现雕刻加工自动化、高效率、高精度的有效手段，也是当今雕刻机的发展主流，广泛应用于机械工业、广告传媒、日常消费及建筑装潢等众多领域。

随着近年来我国制造业的迅速发展，数控雕刻机产业也获得了良好的发展机遇，有效地促进了我国数控雕刻机的生产和推广应用。我国的数控雕刻机起步于经济型数控机床，如洛克机电系统工程（上海）有限公司生产的啄木鸟数控雕刻机、北京精雕科技集团有限公司生产的精雕数控雕刻机和南京科能实业有限公司生产的威克数控雕刻机等。上述各种类型雕刻机的机床本体结构较为简单，控制器大多借鉴国外新技术，采用基于高档微控制器或 PC 的数控系统，伺服部分以步进电动机细分驱动为主，可获得中等控制精度，但价格比较便宜，因此整机的性价比较高，适用于精度要求不太高的普通应用场合。对于高精度的雕刻加工，目前我国尚以进口数控雕刻机为主，如意大利的左拉、日本的全量等品牌的数控雕刻机。这类数控雕刻机机床本体设计刚度好、精度高，采用伺服电动机驱动，加工精度高，控制系统功能全、可靠性高，但价格昂贵，往往数倍于国产产品，因此主要应用于模具等高精度加工场合。激光雕刻机是在数控雕刻机的基础上发展起来的，并具有传统雕刻方式不可替代的优势。

5.1.2　激光雕刻机加工的优势

激光雕刻加工是以数控技术为基础，激光为加工媒介的加工技术。加工材料在激光照射下瞬间熔化和气化的物理或化学变性，能使激光达到加工的目的。与刀刻等传统雕刻方式相比，激光雕刻具有以下特点。

1）范围广泛：二氧化碳激光几乎可对任何非金属材料进行雕刻切割并且价格低廉。

2）安全可靠：采用非接触式加工，不会对材料造成机械挤压或机械应力，没有“刀痕”，不伤害加工件的表面，不会使材料变形。

3）精确细致：加工精度可达到 0.02mm。

4）节约环保：光束和光斑直径小，一般小于 0.5mm，切割加工节省材料，安全卫生。

5）效果一致：保证同一批次的加工效果完全一致。

6）高速快捷：可立即根据电脑输出的图样进行高速雕刻和切割。

7）成本低廉：不受加工数量的限制，对于小批量加工服务，激光加工更加便宜。

5.2　激光雕刻机机械系统设计

5.2.1　激光雕刻机的总体方案设计

1. 激光雕刻机工作原理

激光雕刻机由上位 PC、控制器、机械本体三部分组成。其工作原理是：通过计算机内配置的专用雕刻软件进行设计和排版，并由计算机把设计与排版的信息自动传送至雕刻机控制器中，再由控制器把这些信息转化为能驱动步进电动机或伺服电动机的带有功率的信号（脉冲串），控制雕刻机主机生成 X、Y、Z 三轴的雕刻走刀路径。同时，雕刻机上的激光器按加工材质的不同配置不同的功率段，对固定在主机工作台上的加工材料进行切削，即可雕刻出在计算机中设计的各种平面或立体的浮雕图形及文字，实现雕刻自动化作业。

2. 激光雕刻机总体设计方案

本章将根据实际需求，设计一种操作简单、性能优越、经济实用、能达到一定精度，并且能应用于激光雕刻的三轴运动平台。通过参考大量国内外三轴运动平台的设计方法，提出了本章设计的三轴运动平台的基本技术参数，根据实验室激光雕刻机的工作性质与要求，确定了激光雕刻机机械部分的主要参数，见表 5-1。

表 5-1　激光雕刻机机械部分的主要参数

项　目	参　数	单　位
滚珠丝杠副最高转速	3000	r/min
最大进给速度	15	m/min
工作台总行程（X）	250	mm
工作台总行程（Y）	200	mm
工作台总行程（Z）	150	mm
最大负载	100	N
激光雕刻机质量	33.2	kg
定位精度 Δc	0.02	mm
重复定位精度 Δa	0.01	mm
脉冲当量	0.01	mm
预期工作时间 L_h	15000	h

3. 激光雕刻机构型选择

激光雕刻机结构很多，主要是为了适应各种加工零件的要求。但是激光雕刻机限于成本及加工条件的限制，一般常用的结构有三种。

（1）龙门移动结构　龙门移动结构是指整个龙门架随着 X 轴方向进行移动，而工件是固定在工作台上的。这种结构在自制雕刻机中被大量采应，其效果如图5-1所示。

龙门移动结构的优点：由于工作台是固定的，因此可以加工大尺寸与大重量的工件，而不必担心与雕刻机的能力有冲突；X 轴行进方向利用率高，可以加工到整个 X 轴的行程范围；Y 轴上可以使用相同的驱动电动机，而 Z 轴上由于承载的重量最小，可以使用驱动能力小一些的电动机。这种结构非常稳定，而且平衡性好。

龙门移动结构的缺点：X 轴需要承受 Y、Z 轴的所有重量，因此对 X 轴的承重能力要求较高。对主轴的要求很高，主轴的噪声与振动会传导至雕刻机，从而会引起整个雕刻机的振动，X 与 Y 轴的误差也会不断累积。

（2）固定龙门结构　固定龙门结构是指整个龙门架与机架底座是固定的，工件在 X 轴方向随工作台一起运动。这种结构主要应用在对精度要求高的雕刻机上，其效果如图5-2所示。

图5-1　龙门移动结构示意图

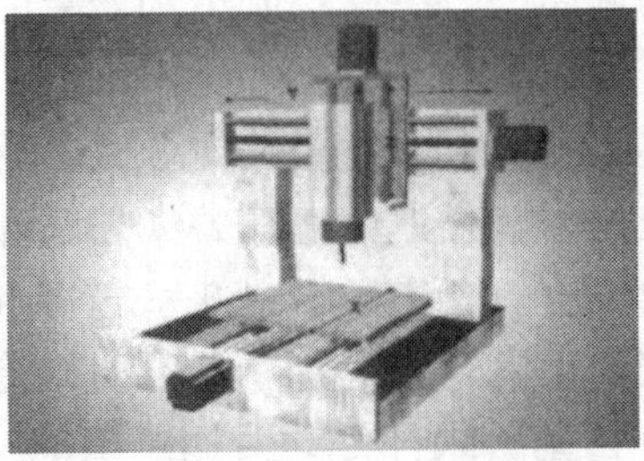

图5-2　固定龙门结构示意图

固定龙门结构的优点：X 与 Y 轴的误差不会累积，这样可以提供一个较高的加工精度。

固定龙门结构的缺点：工件需要随工作台移动，工件的重量与尺寸受 X 轴结构的限制，X 轴行程总长的一半可以被使用，因此对 X 轴的利用率低。

（3）十字滑台结构　十字滑台结构的 X 轴与 Y 轴成正十字交错布置，这类结构一般用于金属材料的精密加工，其效果如图5-3所示。

图5-3　十字滑台结构示意图

十字滑台结构的优点：加工精度高，能够使用大尺寸、高功率的主轴而不需要担心主轴的振动会影响加工的精度与质量。

十字滑台结构的缺点：X 轴在移动过程中是不平衡的，尤其是行程的极限位置；工件在加工时一直在运动；机器的稳定性对结构的强度要求很高；有效工作范围比较小。

综上所述，由于龙门移动结构 X 轴需要承受 Y、Z 轴的所有重量，因此对 X 轴的承重能力要求较高，X 与 Y 轴的误差会不断累积；固定龙门结构工件需要随工作台移动，工件的重量与尺寸受 X 轴结构的限制，X 轴行程总长的一半可以被使用，对 X 轴的利用率低；而十字滑台结构最主要的优点是能够使用大尺寸、高功率的主轴，而不需要担心主轴的振动会影响加工的精度与质量，能够达到最好的加工精度。综合考虑本章激光雕刻机的设计指标，十字滑台的构型能够满足本章设计的小型激光雕刻机的要求，所以选择十字滑台结构。

5.2.2　激光雕刻机部件选型

激光雕刻机的进给运动分为三个部分：工作台的上下移动、左右移动和前后移动。它们的设计没有特别大的区别，因此可以通过对其中一个方向上的设计来勾勒出移动部分的设计方案。现在以工作台部件为例，着重设计计算运动传动链中的滚珠丝杠、直线导轨和进给电动机，以确定它们的规格型号及参数，来满足在机械加工过程中的加工要求。

1. 传动方案的选择

（1）带传动　带传动由主动轮、从动轮和张紧在两轮上的传动带所组成。由于张紧作用，在带和带轮的接触面间产生了压紧力，当主动轮旋转时，通过摩擦力带动从动轮旋转，这样就把主动轴的动力传给了从动轴。带传动分为平带传动和V带传动。

（2）齿轮传动　齿轮传动由分别安装在主动轴及从动轴上的两个齿轮相互啮合而成。齿轮传动是应用最多的一种传动形式，它有如下特点：能保证传动比稳定不变；能传递很大的动力；结构紧凑、效率高；制造和安装的精度要求较高；当两轴间距较大时，采用齿轮传动就比较笨重。

（3）链传动　链传动的特点如下：能保证较精确的传动比（和带传动相比较）；可以在两轴中心距较远的情况下传递动力（与齿轮传动相比）；只能用于平行轴间传动；链条磨损后，链节变长，容易产生脱链现象。链条传动主要用于传动比要求较准确，且两轴相距较远，而且不宜采用齿轮的地方。链传动的传动比计算与齿轮传动相同。

（4）蜗杆传动　蜗杆传动适用于空间交错的两轴间传递运动和动力，两轴间夹角一般为90°。通常在蜗杆传动中，蜗杆是主动件，蜗轮是从动件。

（5）螺旋传动　螺旋传动是利用螺杆和螺母组成的螺旋副来实现传动要求的，主要用于将回转运动转变为直线运动，同时传递运动和动力。

螺旋传动的分类如下。

传力螺旋：以传递动力为主，要求以较小的转矩产生较大的轴向推力，用于克服工作阻力，如各种起重或加压装置的螺旋。这种传力螺旋主要承受很大的轴向力，每次工作时间较短，工作速度也不高。

传导螺旋：以传递运动为主，有时也承受较大的轴向载荷，如机床进给机构的螺旋等。传导螺旋主要在较长的时间内连续工作，工作速度较高，因此，要求具有较高的传动精度。

调整螺旋：以调整、固定零件的相对位置为主，如机床、仪器及测试装置中的微调机构的螺旋。调整螺旋不经常转动，一般在空载下调整。

（6）液压传动　液压传动的基本原理是在密闭的容器内，利用有压力的液体作为工作介质来实现能量转换和传递动力，主要利用的是帕斯卡原理。

综上所述，采用带传动时，由于传动带在工作中有滑动，故不能保持精确的传动比，外廓尺寸大，传动效率低，传动带寿命短；齿轮制造和安装的精度要求较高，当两轴间距较大时，采用齿轮传动比较笨重；链条只能用于平行轴间传动且磨损后链节变长，容易产生脱链现象；蜗杆传动的价格较高，效率低；液压传动对维护要求较高，对液压元件制造精度要求较高，工艺复杂，成本较高，维修较复杂。经过选择和比较确定选用螺旋传动中的滚珠丝杠副传动。滚珠丝杠副传动具有结构简单，制造方便，摩擦小，传动效率高，起动转矩小，传动灵活、平稳，工作寿命长等优点。

图 5-4 所示为进给系统组成原理图。图 5-5 所示为进给系统三维模拟图。

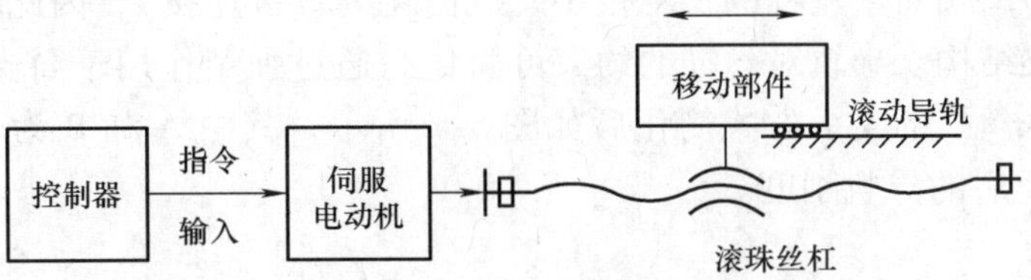

图 5-4　进给系统组成原理

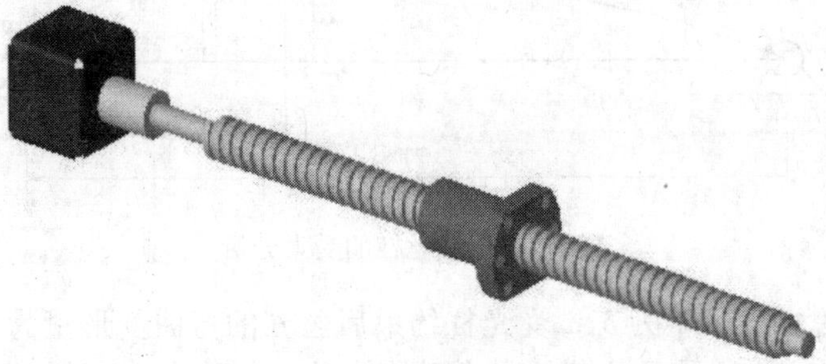

图 5-5　进给系统三维模拟图

2. 滚珠丝杠副受力分析及选型计算

滚珠丝杠是一种丝杠和螺母之间以滚珠为滚动体的螺旋传动机构，通常由滚珠丝杠、滚珠螺母、滚动体（即滚珠）及滚珠返回装置组成。与传统的滚动螺旋传动相比，滚珠丝杠副传动的突出优点在于：以滚动摩擦代替滑动摩擦，使丝杠和螺母之间的相对运动变成滚动，能大大减小接触部位的摩擦。

滚珠丝杠的传动机构及受力情况如图 5-6 所示。螺母上装有反向器，与螺纹滚道构成滚珠的循环通道。为了使滚珠与滚道之间形成无间隙甚至过盈配合，可设置预紧装置。

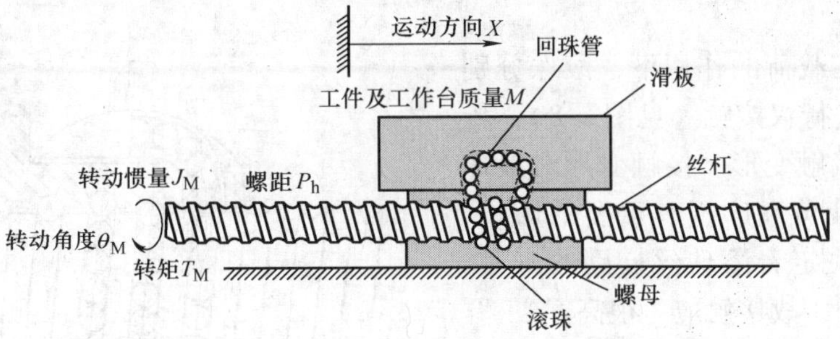

图 5-6　滚珠丝杠的传动机构及受力情况

在机械制造中，滚珠丝杠所产生的丝杠轴线的径向圆跳动误差、丝杠安装轴颈对螺纹槽面轴向的圆跳动误差，以及丝杠的自然弯曲变形等，这些误差都会致使丝杠在回转运动中，丝杠滚道相对于轴的回转轴线出现一定跳动，将该跳动简称为丝杠的弯曲变形，此跳动将会影响数控机床坐标轴运动的直线度，其结果是在机床导轨直线度上叠加了一个周期等于丝杠导程的正弦波分量。丝杠螺母与工作台相连，设丝杠的自由弯曲变形较小，将丝杠两端的轴承支承简化为铰链支承（连接电动机的丝杠端通常采用推力角接触球轴承来进行轴向固定，由于两轴承间的距离相对于丝杠的长度很小，故简化为铰链连接），因此丝杠的支承方式可以简化为一简支梁结构。导轨对丝杠的约束可简化为通过弹簧作用于简支梁的一点来约束，则进给系统中滚珠丝杠的支承方式简化后如图 5-7 所示，其中 A 和 B 为丝杠两端的支承轴承，弹簧 K 为简化后的导轨刚度。

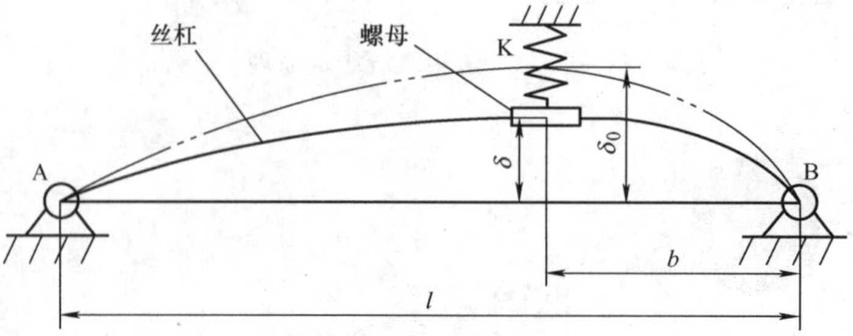

图 5-7　滚珠丝杠的受力分析

设丝杠的自由弯曲变形量为 δ_0，受光杠约束后丝杠的弯曲变形量为 δ。在以下分析中，仅考虑丝杠变形量在工作台平面上投影最大时的情况。根据材料力学知识，丝杠的弯曲变形量为

$$\delta_0 - \delta = \frac{Fb(l-b)}{6EIl}\left[l^2 - (l-b)^2 - b^2\right] = \frac{Fb^2(l-b)^2}{3EIl} \tag{5-1}$$

式中　F——导轨对丝杠的作用力；

E——滚珠丝杠弹性模量；

I——滚珠丝杠的惯性矩。

则有

$$F = \frac{3EIl}{b^2(l-b)^2}(\delta_0 - \delta) \tag{5-2}$$

滚珠丝杠在载荷的作用下，滚珠分别与滚道、螺母进行双接触（见图 5-8），传递载荷并产生接触变形。接触变形对滚珠丝杠副的基础疲劳和磨损有重要的影响，在很大程度上决定着滚珠丝杠副的寿命。由于接触面很小，故接触应力很高。

滚珠丝杠副在轴向载荷的作用下，滚珠和滚道的接触面产生一定的弹性变形。滚珠丝杠副的受力分析如图 5-9 所示。其中 Q 为径向压力，P 为轴向负载，N 为滚道对滚珠的作用力，滚珠在轴向力 P 的作用下沿滚道发生弹性变形，N_1 和 N_2 是作用力 N 产生的两个分量。

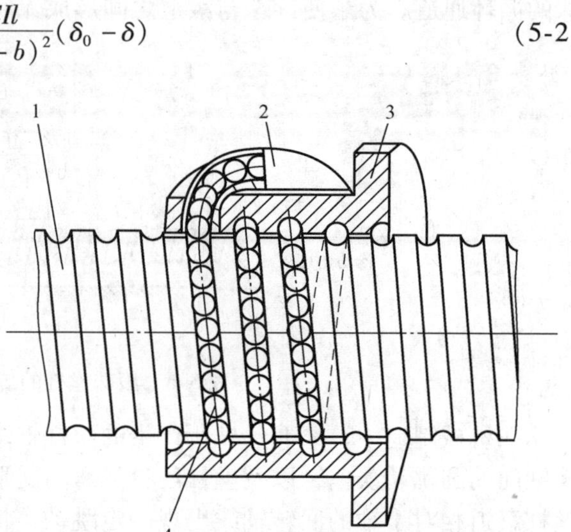

图 5-8　滚珠丝杠结构原理图

1—丝杠　2—滚道　3—螺母　4—滚珠

滚珠丝杠副设计计算过程如下。

（1）确定滚珠丝杠的导程 P_h　根据机床传动要求、负载大小和传动效率等因素综合考虑确定导程 P_h。先按机床传动要求确定，其计算公式为

$$P_h=\frac{v}{in_{xmax}}=\frac{15}{3000}m=5mm \tag{5-3}$$

式中　v——X 轴向进给速度，取 15m/min；

i——传动比，电动机与滚珠丝杠副直联时，i 取 1；

n_{xmax}——驱动电动机最高转速 3000r/min。

取导程 $P_h=5mm$。

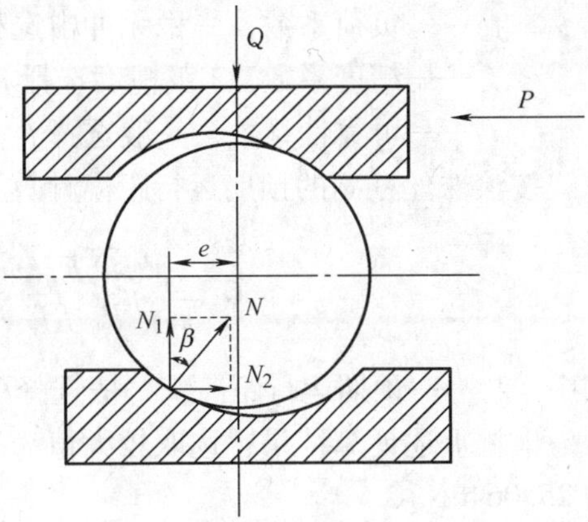

图 5-9　滚珠丝杠副受力分析

（2）滚珠丝杠副的载荷及转速计算　根据相关机械设计手册，查得滚动导轨承重时的滑动摩擦系数最大为 0.004，静摩擦系数与滑动摩擦系数差别不大，此处计算取静摩擦系数为 0.006，则导轨静摩擦力为

$$F_0=\mu_0 Mg=0.006\times30\times10N=1.8N \tag{5-4}$$

式中　μ_0——静摩擦系数。

M——工件及工作台质量，经计算 M 约为 30kg。

由于该设备主要用于检测，丝杠工作时不受切削力，检测运动接近匀速，其阻力主要来自于导轨和滑块的摩擦力。则有

$$n_{max}\approx n_{min}=60\frac{v}{P_h}=60\times\frac{0.25}{0.005}r/min=3000r/min \tag{5-5}$$

式中　n_{max}——滚珠丝杠副最高转速；

n_{min}——滚珠丝杠副最低转速。

$$F_{max}\approx F_{min}\approx F_0=1.8N \tag{5-6}$$

式中　F_{max}——滚珠丝杠副受最大轴向力；

F_{min}——滚珠丝杠副受最小轴向力。

滚珠丝杠副的当量载荷

$$F_m=\frac{2F_{max}+F_{min}}{3}\approx F_0=1.8N \tag{5-7}$$

滚珠丝杠副的当量转速

$$n_m=\frac{n_{max}+n_{min}}{2}=3000r/min \tag{5-8}$$

（3）确定滚珠丝杠副的预期额定动载荷 C_{am}　按滚珠丝杠副的预期工作时间计算

$$C_{am}=\sqrt[3]{60n_mL_h}\frac{F_mf_w}{100f_af_c}=\sqrt[3]{60\times3000\times15000}\times\frac{1.8\times1}{100\times1\times1}N=25.0646N \tag{5-9}$$

式中　L_h——预期工作时间，测试机床选择 15000h；

f_w——负荷系数，平稳无冲击选择$f_w=1$；

f_a——精度系数，2级精度选择$f_a=1$；

f_c——可靠性系数，一般选择$f_c=1$。

按滚珠丝杠副的预期运行距离计算

$$C_{am}=\sqrt[3]{\frac{L_s}{P_h}}\frac{F_m f_w}{f_a f_c}=\sqrt[3]{\frac{348}{5}}\times\frac{1.8\times1}{1\times1}\text{N}=7.4042\text{N} \tag{5-10}$$

式中　L_s——预期运行距离，一般选择$L_s=348\text{mm}$。

根据上述计算结果，选取较大值为滚珠丝杠副的预期额定动载荷，即取预期额定动载荷为25.0646N。

（4）确定滚珠丝杠的最小螺纹底径 d_2　估算滚珠丝杠的最大允许轴向变形量 δ_m

$$\delta_m\leqslant\left(\frac{1}{3}\sim\frac{1}{4}\right)\times\Delta a=0.0025\text{mm} \tag{5-11}$$

$$\delta_m\leqslant\left(\frac{1}{4}\sim\frac{1}{5}\right)\times\Delta c=0.004\text{mm} \tag{5-12}$$

式中　Δa——重复定位精度，取0.01；

Δc——定位精度，取0.02。

取 $\delta_m=0.002\text{mm}$。

滚珠丝杠安装方式为轴向两端固定，则有滚珠丝杠螺纹底径d_2

$$d_2\geqslant0.039\sqrt{\frac{F_0 L}{1000\delta_m}} \tag{5-13}$$

式中　L——滚珠螺母至滚珠丝杠固定端支承的最大距离，$L=348\text{mm}$。

则有

$$d_2\geqslant0.039\times\sqrt{\frac{1.8\times348}{1000\times0.002}}\text{mm}=0.6902\text{mm} \tag{5-14}$$

（5）确定滚珠丝杠副的预紧力 F_p

$$F_p=\frac{1}{3}F_{max}=\frac{1.8}{3}\text{N}=0.6\text{N} \tag{5-15}$$

（6）确定滚珠丝杠副的规格代号　按照丝杠 P_h、d_2、C_{am}选择滚珠丝杠型号为SFU1605－4。丝杠基本导程$P_h=5\text{mm}$，丝杠底径$d_2=14\text{mm}>0.6902\text{mm}$，公称直径$d_0=16\text{mm}$，轴向额定动载荷$C_a=780\text{N}>C_{am}$，轴向额定静载荷$C_{oa}=1790\text{N}$。满足设计计算要求，继续进行下一步校核。

（7）滚珠丝杠校核　对选取的SFU1605－4型滚珠丝杠进行参数校核验算。

滚珠丝杠稳定性校核

$$F_c=m\frac{d_2^4}{L_{c1}^2}\times10^4\geqslant F_{max} \tag{5-16}$$

式中　F_c——压弯临界载荷；

m——与丝杠支承方法有关的临界载荷系数（见表5-2），取10.2；

L_{c1}——丝杠最长受压长度，348mm。

表5-2　与丝杠支承方法有关的临界载荷系数

支承方法	支承系数 f	临界载荷系数 m
双推—双推	21.9	20.3
双推—支承	15.1	10.2
单推—单推	9.7	5.1
双推—自由	3.4	1.3

$$F_c = m\frac{d_2^4}{L_{c1}^2}\times 10^4 = 10.2\times\frac{14^4}{348^2}\times 10^4\text{N} = 32355.9255\text{N} \geqslant F_{max} = 1.8\text{N} \tag{5-17}$$

由式(5-17)可知，F_c 远大于 F_{max}，所以可行。

滚珠丝杠极限转速校核

$$n_c = \frac{fd_2}{L_{c2}^2}\times 10^7 \tag{5-18}$$

式中　f——支承系数（见表5-2），取15.1；

L_{c2}——丝杠临界转速计算长度，348mm。

$$n_c = \frac{fd_2}{L_{c2}^2}\times 10^7 = \frac{15.1\times 14}{348^2}\times 10^7\text{r/min} = 17456.07\text{r/min} > n_{max} = 3000\text{r/min} \tag{5-19}$$

$d_0 n_{max}$ 值校核

$$d_0 n_{max} = 16\times 3000\text{mm} = 48000\text{mm} \leqslant 50000\text{mm} \tag{5-20}$$

轴向额定静载荷 C_{oa} 校核

$$f_s F_{max} \leqslant C_{oa} \tag{5-21}$$

式中　f_s——静态安全系数（见表5-3），一般运动取1~2，有冲击与振动的运动取2~3，这里取2。

表5-3　静态安全系数

使用条件	f_s 的下限值范围
一般运动	1~2
伴随有冲击与振动的运动	2~3

$$f_s F_{max} = 2\times 1.8\text{N} = 3.6\text{N} < C_{oa} 1790\text{N} \tag{5-22}$$

滚珠丝杠副精度校核

支承形式为两端支承或两端固定一端支承，一端固定

$$K = \frac{\pi d_2^2 l E}{4b(l-b)\times 10^3} = 6.6\times\frac{d_2^2 l}{4b(l-b)}\times 10^2 \tag{5-23}$$

式中　K——轴向抗拉（抗压）刚度；

l——两固定支承之间的距离，348mm；

E——滚珠丝杠弹性模量，取 $2.1\times 10^5\text{N/mm}^2$；

b——滚珠螺母至滚珠丝杠固定端支承的距离，当 $b = l/2 = 174\text{mm}$ 时，刚度最小，当滚珠螺母在行程两端处时刚度最大。

当导轨运动到两个端点位置时，有最大和最小拉压刚度，其中 b 值分别约 340mm 和 174mm，则

$$K_{max} = 6.6 \times \frac{d_2^2 l}{4b(l-b)} \times 10^2 = \frac{6.6 \times 14^2 \times 348 \times 10^2}{4 \times 340 \times 8} \text{N/mm}^2 = 4137.618 \text{N/mm}^2 \quad (5\text{-}24)$$

$$K_{min} = 6.6 \times \frac{d_2^2 l}{4b(l-b)} \times 10^2 = \frac{6.6 \times 14^2 \times 348 \times 10^2}{348 \times 348} \text{N/mm}^2 = 371.724 \text{N/mm}^2 \quad (5\text{-}25)$$

滚珠丝杠螺母的接触刚度为 $K_C = 2095\text{N/mm}^2$，滚珠丝杠轴承轴向接触刚度为 $K_T = 1180\text{N/mm}^2$，计算得最大机械传动刚度

$$\frac{1}{K_{0max}} = \frac{1}{K_{max}} + \frac{1}{K_C} + \frac{1}{K_T} = \frac{1}{4137.618} + \frac{1}{2095} + \frac{1}{1180} (\text{mm}^2/\text{N})$$

$$K_{0max} = 638.57 \text{N/mm}^2 \quad (5\text{-}26)$$

最小机械传动刚度

$$\frac{1}{K_{0min}} = \frac{1}{K_{min}} + \frac{1}{K_C} + \frac{1}{K_T} = \frac{1}{371.724} + \frac{1}{2095} + \frac{1}{1180} (\text{mm}^2/\text{N})$$

$$K_{0min} = 249.066 \text{N/mm}^2 \quad (5\text{-}27)$$

因此得到因为机械传动装置所引起的定位误差

$$\delta_k = F_0 \left(\frac{1}{K_{0min}} - \frac{1}{K_{0max}} \right) = 1.8 \times (0.004015 - 0.0015664) \text{mm} \doteq 0.0044 \text{mm} \quad (5\text{-}28)$$

本章设计选用的滚珠丝杠为 1 级滚珠丝杠，要求滚珠丝杠在任意 300mm 行程内的变动量 $V_{300p} + \delta_k \leqslant 300$mm（目标设定值），变动量见表 5-4（$V_{300p} = 0.006$mm）。该滚珠丝杠可以满足由于传动刚度所引起的定位误差。

由以上数据可选择滚珠丝杠型号为 SFU1605－4，公称直径为 16mm，导程为 5mm。

表 5-4　任意 300mm 行程内的变动量（V_{300p}）　（单位：μm）

精度等级	1	2	3	4	5
V_{300p}	6	8	12	16	23

3. 导轨的选型

本设计选用圆柱直线导轨作为工作台导向系统，其上有滑块和两根光杠作为支承，保证工作台能够承受较大的径向载荷。由于滚珠丝杠的主要作用是将旋转运动转变为直线运动，并不起支承作用，故由工作台自重及工件重量产生的径向压力不应由滚珠丝杠承担，因此设计了与滚珠丝杠平行等高的两根光杠来起到对滑块及工作台的支承作用，最终选用的导轨型号为 SBR20－1000L，光杠直径为 14mm，如图 5-10 所示。

图 5-10　导轨

4. 驱动机构选择及伺服电动机选型

工业运动控制应用中，由于控制算法的复杂及控制电路实现困难等原因，传统上一直采用直流伺服电动机。但随着矢量变换算法的出现

和大规模集成数字电路的日益成熟，交流伺服电动机已经走到了工业应用的实质性阶段。相对于直流伺服电动机而言，交流伺服电动机有免维护及在特殊场合（如真空防爆等）也能应用（没有电刷、换向器，不存在电流环火）等特点，因此在控制界得到了日益广泛的应用。

激光雕刻机的每个轴都需要安装电动机作为动力装置。对于运动平台而言，一般采用步进电动机或者伺服电动机作为动力装置。步进电动机具有控制方法简单、低速转矩大、成本低等优点，采用步进电动机作为动力装置，使得整个设备的成本大大降低。但是，步进电动机控制精度相对来说较低，噪声和振动大，容易出现丢步现象，并且由于步进电动机的功率一定，高速状态下转矩不足，故在设备精度要求不高和有意降低设备成本的情况下，可使用步进电动机作为动力装置。本系统采用交流伺服电动机作为激光雕刻机各轴的动力装置。交流伺服电动机运行可靠，精度高，是机电设备中的常用动力装置。本系统采用了日本富士交流伺服电动机，并且为了提高设备精度，配置了增量式编码器作为反馈装置，使电动机能够形成闭环控制。由于电动机直接输出转矩可以满足设计要求，故没有为每个轴单独配置减速器。

根据模型体积和称量的激光雕刻机质量，求得模型平均密度，计算过程如下。

1）在 UG 三维造型软件中，测量体积为 $0.009661\mathrm{m}^3$。

2）称量得出激光雕刻机质量为 33.2kg。

3）模型平均密度为

$$33.2\mathrm{kg} \div 0.009661\mathrm{m}^3 = 3436.5\mathrm{kg/m}^3$$

4）设置模型密度后得出模型质量为 33.2kg，证明了平均密度计算的正确性。

（1）模型导入 ADAMS 仿真　激光雕刻机重量为 33.2kg，各轴最大移动速度为 0.25m/s，滚珠丝杠转一圈平台在轴方向上移动 5mm。因此，电动机最高转速为 50r/s。

简化模型并添加连接和驱动，图 5-11 所示为 ADAMS 模型。

图 5-11　ADAMS 模型

（2）电动机的选型　以 X 轴为例进行电动机选型计算。

1）工作时间的确定。

由于电动机最高转速为 3000r/min，因此电动机轴的最大角速度 ω 为 18000°/s。

设 X 轴电动机角速度 ω 从 0 加速到 18000°/s，所用时间 t_A 为 0.3s（由经验可得）。

2）负载力矩的确定。

根据已知条件，设定 ADAMS 参数如下。

Step(time,0,0d,0.3, -18000d) +step(time,0.3,0d,0.4,0d) +step(time,0.4,0d,0.7,18000d)

即可得出负载的力矩曲线如图 5-12 所示。

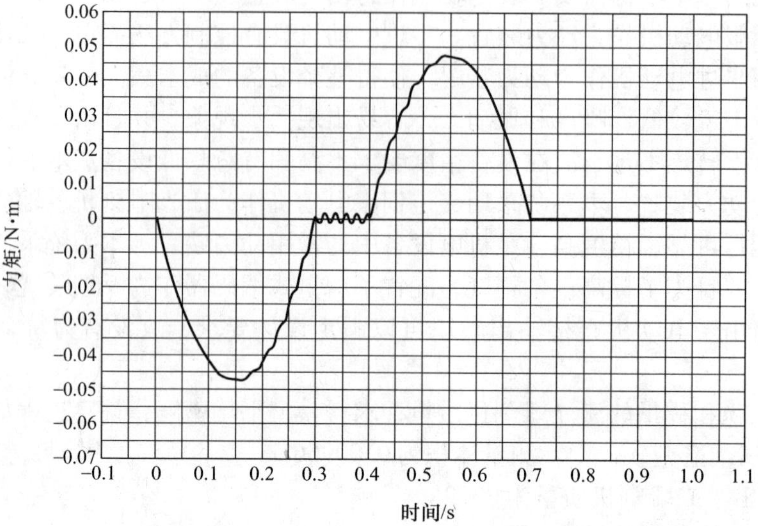

图 5-12　电动机与减速器初选时 S 关节力矩与时间 ADAMS 仿真曲线

由图 5-12 可知，起动时峰值转矩 $T_A=47.35\text{N}\cdot\text{mm}$，匀速运转时转矩 $T_R=0.59\text{N}\cdot\text{mm}$，停止时峰值转矩 $T_B=47.55\text{N}\cdot\text{mm}$，冲击系数 $F_{S2}=1.5$。

3）电动机参数计算。

平均转速的确定：S 关节加速时平均输入转速为 n_A，减速时平均输入转速为 n_B，减速时间为 t_B（取 0.3s），匀速运转时输入转速为 n_R，匀速时间为 t_R（取 0.1s），设 $n_A=n_B=n_R/2$，其中 $n_R=3000\text{r/min}$（预选电动机额定转速）。

平均输入转速 n_E 为

$$
\begin{aligned}
n_E &= \frac{t_A n_A + t_R n_R + t_B n_B}{t_0} \\
&= \frac{0.3\times1500+0.1\times3000+0.3\times1500}{0.7}\text{r/min} \\
&= 1714.29\text{r/min}
\end{aligned}
\tag{5-29}
$$

电动机轴上的总当量负载转动惯量的计算如下。

$$J_{总}=J_1+J_2+J_M \tag{5-30}$$

滚珠丝杠的转动惯量为

$$J_1=\frac{\pi\rho d_0^4 l}{32} \tag{5-31}$$

式中　ρ——滚珠丝杠密度，$7.8\times10^3\text{kg/m}^3$；

d_0——滚珠丝杠的公称直径，$16\times10^{-3}\text{m}$；

l——滚珠丝杠长度，0.348m。

故得

$$J_1=\frac{\pi\rho d_0^4 l}{32}=\frac{3.14\times7.8\times10^3\times(16\times10^{-3})^4\times0.348}{32}\text{kg}\cdot\text{m}^2\approx0.175\times10^{-4}\text{kg}\cdot\text{m}^2 \tag{5-32}$$

工作台、工件、夹具、支承座等折算到电动机轴上的转动惯量为

$$J_2=\left(\frac{P_h}{2\pi}\right)^2 m_{总}\times10^{-6}=\left(\frac{5}{2\times3.14}\right)^2\times33.2\times10^{-6}\text{kg}\cdot\text{m}^2\approx0.21\times10^{-4}\text{kg}\cdot\text{m}^2 \tag{5-33}$$

式中　$m_{总}$——激光雕刻机质量，33.2kg；

P_h——滚珠丝杠导程，5mm。

电动机转子的转动惯量拟定为

$$J_M=0.25\times10^{-4}\text{kg}\cdot\text{m}^2 \tag{5-34}$$

所以

$$\begin{aligned}J_{总}&=J_1+J_2+J_M=(0.175\times10^{-4}+0.21\times10^{-4}+0.25\times10^{-4})\text{kg}\cdot\text{m}^2\\&=0.635\times10^{-4}\text{kg}\cdot\text{m}^2\end{aligned} \tag{5-35}$$

4）电动机轴转矩计算。

空载起动时，电动机轴上的惯性矩为

$$T_j=J_{总}\frac{2\pi\lambda}{P_h}\frac{V_{max}}{\Delta t} \tag{5-36}$$

式中　λ——传动比，$\lambda=1$；

V_{max}——工作台快进速度，$V_{max}=15\text{m/min}=0.25\text{m/s}$；

P_h——滚珠丝杠导程，$P_h=0.005\text{m}$；

Δt——电动机加、减速时间，$\Delta t=0.1\text{s}$。

故得

$$T_j=J_{总}\frac{2\pi\lambda}{P_h}\frac{V_{max}}{\Delta t}=0.635\times10^{-4}\times\frac{2\times3.14\times1}{0.005}\times\frac{0.25}{0.1}\text{N}\cdot\text{m}=0.1996\quad\text{N}\cdot\text{m} \tag{5-37}$$

电动机轴上的当量摩擦转矩（工作台及工件重量引起）为

$$T_\mu=\frac{P_h}{2\pi\eta\lambda}F_m \tag{5-38}$$

式中　η——伺服传动链的总效率，可取0.8。

则

$$T_\mu=\frac{P_h}{2\pi\eta\lambda}F_m=\frac{0.005}{2\times3.14\times0.8\times1}\times1.8\text{N}\cdot\text{m}=0.0018\text{N}\cdot\text{m} \tag{5-39}$$

因丝杠副预紧力引起电动机轴上产生附加摩擦转矩为：

设预紧力为最大轴向载荷的1/3，则

$$T_0=\frac{P_h}{2\pi\eta\lambda}\frac{F_m}{3}(1-\eta_0^2) \tag{5-40}$$

式中　η_0——滚珠丝杠螺母副未预紧时的传动效率，取0.9，则

$$T_0 = \frac{P_h}{2\pi\eta\lambda}\frac{F_m}{3}(1-\eta_0^2) = \frac{0.005}{2\times3.14\times0.8\times1}\times\frac{1.8}{3}(1-0.9^2)\text{N}\cdot\text{m} = 0.000114\text{N}\cdot\text{m} \tag{5-41}$$

空载起动时电动机轴上的最大静转矩为

$$T_q = T_j + T_\mu + T_0 = (0.1996 + 0.0018 + 0.000114)\text{N}\cdot\text{m} = 0.2015\text{N}\cdot\text{m} \tag{5-42}$$

所选取的伺服电动机的最大静转矩 T_s 需满足

$$T_s > \frac{T_q}{0.866} = \frac{0.2015}{0.866}\text{N}\cdot\text{m} \approx 0.23\text{N}\cdot\text{m} \tag{5-43}$$

5）电动机输出功率计算。

电动机的功率 P 为

$$P = T_{电}\omega = \frac{2\pi\times0.23}{60}\times3000\text{W} = 72.22\text{W} \tag{5-44}$$

式中　$T_{电}$——电动机转矩；

ω——电动机转速。

通过对 X、Y、Z 轴电动机的选型计算，最终选取的 X、Y、Z 轴的伺服电动机型号分别为：

X 轴：日本富士 GYS401D5 - RC2 + RYH401F5 - VVT2（见图 5-13）。

Y 轴：日本富士 GYS401D5 - RC2 + RYH401F5 - VVT2。

Z 轴：日本富士 GYS401D5 - RC2 - B + RYH401F5 - VVT2（带制动）。

各伺服电动机的参数见表 5-5。

图 5-13　富士伺服电动机及驱动器

表 5-5　X、Y、Z 轴伺服电动机参数

轴	额定功率	额定转速	额定转矩
X 轴	400W	3000r/min	1.27N · m
Y 轴	400W	3000r/min	1.27N · m
Z 轴	400W	3000r/min	1.27N · m

5. 联轴器及轴承选型

（1）联轴器的选型　电动机经过联轴器直接与丝杠连接，进给传动系统的传动精度和传动刚度较高，使机械结构简单，因此选择联轴器作为丝杠和电动机之间的连接零件。

常用的精密联轴器有弹性联轴器、膜片联轴器、螺纹线联轴器、滑块联轴器、梅花联轴器及刚性联轴器等。

经过综合评定，确定使用螺纹线联轴器。螺纹线联轴器重量轻、体积小，具有抗油污耐腐蚀功能，可吸收振动，补偿径向、角度偏差和具有零回转间隙，适用于电动机、编码器、丝杠传动、机床平台和微电机等精密产业机械。

联轴器具体型号的选取主要依赖于电动机轴端和滚珠丝杠轴端的尺寸。联轴器与电动机采用螺纹紧固联接，根据计算及尺寸要求，本设计采用 GH1 联轴器，即夹紧螺钉固定螺纹式联轴器。根据选定的伺服电动机主轴直径为 14mm，滚珠丝杠前端直径为 12mm，联轴器可选型号为 GH1 - C32 - 1408，额定转矩为 4.5N · m，最大转矩为 9.0N · m，如图 5-14 所示。

（2）轴承的选型　初步设计滚珠丝杠支承的安装采用固定-支承式，轴承主要承受轴向载荷，因此固定端选用角接触球轴承，支持端选用深沟球轴承。

根据选用的滚珠丝杠的公称直径为 16mm，选定支承端的轴承内径为 12mm，则选用 6001Z 深沟球轴承，考虑防尘问题，选用两面带防尘盖的轴承，如图 5-15 所示。角接触球轴承选择型号为 7001C，轴承额定动载荷 C_r 为 5.80kN，额定静载荷 C_{or} 为 2.95kN。

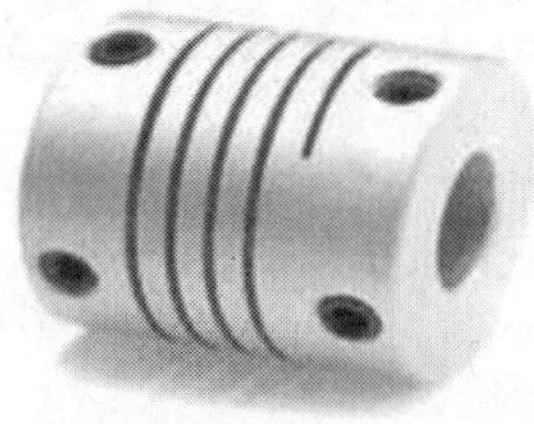

图 5-14　夹紧螺钉固定螺纹式联轴器

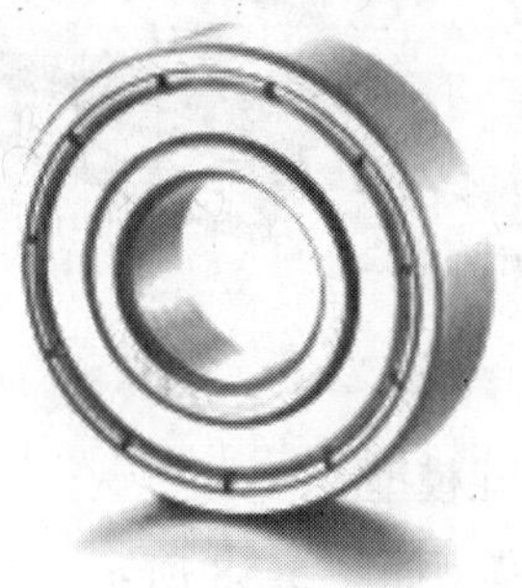

图 5-15　6001Z 深沟球轴承

5.2.3　激光雕刻机三维建模

激光雕刻机 *X*、*Y*、*Z* 轴装配模型

1. *X* 轴装配模型

X 轴装配模型如图 5-16 所示。

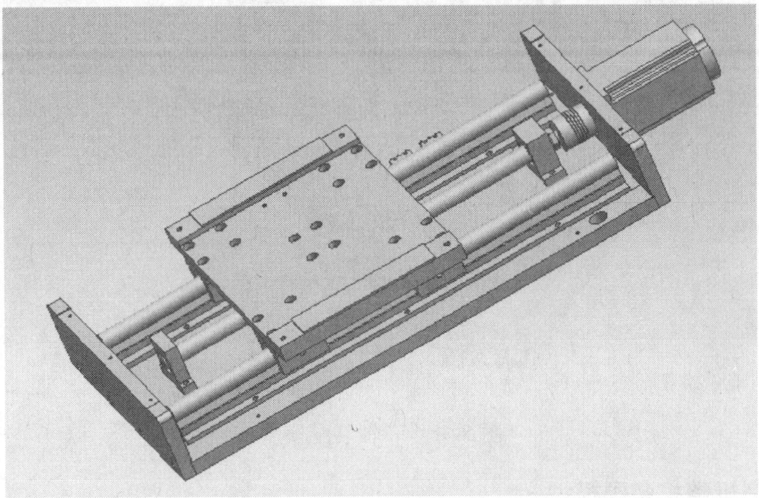

图 5-16　*X* 轴装配模型

2. *Y* 轴装配模型

Y 轴装配模型如图 5-17 所示。

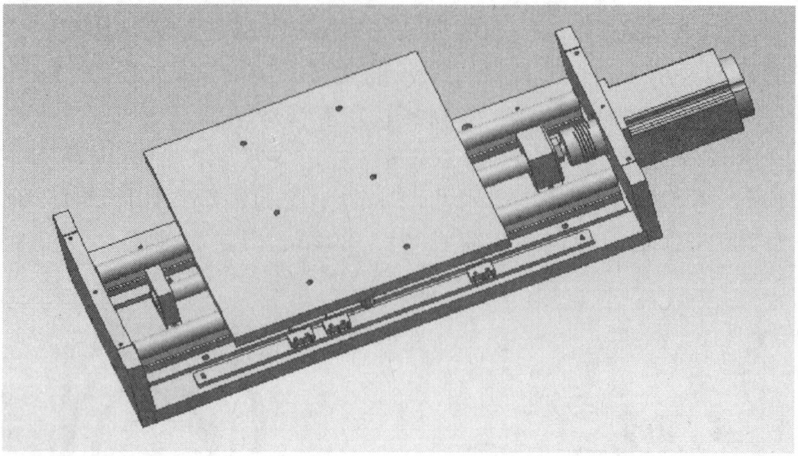

图 5-17　*Y* 轴装配模型

3. *Z* 轴装配模型

Z 轴装配模型如图 5-18 所示。

图 5-18　*Z* 轴装配模型

4. 激光雕刻机整机装配模型

图 5-19 所示为激光雕刻机的整机装配模型，其总体尺寸为 640mm × 590mm × 540mm。

5. 激光雕刻机整机结构实物

激光雕刻机整机结构实物如图 5-20 所示。

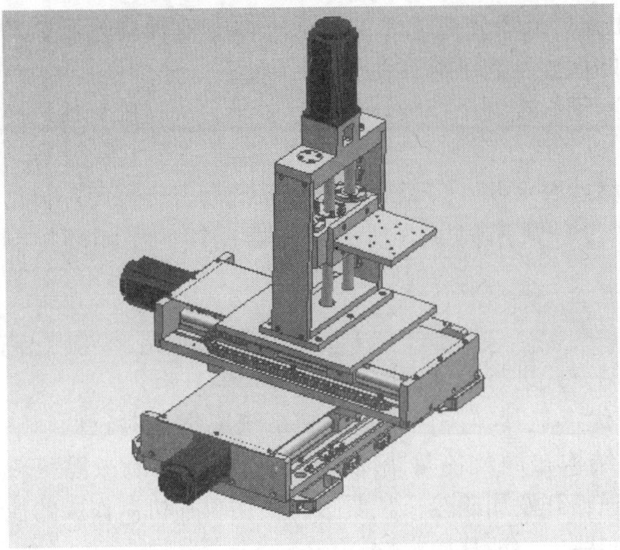

图 5-19　激光雕刻机整机装配模型

图 5-20　激光雕刻机实物

5.3　激光雕刻机硬件控制系统设计

5.3.1　控制系统总体方案设计

本节将结合激光雕刻机的技术要求，针对雕刻机控制系统需具备很好的可靠性、精确度，并且具有较强的数据处理能力及快速响应能力等特点，对激光雕刻机控制系统进行总体方案设计。

1. 控制方式选择

通过查阅文献了解到，现在常用的控制方式主要有三种：集中式控制方式、主从式控制方式和分布式控制方式。

（1）集中式　这种控制方式是用一台功能较强、配置较高的计算机来实现雕刻机全部功能的运动控制。这种控制方式控制结构比较简单，主要应用于早期的雕刻机运动控制，由于在控制的过程中需要大量的计算，因此控制速度较慢。

（2）主从式　这种控制方式由一级计算机和二级计算机组合进行控制。在控制系统中一级计算机也就是上位机为控制系统主机，它主要负责控制系统中系统管理、控制系统语言的编译及人机接口功能，同时利用它强大的计算能力来实现数据的输入和运动参数的设定等工作，并将一些数据输送到公共内存当中。控制系统中的二级计算机也就是下位机主要负责的是位置的数字控制。这种控制方式具有很好的实时性，适用于要求高精度、高速度的控制系统。

（3）分布式　在分布式控制中，上位机主要完成整个控制系统中的管理、运动学计算及轨迹规划等工作。下位机由多个 CPU 组建而成，其中每一个 CPU 负责一个关节的运动控制，在整个控制系统中主控机与下位机 CPU 之间通过总线的形式进行通信。在整个控制系统中这些 CPU 都有自己需要承担的固定任务。虽然分布式控制方式可以有效提高控制器的工作速度和控制性能，但这也给控制系统的设计增大了难度。

通过三种控制方式的对比分析，以及雕刻机控制系统设计的实际要求，决定雕刻机控制系统采用主从式控制方式。

由于半闭环的控制精度比开环的控制精度好一些，且相对于闭环系统而言，半闭环价格便宜，使用简单，快速响应好，因此，本设计采用伺服电动机编码器反馈的半闭环控制方案。

2. 控制系统硬件方案确定

控制方式确定以后，针对已选定的控制方式进行控制器的选择。

（1）单片机控制　使用单片机控制的优点是其经济性高，控制系统成本相对较低。缺点是单片机容易受到控制板的制造工艺、结构布局及各元器件的干扰，从而导致故障率较高，而且扩展性差，对周围环境依赖性较强，开发周期较长。要想将使用单片机制作成的控制板应用于实际当中，需要较长的时间和实践去验证其稳定性。

（2）PLC 控制　使用 PLC 控制的优点是它具有较强的抗干扰能力，从而使它的故障率相对较低，而且它对于设备的扩展相对容易，方便维修、产品开发周期也较短。缺点是使用 PLC 控制相对较复杂的运动时，运动程序的编制比较麻烦。

（3）运动控制卡　使用这种控制方式的优点是将运动控制卡与 PC 配合，利用下位机的运动控制卡运算速度快、实时性好，可实现多轴运动控制的特点，再加上上位机 PC 可以处理大量数据并由运动控制卡迅速地去执行，可以达到控制反应时间短、控制精度高的效果。

综合以上优缺点分析，并结合主从式控制方式的特点，控制系统总体方案确定为主从式二级控制，采用上位机 PC + 下位机运动控制卡的方案。总体控制方案结构如图 5-21 所示。

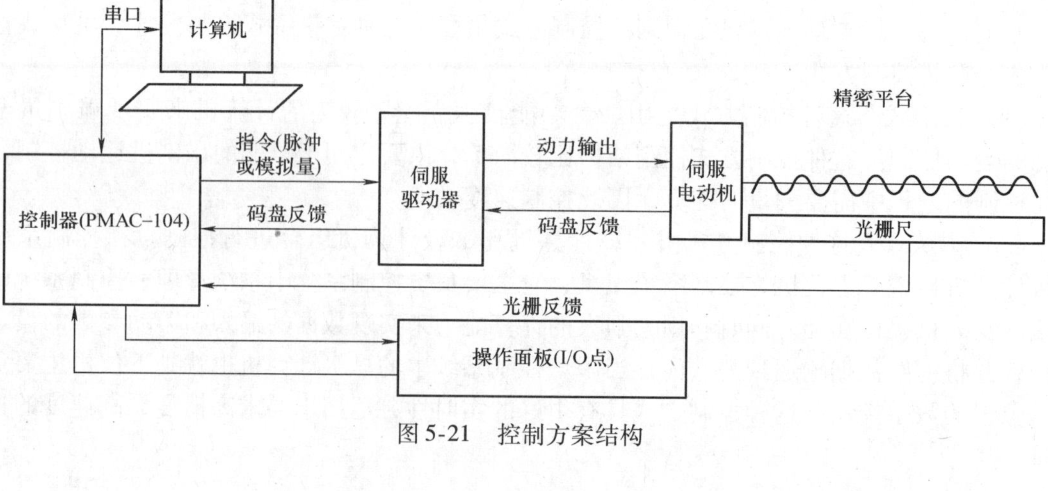

图 5-21　控制方案结构

5.3.2　控制系统硬件设计

1. 运动控制卡的选择

运动控制卡的定义是指由可编程器件和高性能的微处理器组合来控制多个电动机协调运动的控制单元。

随着机电一体化技术的飞速发展，开放式的机电控制技术越来越多地受到业界的关注。开放式机电控制技术源于1987年，美国空军发表了著名的“下一代控制器（Next Generation Controller，NGC）”计划，首次提出了开放式体系结构控制器的概念。该计划的重要内容之一就是提出了“开放系统体系结构标准（Specification for an Open System Architecture Standard，SOSAS）”。该体系结构的定义为：在竞争的环境中允许多个制造商销售可相互交换和相互操作的模块。机床制造商可以在开放系统的平台上增加一定的硬件和软件构成自己的系统。这种开放体系的结构有两种：CNC + PC 主板，将 PC 主板插入传统的 CNC 机器中，PC 主板主要运行非实时控制，CNC 主要用作以运动控制为主的实时控制；PC + 运动控制卡，在 PC 标准总线槽中插入运动控制卡用作实时控制。本文设备是基于后一种结构制作的。

目前，国内制造业应用的高性能运动控制卡多数是国外产品，在对比多个同类控制卡后，本设计选用美国 Delta Tau Data System 公司生产的 PMAC 运动控制卡中的 Clipper PMAC，如图5-22所示。PMAC 即可编程多轴运动控制器（Program Multiple Axis Controller）是由美国 Delta Tau 公司生产的运动控制卡。该系列产品功能强大、稳定可靠、配置灵活，通过不同配置可以控制任何形式的电动机，以及接收市场上大多数位置及速度反馈元件的反馈信号，支持各种总线结构，如 ISA、PCI、VME、STD 等，并且可提供通过 RS232 或 RS422 串口同主机进行通信的功能。PMAC 实际上就是一台性能优良的专业用计算机，以 Motorola 56300 系列 DSP CPU 为主要元器件加上外围电路和丰富优化的专业控制软件构成。

图5-22　Clipper PMAC 运动控制卡

该卡优秀的控制功能和良好的开放性特点包括以下几个方面。

(1) 运动控制功能

运算速度快——每轴 55μs 的伺服更新速度。

数据精度高——位置信息采集可达 32 位的数据精度，输出数据精度为 16/18 位。

内置丰富优秀的插补算法——直线、圆弧、位置速度时间（Position Velocity and Time，PVT）、三次样条插补算法，用以产生各种类型的运动轨迹。

良好的通用性——支持标准的机床加工代码 G 代码编程。

灵活、简练的运动程序语言——简便易学。

优良的伺服控制算法——PID + NOTCH 滤波 + 速度/加速度前馈，并且支持用户自己的伺服控制算法。

(2) 过程控制功能（PLC 逻辑顺序控制）

运算速度快——典型程序运行时间在 5 ~ 9ms，较普通 PLC 快一个数量级。

可容纳程序量大——216K 字节存储容量（包含运动程序）。

程序语言简单易操作——类似高级语言，方便编辑存储和运行。

模块化管理——可分成 32 个 PLC 程序模块，并且可编译为 PLCC，运行速度可提高 20 ~ 30 倍，方便程序调用和管理。

(3) 数据交换功能及开放的接口

功能完善的动态链接库——提供 200 多个库函数，利用高级语言编程调用这些函数，使得同上位机交换数据非常方便。

简单易用的专用控件——同上位机交换数据更加简单，容易学习和掌握。

允许用户访问和使用卡上内存和寄存器地址空间。

(4) 硬件扩展功能、适用性及灵活性

通过多卡链接的方式可以控制多达 128 轴同时运动。

通过选用不同的附件和选项来发送不同的控制信号，控制不同的电动机。

通过选用不同的附件和选项来接收不同类型传感器的不同反馈信号。

通过选用不同的附件和选项来提升系统的各项功能，满足一些特殊要求。

以本设备使用的 TURBO CLIPPER 来介绍这种开放式运动控制器的使用方法。TURBO CLIPPER 是一块四轴卡，总线形式为 PC104，可以同时控制四个伺服电动机或步进电动机联动。其配置及所具备的功能如下：

40MHz Motorola 563000 DSP CPU。

4 路 D/A 通道，用以发送模拟速度或转矩指令。

4 路编码器反馈通道，可直接接收 4 路增量码盘的反馈。

4 路 PWM 信号输出，可输出脉宽调制信号和脉冲信号。

强大的运动控制功能、过程控制功能、数据交换功能。

(5) 硬件结构特点　图 5-23 所示是 PMAC2 型卡的原理框图，由图可以看到该控制卡实际上是一个非常专业的计算机，拥有数字处理 CPU，大容量的存储介质包括 EPROM、SRAM 及闪存等，数据地址总线为 48 位线宽，通信方式有总线、串口、双端口 RAM 及光缆等，由专用的伺服控制芯片（门阵列芯片）控制各种伺服电动机的运动及接受编码器的反馈。上位机通过动态链接库及虚拟设备驱动程序同 PMAC 卡进行通信。

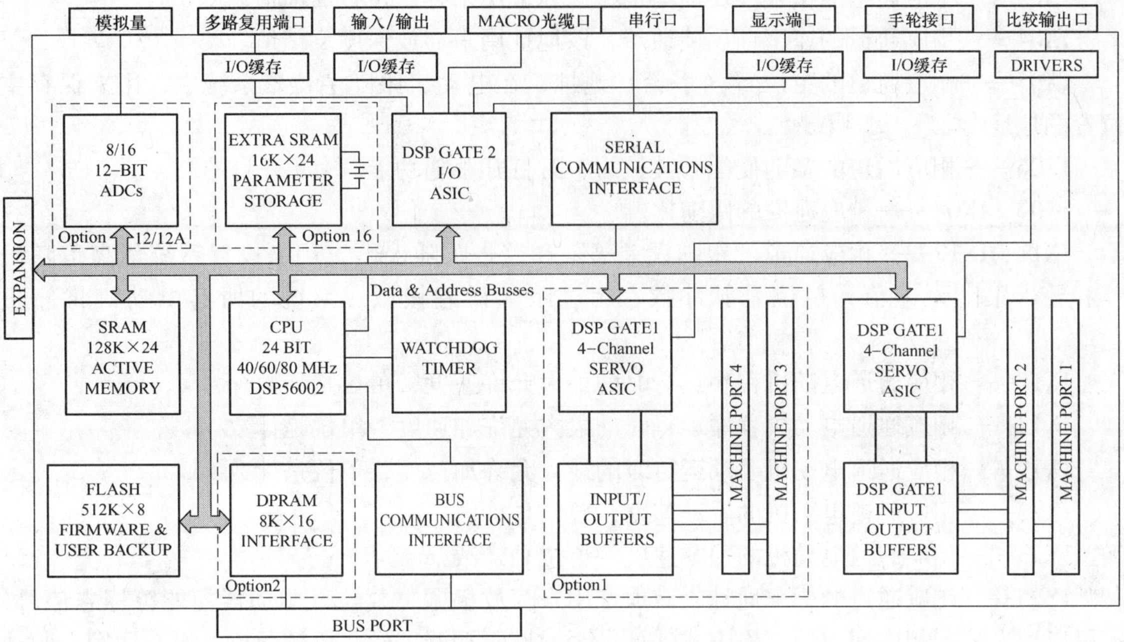

图 5-23 PMAC2 型卡原理框图

（6）软件控制特点 PMAC 的软件功能强大，分别包含以下几部分。

PMAC 卡包含一种控制参数 I 参数、三种用户变量 M、P、Q。其中通过对 I 参数的设置来配置系统的功能，是系统中非常重要的部分；M 变量是用户自己定义的，指向 PMAC 卡中的某一内存或寄存器地址，用户通过它来间接访问 PMAC 卡上的几乎所有资源；P 变量、Q 变量由用户随意使用，为 48 位浮点变量，两种变量的区别在于 P 变量是全局变量，Q 变量是坐标系内部变量（该卡支持多达 16 个坐标系）。以上参数和变量每一种都有 1024 个可供使用。

1）I 参数：分两类，系统级别和通道级别（通道即卡中的每个电动机控制通道）。

系统级别：设置卡的工作运行方式，系统级别 I 参数在 100 号以内即 I0 ~ I99，如参数 I5 用来控制 PMAC 中的 PLC 程序是否运行，I5 = 2 时表示开机后 PLC 自动运行，I5 = 0 时表示开机后 PLC 不运行，需要手动指令使 PLC 运行。其他参数可以控制如卡的报错方式、伺服中断周期、串行通信方式、缓冲区的开关及工作方式等。

通道级别：针对每一台电动机的不同要求而需要设置的参数。卡上的每一个通道代表所要控制的每一路电动机，必须针对电动机的不同情况进行设置。以下列出了其中一些必要的参数设置（其中 X 代表第 X 号电动机）。

IX00——通道是否激活（1 表示该通道激活，可以工作；0 表示该通道关闭，处于禁止工作状态；缺省时 I100 = 1；其余为 0，即第一通道激活）。

IX01——是否需要通过卡对电动机进行换向计算（缺省值为 0，不通过卡进行换向，换向工作由驱动器负责）。

IX02——相应通道的指令（模拟量 DAC 输出）输出地址，该地址用来保存某一通道输出模拟量的大小。

IX03——相应通道的位置环反馈地址，该地址用来存放位置反馈值。

IX04——相应通道的速度环反馈地址，该地址用来存放速度反馈值。

IX05——相应通道的主位置（手轮）地址，在电动机跟随主位置系统中，用来保存主位置的地址。

IX06——相应通道的跟随使能开关，为1时打开跟随功能。

IX07、IX08——相应通道的跟随比。

IX11、IX12——相应通道的跟随误差极限和警告跟随误差，用来设置系统最高跟随误差和警告跟随误差值，单位是脉冲数，超过跟随误差极限，系统的所有电动机将停止运动。

IX16——相应通道电动机程序运行时的最大允许速度，单位是计数/ms。

IX17——相应通道电动机程序运行时的最大允许加速度，单位是计数/ms^2。

IX19——相应通道电动机手动运行时的最大允许加速度，单位是计数/ms^2。

IX22——相应通道电动机的手动速度，单位是计数/ms。

IX23——相应通道电动机的回零速度，单位是计数/ms。

IX25——相应通道的标志地址，该地址用来存放极限、复位、驱动器使能等标志信号，还可以用来控制相应通道的工作方式，如是否允许驱动器工作，机械限位是否起作用，驱动器故障报警输入是否有效，故障报警输入是高电平有效还是低电平有效等，是一个比较重要的参数。

IX30——相应通道 PID 参数中的 P（比例）参数，系统的刚性调节参数。

IX31——相应通道 PID 参数中的 D（微分）参数，系统的阻尼调节参数。

IX32——相应通道调节参数的速度前馈值，用于改善跟随特性。

IX33——相应通道 PID 参数中的 I（积分）参数。

IX35——相应通道调节参数的加速度前馈，用于改善跟随特性。

I70X0——相应通道编码器译码方式，等于1时为1倍频正向译码，等于2时为2倍频正向译码，等于3时为4倍频正向译码，等于5、6、7时为反相译码。

I70X1——相应通道编码器输入滤波器是否工作，等于0时滤波器工作，等于1时滤波器不工作。

I70X2——相应通道电动机回零方式选择，等于0时由软件控制，等于1时由编码器C脉冲上升沿控制，等于2时由外部原点开关控制，等于3时由C脉冲和外部原点开关组合控制。

2）M变量：由用户自己定义一个值，指向某一寄存器或内存，用户再通过该M变量访问它所指向的寄存器或内存。虽然用户可以自定义M变量，但推荐用户按照指定的M变量访问指定的寄存器，相应的推荐表附在软件手册的后面，如下例：

M166 ->X：$0033，0，24，S（*X*轴实际速度，单位为该数值/3072 cts/伺服周期）

表示M166指向存储器X列的0033H号地址，该地址存放的是一号电动机的实际速度值，其中0和24表示从该地址的0位到24位用来存放实际速度值，S表示是一个有符号数。这样你可以在程序中利用M166这个变量来访问该寄存器。

3）P、Q变量：这两种变量可以由用户随意定义使用，但不要在程序中重复定义。

（7）运动及加工程序、数控编程　PMAC控制器的运动程序编制是利用一套类似于BASIC的高级语言实现的，它很容易学习和掌握。在上位机直接编辑，运行时下载到PMAC卡中（也可以实时下载），键入命令就可以执行。它还以类似调用子程序的形式支持标准的G代码编程，其实现方法可以在后面的编程实验中看到。

（8）上位机接口编程　为了实现PMAC同上位机之间的数据交换功能，PMAC为用户提供了计算机底层的驱动程序和接口函数（以动态链接库的形式），用户通过高级语言如VC、VB、DELPHI等编程调用这些函数来实现上位机和PMAC之间的通信。

2. 上位机设备选择

理论上在一般的工业生产中上位机通常使用的是专门的控制计算机，称为工控机，这种工控机具有很高的运算速度，并且有很好的稳定性。但是考虑本文设计的激光雕刻机性能要求不是特别高及经济性原则，选用一般的计算机作为控制系统的主控机也可以满足工作需求。

3. 驱动器参数设置

伺服驱动器是伺服系统的核心部件之一，其主要功能是将上位机的控制信号转换为驱动电动机运动的电流。伺服驱动器内部有数字信号处理器及驱动电路，同时，驱动器内部还有电流、电压等检测和保护的模块。因此，伺服驱动器可以对伺服电动机的一些状态信息进行检测，同时还可以调节伺服电动机的某些特性。交流伺服驱动器通过内部的整流滤波电路，先将三相电或单相电转变为直流电，再通过逆变和变频变成三相正弦波来驱动三相同步电动机工作。在使用伺服驱动器之前，需要对其进行一些参数的设置，以保证电动机正常运行。在富士驱动器中有许多参数可以调整，其中重要的参数表示的意义如下。

1）PA1－01号——控制模式切换：0——位置控制、1——速度控制、2——转矩控制、3——位置/速度控制、4——位置/转矩控制、5——速度/转矩控制，缺省值为0。

2）PA1－03号——输入脉冲形式：用于选择位置控制时脉冲输入的形式，0——脉冲＋方向、1——正/反双路脉冲、2——相位差90°的双路脉冲，缺省值为1，在本系统中，PMAC控制器输出脉冲＋方向信号，因此，如果通过伺服进行位置控制，需要将此值改为0。

以上的设置属于伺服电动机的基本设置，可以保证伺服电动机正常运行。除了这些以外，还需要根据具体情况设置其他参数，如编码器设置、报警设置等，其他参数参见富士伺服驱动器手册。

4. 控制系统电路图设计

雕刻机控制系统中的硬件部分实现需完成以下工作：IPC（上位机）与PMAC运动控制卡（下位机）之间通过以太网通信完成信息的传递。PMAC运动控制卡通过光隔板与电动机驱动器连接，实现对电动机的实时控制。外围电路总电源添加空气开关和断路器，当控制系统出现过电流时，自动切断电源回路，对整个控制系统的电路能起到很好的保护作用。除了伺服电动机需要220V供电外，控制系统电路中还需要搭配两种型号的电源，其中一种为24V的电源，用来给交流伺服驱动器、限位开关等供电，还有一种是5V的电源，用来给PMAC运动控制卡和光隔板等器件供电。控制系统电路中应用了电磁继电器控制电路通断，主要用于伺服电动机制动器的控制。参考 PAMC 运动控制卡说明书，针对交流伺服电动机的连线方法绘制电路图。

图 5-24 所示为 X 轴交流伺服电动机的接线图，其中 L、N 为主供单相电源，P24、M24 用于为驱动器控制电路提供 DC24V 电源，U、V、W、GND 为电动机三相电及地线。

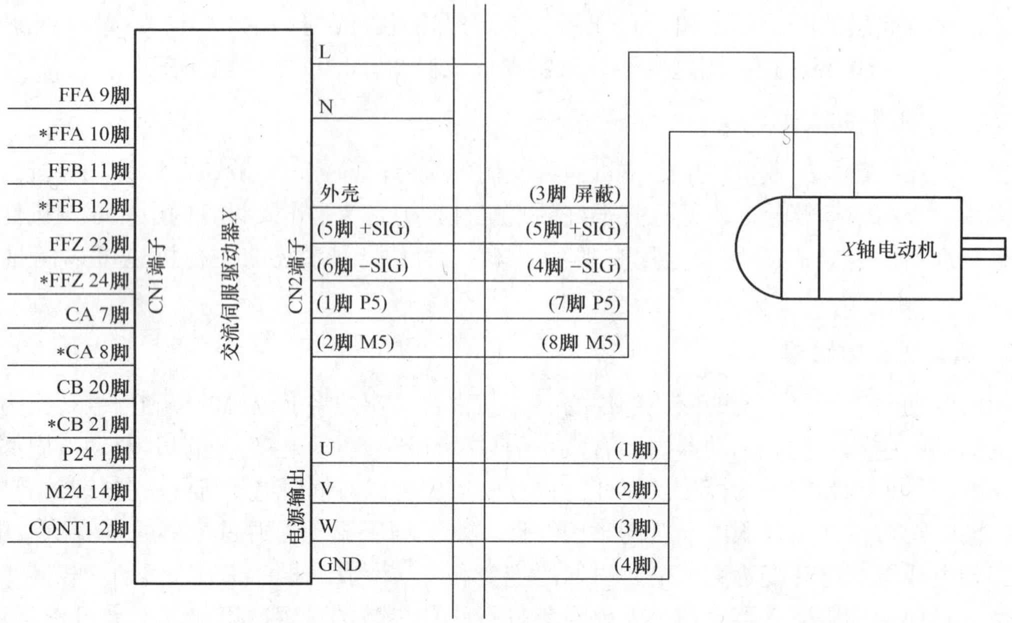

图 5-24　X 轴交流伺服电动机接线图

CONT1：如果该端子和控制电源（M24）相连，则伺服驱动器允许工作；如果断开，则驱动器禁止输出。该信号已做连接，用于急停按钮（此端子功能由伺服驱动器参数定义，缺省定义为伺服 ON）。

CA、＊CA、CB、＊CB：本端子用于位置控制时的信号输入（脉冲及方向信号）。

FFA、＊FFA、FFB、＊FFB、FFZ、＊FFZ：编码器脉冲输出端，富士伺服驱动器可以将码盘反馈回来的脉冲信号同步发送给其他控制器，本章也采用了这种接法，可以将反馈的脉冲同时送到驱动器和 PMAC 控制卡中。

CN2：端子为富士伺服电动机码盘反馈信号输入端。

伺服电动机制动器连接及参数设置：伺服电动机保持制动器也叫电动机抱闸。由于滚珠丝杠副的摩擦因数小，不能自锁，因此当作用于垂直位置时，为防止因突然停电而造成主轴箱自动下滑，必须加有制动装置。伺服电动机中加入抱闸可以使机械本体不因自重而发生运动，这样增加了机器的安全性能。如果伺服使能信号 S－ON 为 ON，制动器 BK 信号将同时为 ON。当要求伺服电动机停止时，如果 S－ON 信号为 OFF，则制动器 BK 信号将同时为 OFF。

在激光雕刻机上，给每个轴设置了一个原点，同时，为了限定各轴的运动行程，在各轴的原点两端一定距离安装了机械限位开关，限位及原点的电路接线如图 5-25 所示。

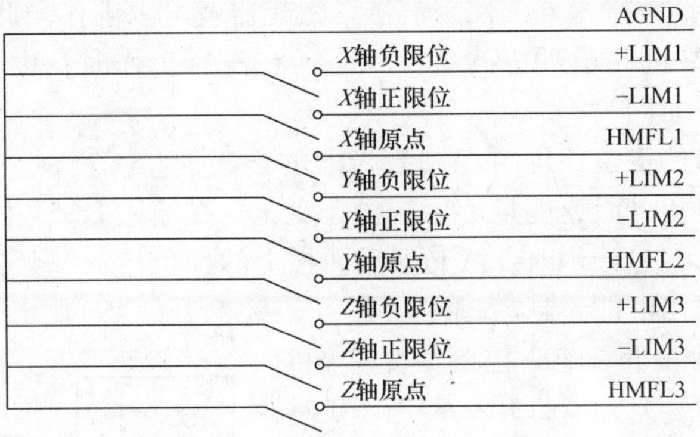

图5-25 限位及原点的电路接线图

在控制箱的面板上安装有发光二极管来显示当前轴的状态，每个二极管上串联一个100Ω的电阻用来限流，指示灯接线图如图5-26所示。

在控制箱的面板上设置有轴选择开关，手动模式下，通过拨动选择开关，选择需要运动的轴及其起停，按动JOG+、JOG-实现轴的正反方向运动，按动原点按钮实现轴的回原点。轴运动接线图如图5-27所示。

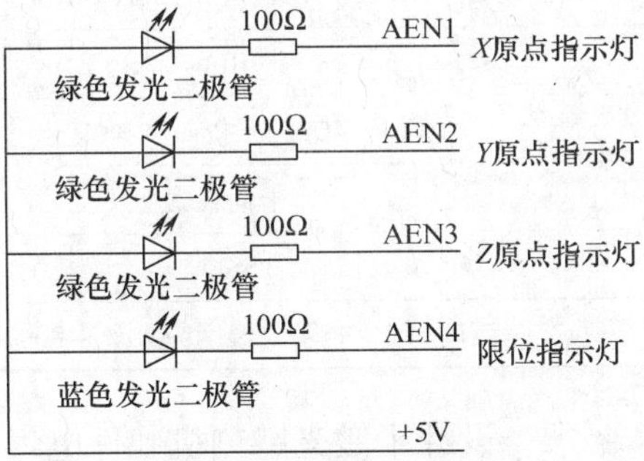

图5-26 指示灯接线图

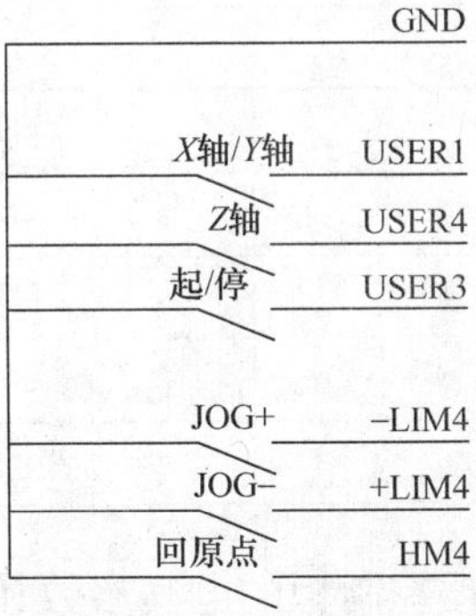

图5-27 轴运动接线图

本章中所用的是CO_2激光器，目前CO_2激光器是应用最广泛的激光器之一，工业CO_2激光器已广泛应用于切割、焊接、雕刻等行业。它有着非常突出的高功率、高质量等优点。本章所用激光器由进口高品质CO_2激光器、激光镜组、半导体准直透镜及电气部分等组成，具有操作维护方便等特点。CO_2激光器主要参数见表5-6。

表5-6 CO_2激光器主要参数

项　　目	参　　数
供电需求	三线 AC220V 1kVA
总机容量	300W
环境温度	0～40℃，保存时：-10～40℃
环境湿度	35%～85%RH，保存时：35%～85%RH
其他要求	工作室应清洁无粉尘，严禁吸烟

通过激光器的 Q9 插头接入外部控制信号，激光器就可以工作。此信号需为 TTL 调制信号，频率在 4 ~ 20kHz 之间为最理想的工作状态，在没有工作时，也需要输入一个 5kHz 的预制调制信号，高电平时间为 1μs。

通过调整调制信号的占空比即可控制激光器的输出能量。当占空比达到 95% 时，输出能量达到界限值，再有提升时，能量不会有显著变化。在输入 DC5V 的电压时，激光器也是可以工作的。当有外部信号输入时，激光器后面板上的红色指示灯会亮，输入的占空比越高灯越亮，表示激光器输出的能量越高。

通过 PMAC 的一个变量 M407 控制激光器的打开与关闭，M407 = 1 时，激光器打开；M407 = 0 时，激光器关闭。激光器的接线如图 5-28 所示。

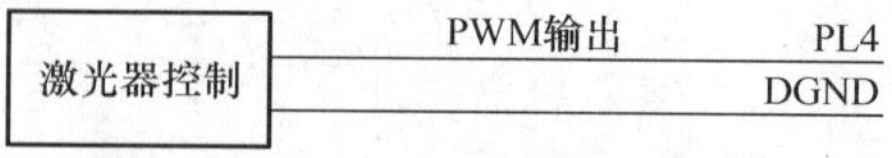

图 5-28　激光器接线图

5. 控制系统硬件平台搭建

鉴于激光雕刻机的工作环境，从安全和方便维护管理角度考虑，需要把一些硬件放入一个控制柜中，本章将伺服驱动器、噪声滤波器等元器件都安装在控制柜中。控制柜的电气参数见表 5-7。

表 5-7　激光雕刻机控制柜的电气参数

序　号	名　称	参　数
1	供电电压	AC220 50Hz 与 AC200V 50Hz
2	供电电流	10A
3	主控制器	Turbo Clipper Pmac 4 轴板卡
4	伺服单元	富士伺服驱动
5	转接板	SS11
6	工作环境	温度为 0 ~ 45℃，湿度为 20% ~ 80% RH

根据控制柜的电气参数和伺服系统的工作要求，设计了激光雕刻机硬件电气系统的原理图；根据设计的电路原理图，搭建了激光雕刻机控制柜。图 5-29 所示为控制柜操作面板布局图。

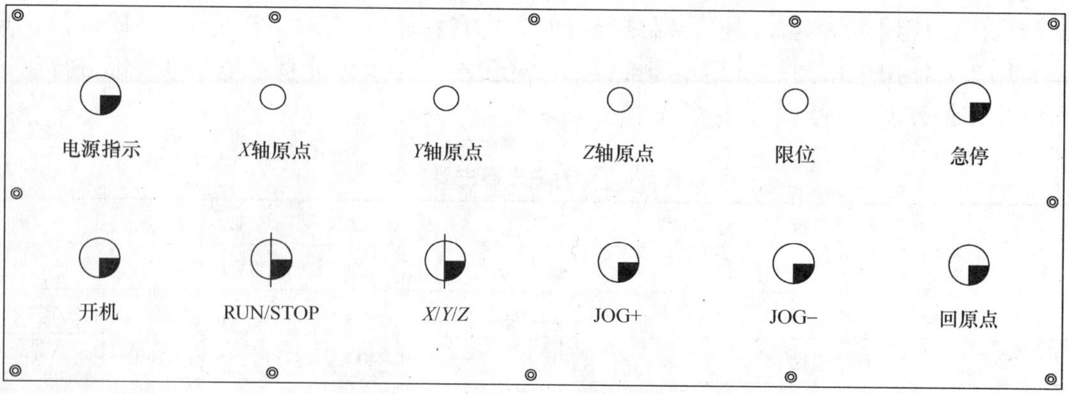

图 5-29　控制柜操作面板布局图

设计完成控制系统电路图后，将电气元器件合理布局并连线，搭建完成的电路实物如图5-30所示。

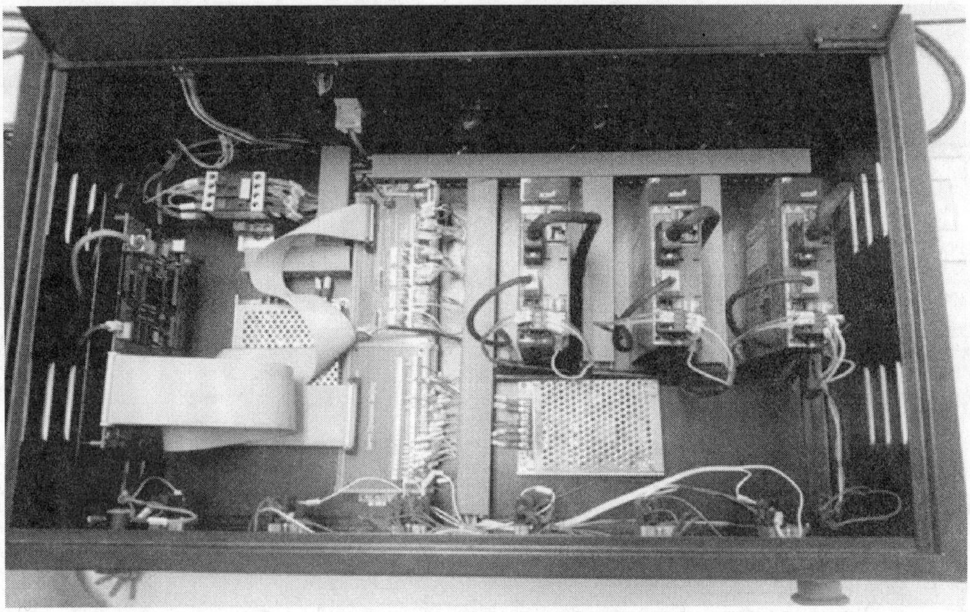

图5-30　控制系统电路实物图

5.3.3　激光雕刻机的PID参数整定

PMAC运动控制卡提供了一个PID位置环的伺服调节器。在大多数情况下，PMAC提供的PID调节器可以足够满足各个系统的控制。PMAC的PID控制是由各个I变量的设置来实现的，可以通过适当改变关于PID的I变量，让系统能够达到较好的响应速度及较高的精度。图5-31所示为PMAC提供的PID控制的原理框图。

下面是PMAC调节PID的几个重要参数。

IX30：这个参数是为X号电动机的误差设置的一个比例因子。它的实际作用就像电子弹簧一样，IX30值越大，则“弹簧”的刚性越好，值太小的话，则灵敏度会比较差，而值太大则会因为频繁的过度反应而产生误差。当这个值为负值时，将会改变PMAC输出指令的极性，使电动机反向运转。PMAC中这个参数的默认值是2000，但是这个默认值在大多数情况都是极低的，会引起系统的低响应和较高的跟随误差。

IX31：这个参数表示X号电动机的微分增益。它是从电动机的输出控制中减去一个与实测速度成比例的数值，作用相当于一个电子阻尼器。IX31的值越大，阻尼越大。对于一个已经采用速度环伺服驱动器和伺服电动机的系统而言，如果特性调试得足够合理，PMAC可以设置IX31的值为0，因为这种情况下驱动器已经提供了足够的阻尼。在其他情况下，如果伺服驱动器和伺服电动机之间采用电流环的模式，则IX31应被设置成一个大于0的值。

IX32：这个参数表示X号电动机的PID速度前馈增益。这个参数是在电动机输出控制上加上一个与期望速度成比例的数值，用来减小由IX31电子阻尼带来的跟随误差。对于采

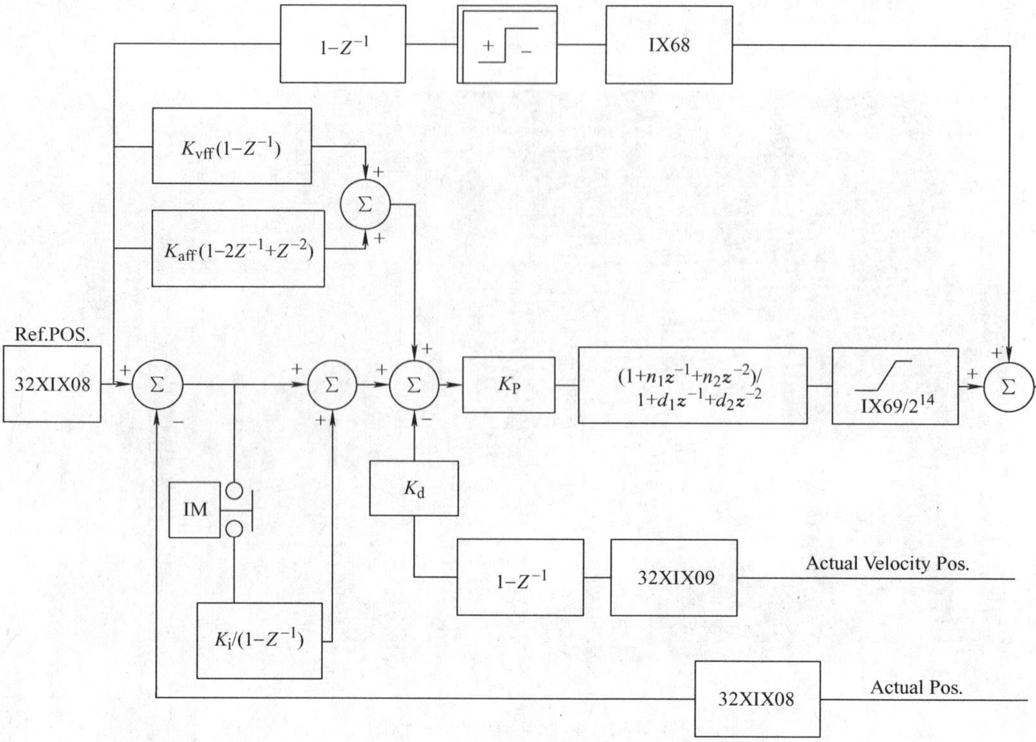

图 5-31　PMAC 提供的 PID 控制的原理框图

用电流环的伺服驱动器，这个参数应等于 IX31 的值来减小跟随误差；而采用速度环的伺服驱动器，这个参数要设置成远大于 IX31 的值才可以减小跟随误差。

IX33：这个参数表示 X 号电动机的 PID 积分增益。这个参数是在 X 号电动机输出控制上加上一个与位置误差时间积分成比例的数值。

IX35：这个参数表示 X 号电动机的 PID 加速度前馈增益。它是在控制输出上加上一个和电动机的期望加速度成比例的值。这样做可以减少系统负载的惯性迟滞引起的跟随误差。

IX68：这个参数表示 X 号电动机的摩擦前馈。它的作用是在电动机输出上加一个偏量。如果电动机的期望速度为正，则 IX68 的值将被加到输出上；如果电动机的期望速度为负，则 IX68 的值将从输出中减去。这个参数可以用来帮助克服由于机械摩擦力引起的误差，它不利用任何反馈信息，因此不会直接影响系统的稳定性。

使用 PMAC Tuning 软件来调节机器人各关节伺服电动机的 PID 参数。PMAC Tuning 可以通过设置相关参数来让电动机按照阶跃和抛物线指令运动，然后采集电动机实际的位置，绘制成 PID 响应曲线图和跟随误差曲线图。图 5-32 所示是 PMAC Tuning 的软件界面。

调节当前伺服电动机的 PID 特性时，前提是需要让电动机工作在闭环模式下。调节 PID 分成两步，第一步先用阶跃信号调节系统的响应，第二步是使用正弦信号调节跟随误差。

调节激光雕刻机 *X* 轴伺服电动机 PID 特性的过程如下。

首先选择阶跃响应 Position Step 方式调节响应。步长设置为 1000 脉冲计数，时间设置为

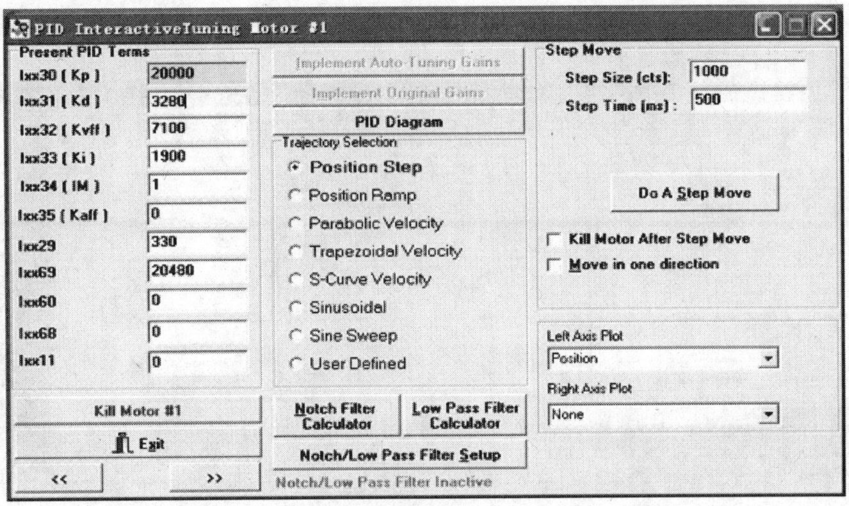

图 5-32　PMAC Tuning 的软件界面

500ms，调节比例增益 K_p 的值，在初始值 700 的情况下，得到阶跃响应的曲线如图 5-33 所示。

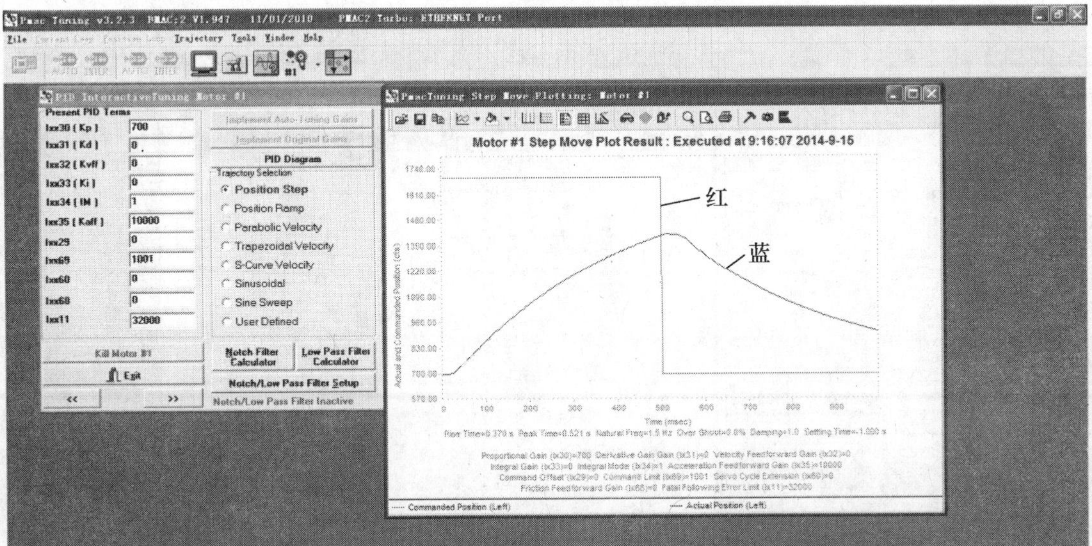

图 5-33　阶跃响应曲线 1

图中红色曲线为位移指令曲线，蓝色曲线为采集到的反馈曲线。这种曲线响应太慢，上升时间为 0.370s，需要增大比例 K_p 的值。不断增大比例项 K_p 的值，得到较小的响应时间，如图 5-34 所示。

图中曲线的上升时间为 0.064s，响应已经比较快了。但是明显出现了超调量过大的情况，即根据反馈值得到的曲线的峰值超出指令值过多。针对这种情况，应加入微分增益 K_d，即增加阻尼。增加 K_d 的值到 4000，得到图 5-35 所示的曲线。

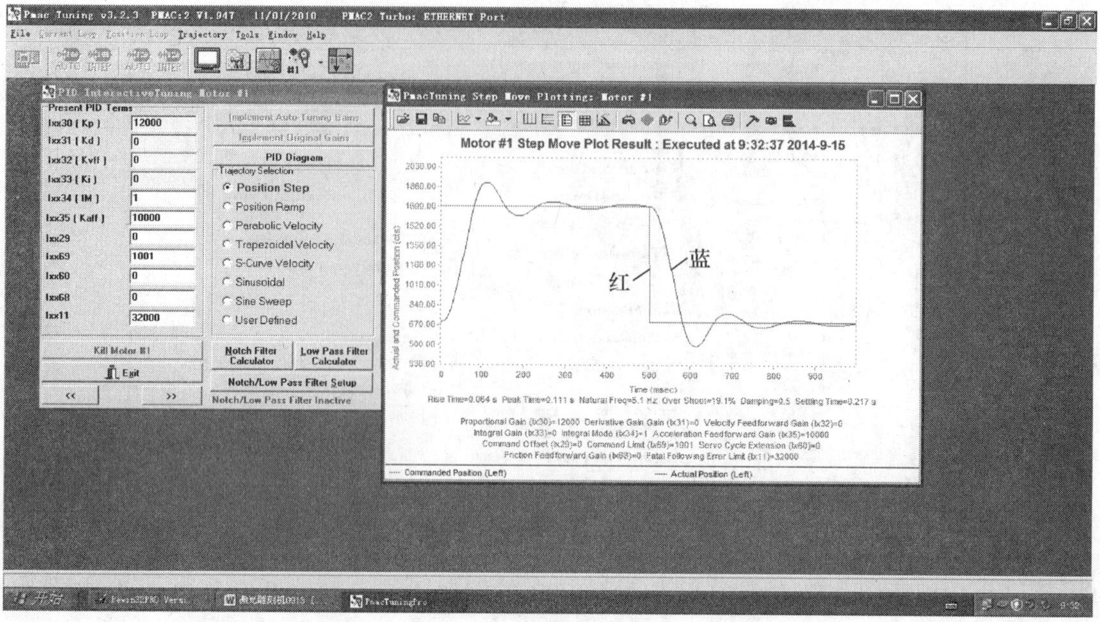

图 5-34　阶跃响应曲线 2

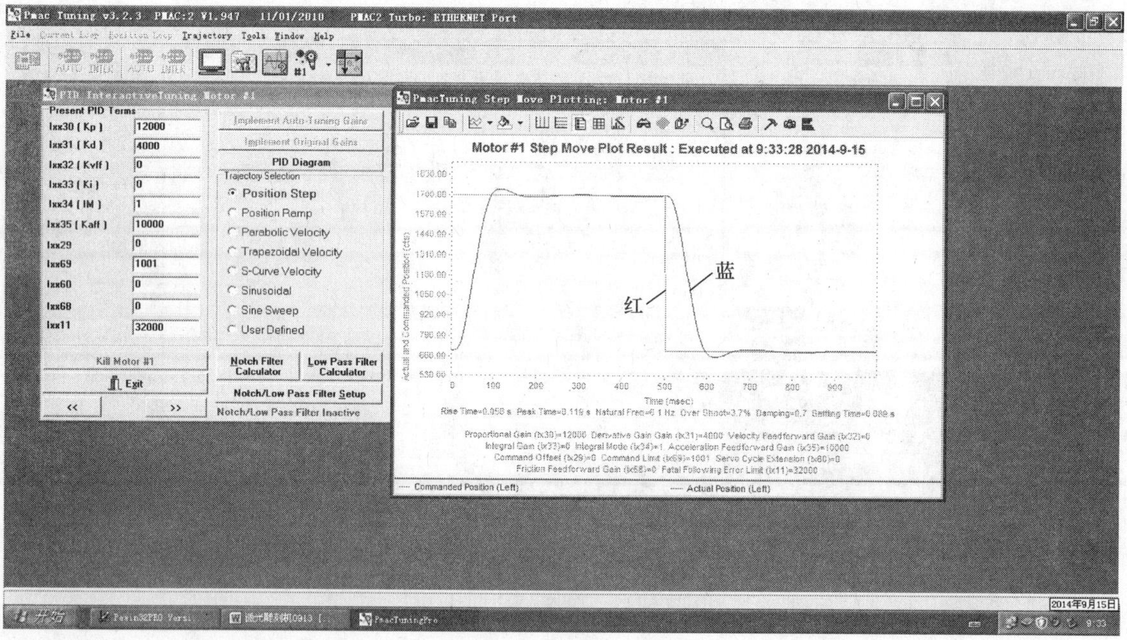

图 5-35　阶跃响应曲线 3

图 5-35 中的超调量减小了很多，继续不断调整微分项得到的反馈曲线更接近指令曲线的图形。

图 5-36 所示是比较理想的阶跃响应曲线，曲线的上升时间为 0.058s，响应速度已经可以达到要求。

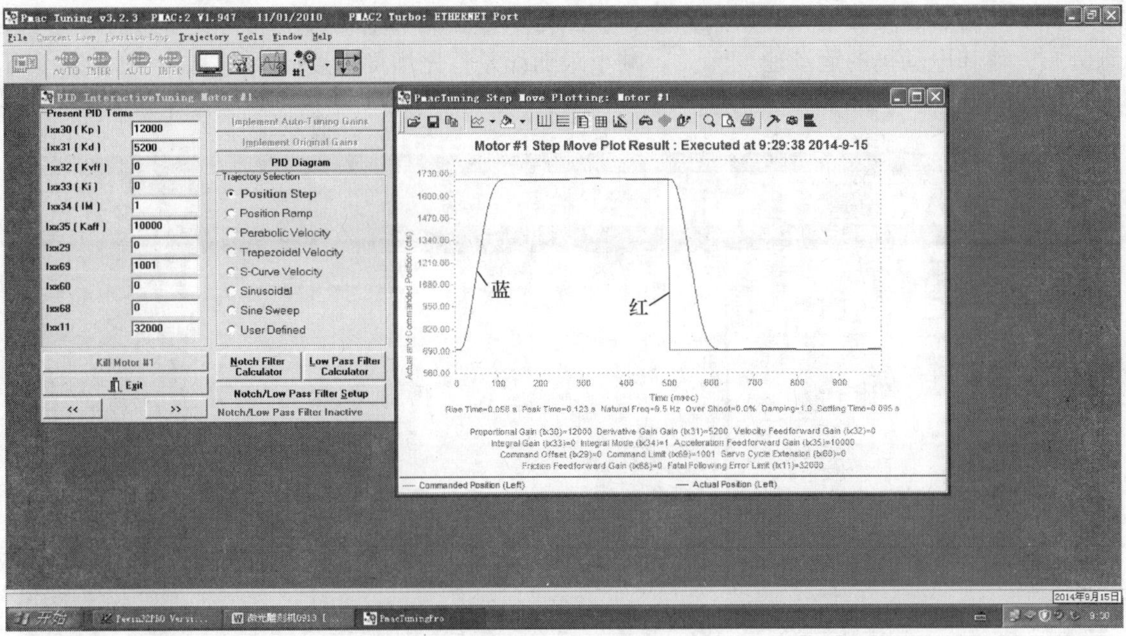

图 5-36　最终的阶跃响应曲线

调整好系统的响应特性后，再使用 Parabolic 调节跟随误差。Parabolic 模式是让伺服电动机按照抛物线速度曲线运行一段位移，PMAC 采集反馈值并计算出在运动过程中的跟随误差。在不加入前馈的情况下，电动机的跟随误差较大，如图 5-37 所示。

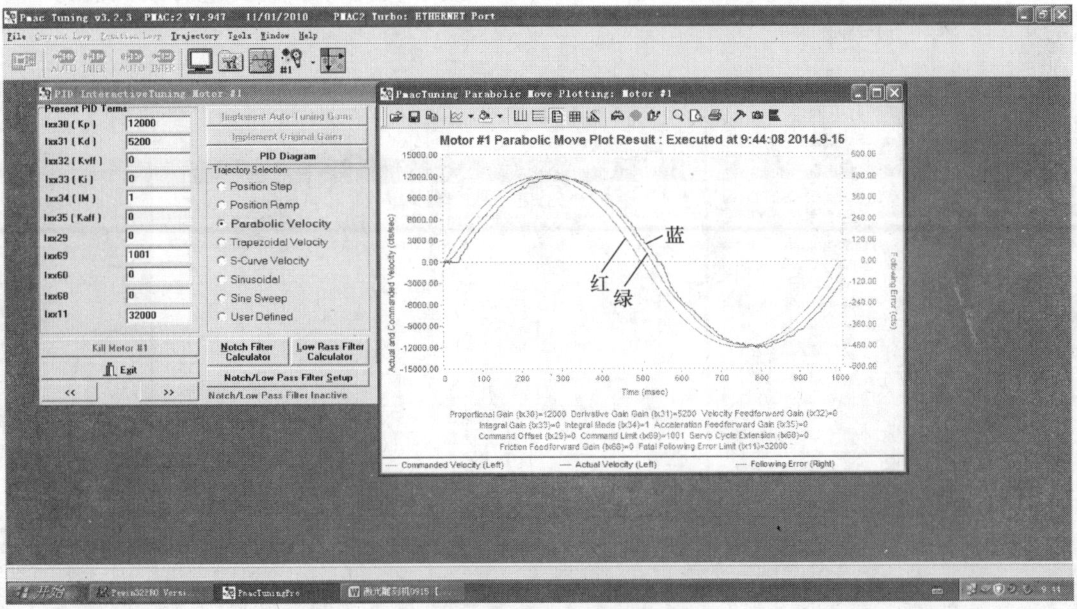

图 5-37　跟随误差曲线 1

图中的红色曲线为指令速度曲线，蓝色曲线为电动机实际的速度曲线，绿色的曲线为跟随误差曲线。此时伺服电动机在运动过程中跟随误差的最大值为 480 cts，并且由曲线可以看出，误差随着速度的增大而增大，这样显然是不合理的。跟随误差应满足在数轴的上下两侧分布，而和电动机的运动速度无关。减小跟随误差首先增加速度前馈项 K_{vff}，图 5-38 所示为 K_{vff} 为 14000 时的 Parabolic 曲线。

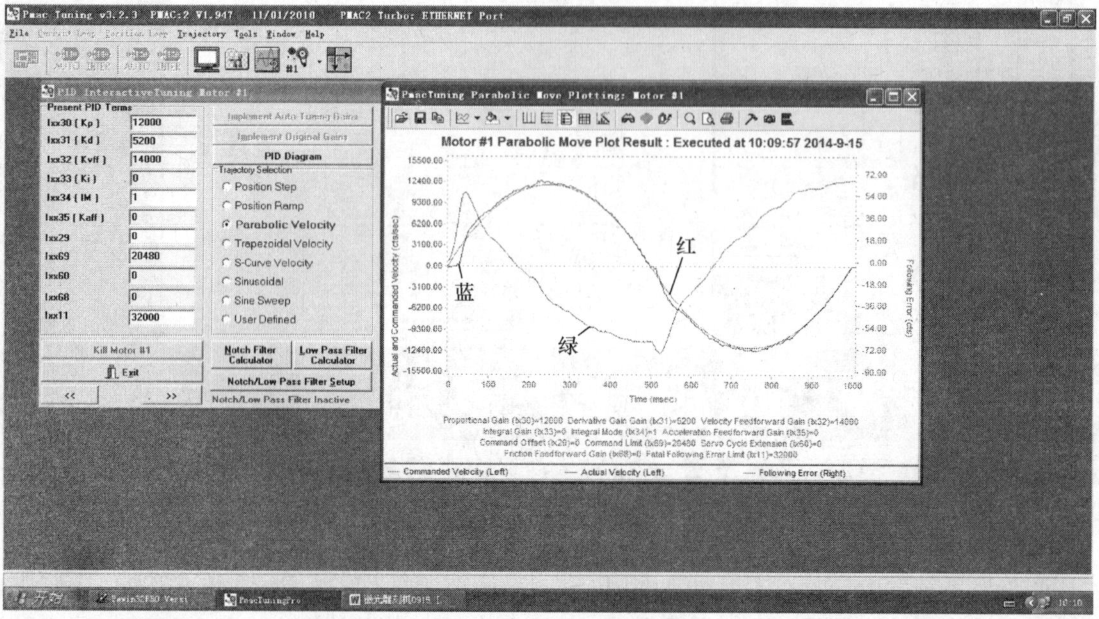

图 5-38　跟随误差曲线 2

继续调整 K_{vff} 的值，减小跟随误差，如图 5-39 所示，此时跟随误差的最大值为 60cts，已经达到比较低的跟随误差。

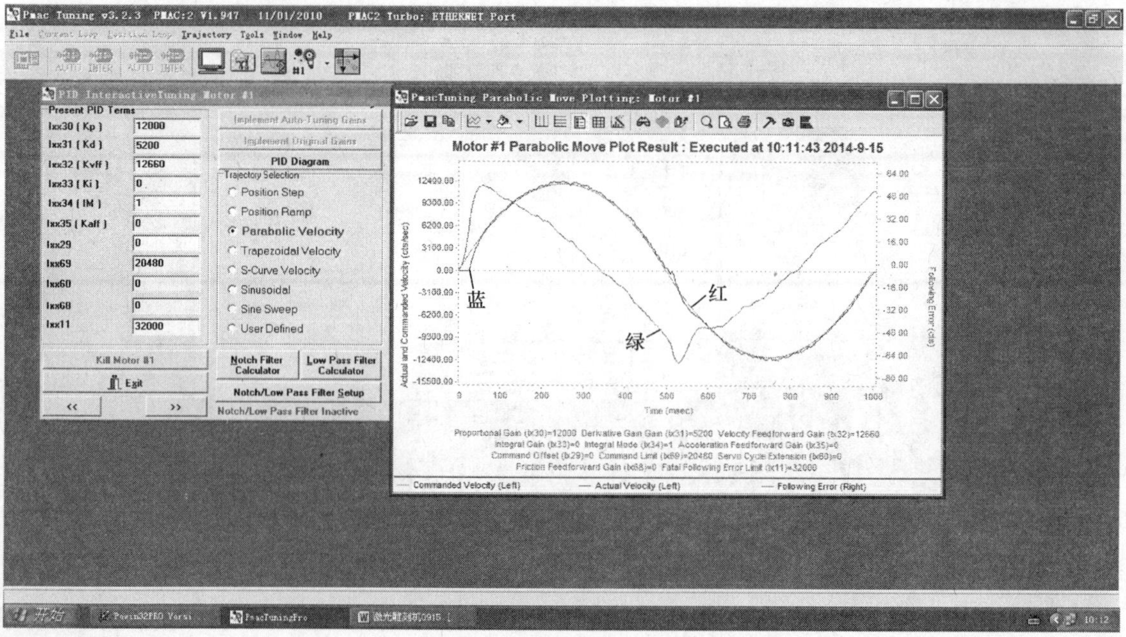

图 5-39　跟随误差曲线 3

继续减小跟随误差，可以加入加速度前馈，即增大 K_{aff}，K_{aff}设置的范围很大。不断调整 K_{aff}的值，得到的跟随误差曲线如图 5-40 所示。

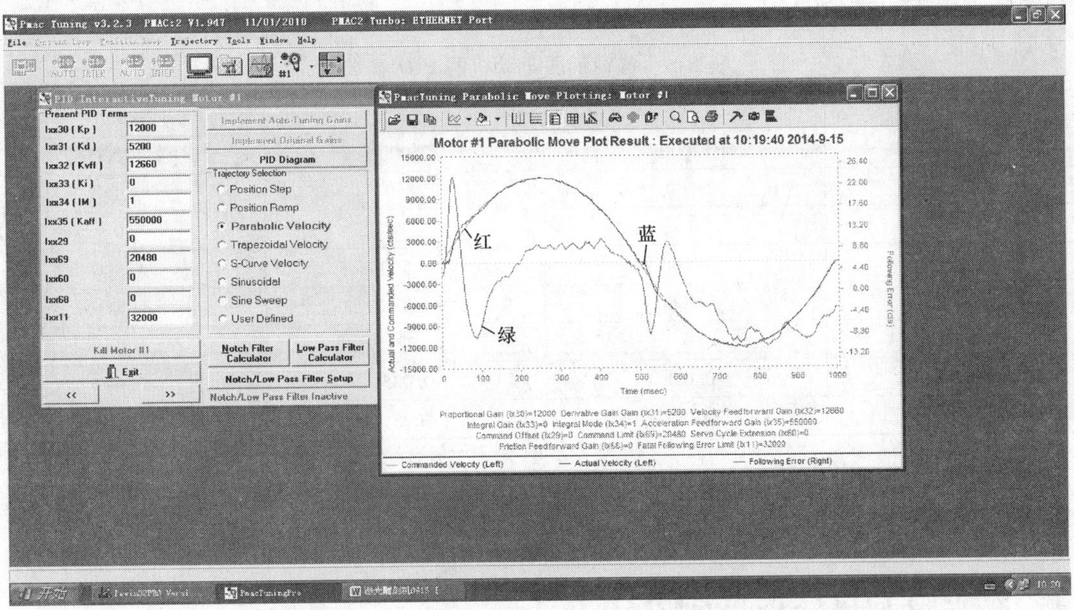

图 5-40　跟随误差曲线 4

此时的跟随误差已经控制在 22cts 之内，最后再加入摩擦前馈增益 IX68。这里不断调整，设置 IX68 = 8，得到最终的曲线如图 5-41 所示。

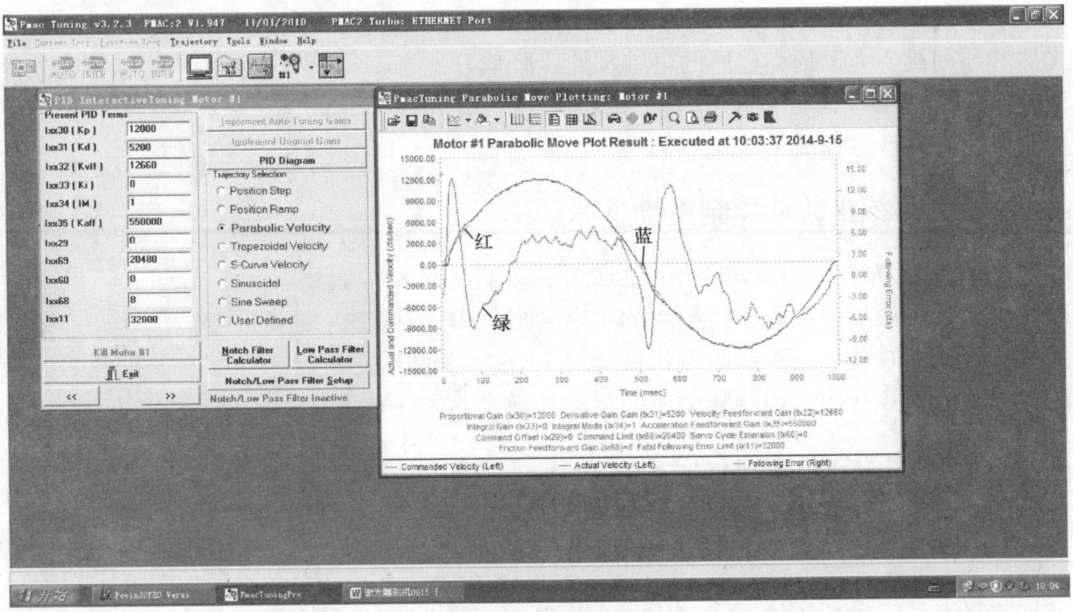

图 5-41　加入摩擦前馈的跟随误差曲线

在图 5-41 中，通过电动机反馈得到的速度曲线和指令速度曲线基本重合。由绿色的跟随误差曲线可以看出，电动机的跟随误差在 0 的上下波动，并且跟随误差控制在 12cts 以内。

通过以上方法调节激光雕刻机各轴伺服电动机的 PID 特性，使得各个轴都获得了较好的响应特性和较小的跟随误差。表 5-8 为各轴伺服电动机的 PID 参数的设定值及得到的响应时间和跟随误差的最大值。

表 5-8　各轴伺服电动机的 PID 参数

轴	X	Y	Z
比例 K_p	12000	25000	15000
微分 K_d	5200	2850	3200
积分 K_i	0	0	0
速度前馈	12660	10500	11500
加速度前馈	550000	500000	410000
摩擦前馈	8	30	10
响应时间	0.058	0.035	0.047
跟随误差	12.0	6.5	16

表 5-8 中用伺服电动机阶跃响应曲线的上升时间来衡量伺服系统的响应时间，跟随误差是 Parabolic 曲线图中误差曲线波动的最大幅值。

5.4　激光雕刻机软件控制系统设计

前几节介绍了激光雕刻机的机械系统、硬件控制系统部分，本节将介绍软件控制系统部分。软件控制系统主要负责调用 PMAC 运动控制卡来实现激光雕刻机的运动和激光器的开关及其功率大小的控制，包括从 TTF 字库中提取汉字、提取汉字轮廓、生成 G 代码、控制激光器和雕刻机。为了提高程序的可维护性，降低开发难度及提高兼容性，控制系统软件的开发使用 VC ++ 编程语言，开发环境使用微软的 Microsoft Visual C ++ 6.0。本节将阐述软件控制系统的设计过程。

5.4.1　激光雕刻机软件控制系统总体结构

图 5-42 所示为设计的激光雕刻机控制系统软件总体设计流程图。

从 TTF 字库中提取汉字，将提取的汉字生成 BMP 图像，并对其进行镜像处理；提取汉字的轮廓，生成 G 代码，控制雕刻机的运动和激光器的开关雕刻空心汉字；或者不提取汉字的轮廓，生成 G 代码，控制雕刻机的运动和激光器的开光雕刻实心汉字。

5.4.2　矢量字库中字体的存储格式及矢量字体的提取

目前使用最广泛的矢量字库有两种，一种是早期的 UCDOS 操作系统中的矢量汉字库；另一种是 Windows 操作系统中的 True Type 矢量汉字库。字库中的数据都是经过压缩的，数据码与控制代码压缩混合在一起。因此，要研究矢量字库就必须对它们的字库数据格式和存储结构有一个清晰的认识和了解。

1. DOS 系统中矢量汉字库的分析

早期的 UCDOS 系统中矢量汉字库（HZKSLXXJ）的格式如下：每个汉字都是以 128 ×

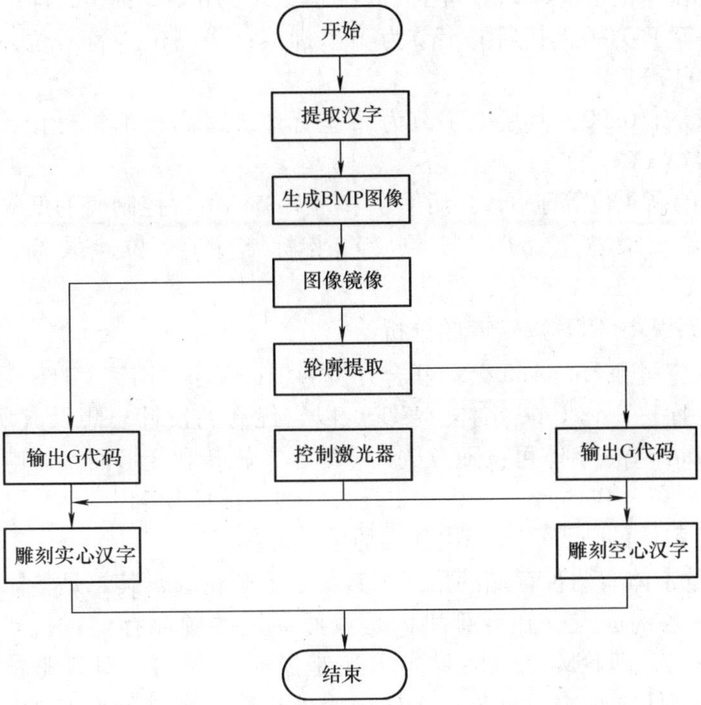

图 5-42　激光雕刻机控制系统软件总体设计流程图

128 单位坐标字距的矢量数据表达。字库由两部分组成，一部分是汉字索引表，占据字库文件从开始到 0XBB3E 的位置，索引表中存放的是某汉字的矢量数据在字库文件中的偏移量，以及该汉字矢量数据的长度。每个汉字索引数据占 6 个字节，其格式为：前 4 个字节为汉字的矢量数据在文件中的偏移，后 2 个字节为汉字的矢量数据的长度。真正的矢量数据是从偏移量 0XBB3F 开始的。

汉字指针在指针区的偏移由公式 $pos=((qu-16)\times 94+wei-1)\times 6$ 计算。式中，qu 表示区号，wei 表示位号。

汉字的矢量数据格式为控制码 + 坐标值。共有九种控制码，以下为控制码的含义。

1）若控制码第 7、6 位都为 1，表示该码为清除码，结束当前笔画，将第一个坐标与当前坐标连线；建立新笔画，X、Y 坐标各占 7 位，由控制码的第 5 位开始，即 11$XXXXXXXYYYYYYY$。

2）若控制码小于或等于 0x40，表示其后有 n 个字节的坐标。每个坐标占一个字节，且有 n = 控制码值，X、Y 坐标各占 4 位，其各自的最高位为符号位 F，即 FXXXFYYY。

3）若控制码的高 4 位等于 4，表示其后有 n 个字节的坐标，且 n = 控制码的低四位所表达的数值。每个坐标占一个字节，X、Y 坐标各占 4 位，X 为正，Y 为正，即：$+XXXX+YYYY$。

4）若控制码的高 4 位等于 5，表示其后有 n 个字节的坐标，且 n = 控制码的低四位所表达的数值。每个坐标占一个字节，X、Y 坐标各占 4 位，X 为负，Y 为正，即：$-XXXX+YYYY$。

5）若控制码的高 4 位等于 6，表示其后有 n 个字节的坐标，且 n = 控制码的低四位所表达的数值。每个坐标占一个字节，X、Y 坐标各占 4 位，X 为负，Y 为负，即：$-XXXX-YYYY$。

6）若控制码的高 4 位等于 7，表示其后有 n 个字节的坐标，且 n = 控制码的低四位所表达的数值。每个坐标占一个字节，X、Y坐标各占4位，X为正，Y为负，即：$+XXXX-YYYY$。

7）若控制码等于0x80，其后1字节为Y坐标值，最高位为符号位，X坐标保持不变，即：10000000F$YYYYYYY$。

8）若控制码等于0x90，其后1字节为X坐标值，最高位为符号位，Y坐标保持不变，即：10000001FXXXXXXX。

9）若控制码的高4位等于8，其后1字节为Y坐标值，控制码的低4位值为X坐标值，X坐标各占4位，最高位为符号位，Y坐标各占8位，最高位为符号位，即1000FXXXF$YYYYYYY$。

2. Windows 系统中 TTF 汉字库的分析

由美国Apple公司和Microsoft公司联合开发的True Type字库（TTF）已被用于Windows中文版生成汉字字库。True Type字体（TTF）以它优秀的设计思想及其所见即所得的输出效果脱颖而出。True Type字体可被随意放大、缩小、旋转和变形而不影响字体的输出质量。它采用直线和B-样条（Bezier-Spline）曲线来描述字体的轮廓，克服了以往点阵字体、笔画字体和向量轮廓字体的缺点，表现出强大的生命力。

True Type矢量字体有两种存储的格式：其一是笔画轮廓，其二是整体内外轮廓。

一个轮廓上的各构成点，在计算机内是按照一定的顺序存储的。点的存储顺序决定了该轮廓的“旋向”，即轮廓是顺时针走向还是逆时针走向。对于整体外形轮廓字模数据，在True Type字体中规定，如果一个轮廓为外轮廓，则其旋向必为顺时针走向；如果是内轮廓，则必为逆时针走向。如图5-43所示，“是”字有两个外轮廓，它的旋向是顺

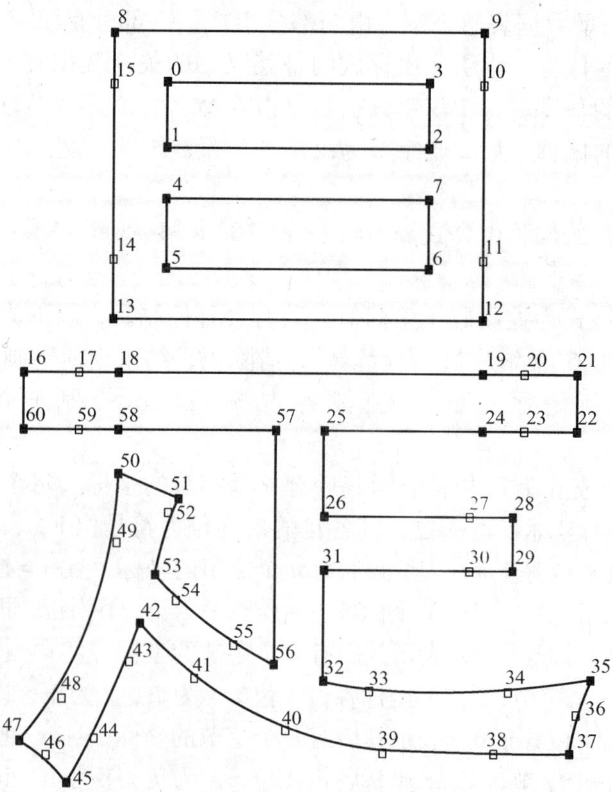

图5-43　“是”字整体内外轮廓旋向

时针走向的，也就是说点在顺时针方向上是递增的，同时，有两个内轮廓，它的旋向是逆时针走向的。

当然对于笔画轮廓来说，只有外轮廓，没有内轮廓，那么所有笔画轮廓均为顺时针走向，“中”字的笔画轮廓旋向如图 5-44 所示。

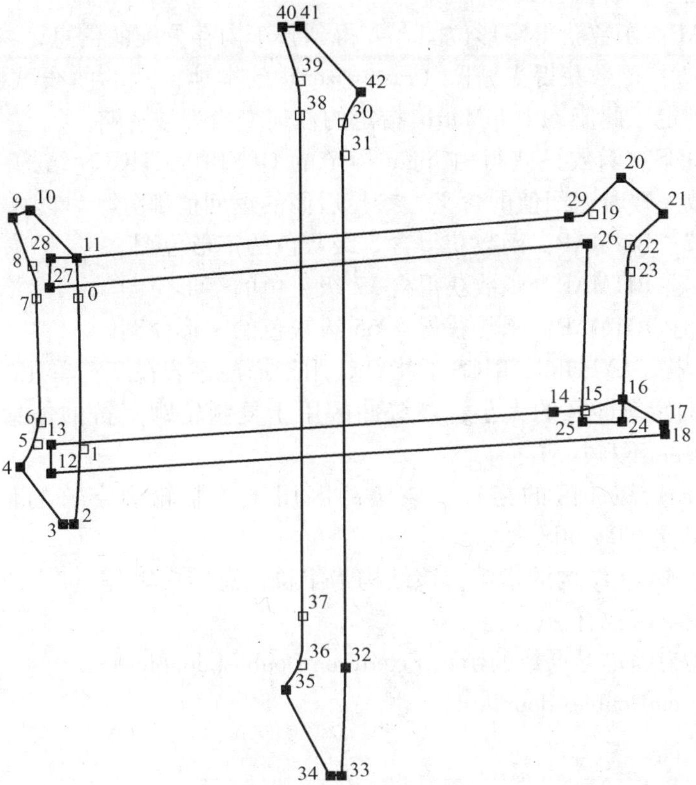

图 5-44　“中”字笔画轮廓旋向

True Type 字库主要包括两大部分：第一部分是 True Type 字体的基本数据存放区，第二部分是 True Type 字体的指令集。第一部分为汉字的基本字体轮廓数据和字模结构存放区，第二部分是矢量汉字的其他修饰信息，如对大字体进行的 B -样条的节点内插等。

汉字雕刻系统是基于矢量字库的，为从 True Type 字库中获取汉字的矢量字模信息，必须分析 True Type 字库的结构，并以此为基础编制直接从字库文件读取字模的模块程序。

在 Windows 操作系统下，汉字是 True Type 字体，采用记录字的控制点来保存字的轮廓，然后填充轮廓形成汉字。因而可以利用 Windows 的一个特殊的 API 函数——GetGlyphOutline( ) 函数，获取控制点的坐标信息，得到一条 B 样条曲线，在很小的等分间距中求出一系列样条曲线轮廓上的点，并用折线连起，得到可加工的矢量数据。另外，也可以通过汉字图像的提取轮廓算法（如种子算法等）提取轮廓点的坐标值。因为 TTF 字体的最大优点是可以很方便地把字体轮廓转换成曲线，可以对曲线进行填充，制成各种颜色和效果，它可以进一步变形，制作特殊效果字体，因此这里选择从 TTF 字库中提取字体。

下面就来介绍怎么样用函数 GetGlyphOutline 获取显示字符图形数据。

函数原型：DWORD GetGlyphOutline（HDC hdc，UINT uChar，UINT uFormat，LPGLYPHMETRICS lpgm，DWORD cbBuffer，LPVOID lpvBuffer，CONST MAT2 ＊lpmat2）。

其中函数的参数：hdc：设备环境句柄；uChar：指定待转换图形数据；uFormat：指定函数取得的数据的格式。

可用下列值之一，各值含义如下。

GGO_ BITMAP：函数获得字形位图。要得到善于内存分配的信息，参见后面备注部分。

GGO_ NATIVE：函数获得光栅器（rasterrizer）的本地格式的曲线数据点，并使用字体的设计单位，当指定了此值，由 lpMatrix 指定的任何变换都被忽略。

GGO_ METRICS：函数只获得由 lpgm 指定的 GLYPHMETRICS 结构。其余缓冲区被忽略，此值影响函数失败时返回值的含义，参见后面的返回值部分。

GGO_ GRAY2_ BITMAP：函数获得含 5 级灰色的字形位图。

GGO_ GRAY4_ BITMAP：函数获得含 17 级灰色的字形位图。

GGO_ GRAY8_ BITMAP：函数获得含 65 级灰色的字形位图。

lpgm：指向结构 GLYPHMETRICS 的指针，用于描述字表在字符单元的放置。

cbBuffer：指向定缓冲区的大小，该缓冲区用于复制轮廓字符的信息。如果此值为零，函数返回需要的缓冲区大小。

lpvBuffer：指向定缓冲区的指针，该缓冲区用于复制轮廓字符的信息，如果此值为 NULL，函数返回需要的缓冲区大小。

lpmat2：指向 MAT2 结构的指针，该结构为字符信息转换矩阵。

其中调用的主要函数有：

浮点数据转换为固定浮点数的函数 FixedFromDouble(double d)。

```
FIXED FixedFromDouble(double d)
{
    Long l;
    L = (long)(d * 65536L);
    Return  * (FIXED * )&l;
}
```

设置字体图形变换矩阵函数 SetMat(LPMAT2 lpMat)。

```
Void SetMat(LPMAT2 lpMat)
{
    lpMat -> eM11 = FixedFromDouble(2);
    lpMat -> eM12 = FixedFromDouble(0);
    lpMat -> eM21 = FixedFromDouble(0);
    lpMat -> eM22 = FixedFromDouble(0);
}
```

利用 GetGlyphOutline 函数提取汉字的部分代码段如下所示：

```
CDC * pDC  =  GetDC();
CFont *  pOldFont  =  pDC -> SelectObject(&m_font);
//设置字体图形变换矩阵。
```

```
MAT2 mat2;
SetMat(&mat2);
GLYPHMETRICS gm;
//设置要显示的字符。
CString strtemp;
GetDlgItemText(IDC_EDIT_WRITECHI,strtemp);
WORD x = BYTE(strtemp.GetAt(0))*256 + BYTE(strtemp.GetAt(1));
//获取这个字符图形需要的字节的大小。
DWORD dwNeedSize = pDC->GetGlyphOutline(x,GGO_BITMAP,&gm,0,NULL,&mat2);
if(dwNeedSize > 0 && dwNeedSize < 0xFFFF)
{
    FreeData();
    m_pBuf =(byte *)(malloc(dwNeedSize));
    if(m_pBuf)
    {
//获取字符图形的数据到缓冲区。
        pDC->GetGlyphOutline(x,GGO_BITMAP,&gm,dwNeedSize,m_pBuf,&mat2);
            m_nWidth = gm.gmBlackBoxX;
            m_nHeight = gm.gmBlackBoxY;
        }
        Invalidate(TRUE);
        pDC->SelectObject(pOldFont);
        ReleaseDC(pDC);
    }
```

提取汉字“龙”，如图5-45所示。

其中，在该对话框中选择字体按钮可以弹出字体选择对话框，如图5-46所示。

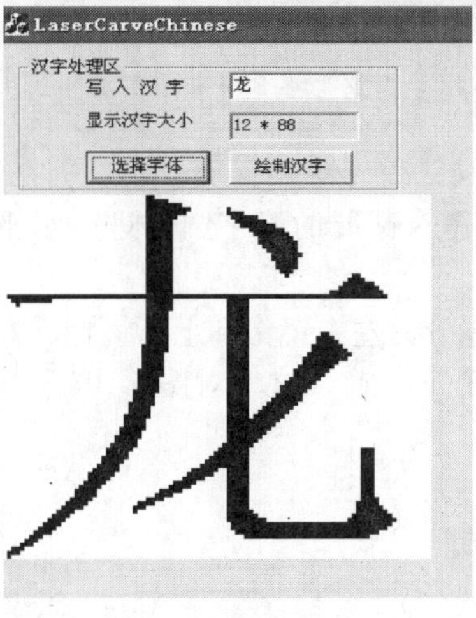

图5-45　提取的汉字“龙”

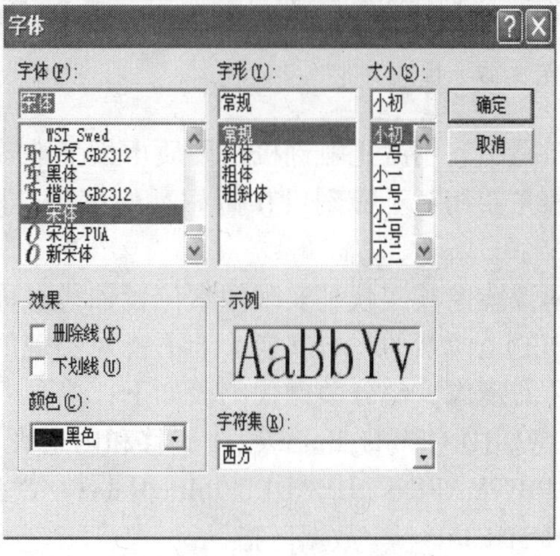

图5-46　字体选择对话框

如果在雕刻汉字的过程中选择的字形或字体大小不合适，则可以从对话框中重新选择字体、字形和字体大小，这样就能雕刻出所需的汉字了。

5.4.3　截取 BMP 图像并对其进行镜像处理

BMP 格式是微软公司为其 Windows 操作系统设置的标准图像格式，Windows 系统软件中包含了一系列支持 BMP 图像处理的 API 函数。BMP 文件可描述多达 32 位彩色图像。在计算机高速数控雕铣系统加工中，图像信息是重要的数据输入模式，用图像进行原始数据输入是当前 CAD/CAM 系统发展的一个重要方向。图像存储格式有 BMP/DIB、TIFF、GIF、PCX 等多种形式。从图像的颜色来划分，可分为彩色图像与灰度图像。在用激光雕刻机雕刻汉字的时候，把二维图像转化成三维图像，然后进行数控加工编程处理。即把二维图像坐标（x，y）转化成对应的雕刻机的 X 和 Y 方向的进给量，然后利用位图某点（像素）的颜色值（RGB）表示第三坐标，进而转换成对应的不同激光强度，从而完成激光雕刻机雕刻汉字的功能。提取的“龙”字流程图和 BMP 图像分别如图 5-47 和图 5-48 所示。

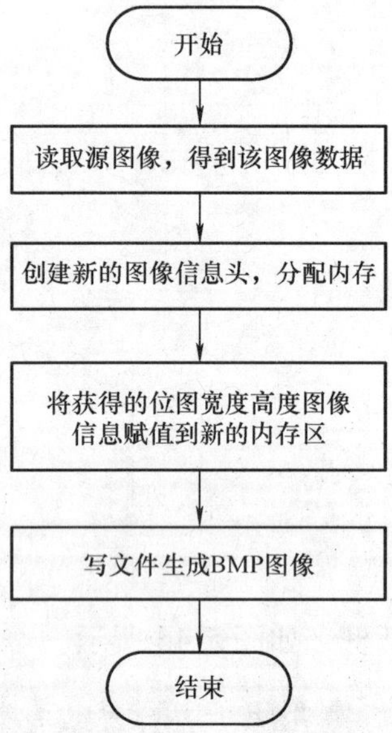

图 5-47　提取“龙”字流程图

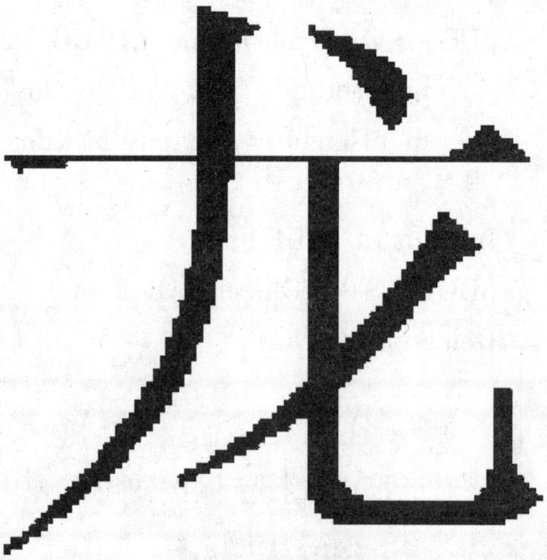

图 5-48　“龙”字 BMP 图像

但是，利用激光雕刻机在硬质木板上雕刻汉字的时候，激光器没有动，雕刻机在运动，那么激光器相对于雕刻机在做相反的运动，因此，必须得对截取的汉字图像进行水平镜像处理。

图像镜像其实就是实现像素位置轴线对称互换，可以分为左右镜像和上下镜像。左右镜像实现的是像素的左右互换，上下镜像实现的是像素的上下互换，这里对图 5-48 所示图像进行左右镜像，部分关键代码段如下：

```
DWORD OffBits,BufSize;//偏移和内存大小。
LPBITMAPINFOHEADER lpImgData;//文件信息头指针。
LPSTR lpPtr;//数据区指针。
LPBITMAPINFOHEADER lpTempImgData;//暂存作用的文件信息头指针。
```

```
LPSTR lpTempPtr;//暂存用的数据区指针。
LONG x0,y0,x1,y1;//计算像素的数据区位置。
    for(y1 =0 ;y1 < bi. biHeight ;y1 ++ )
    for(x1 =0;x1 < bi. biWidth;x1 ++ )
    {
        x0 = bi. biWidth - 1 - x1;//得到当前点的 y 中轴线对称点 x 坐标。
        y0 = y1;// 得到当前点的 y 中轴线对称点 y 坐标。
        //得到源数据区位置。
        lpPtr = (char * )lpImgData + ( BufSize - LineBytes - y0 * LineBytes) + x0;
        //得到目标区位置。
        lpTempPtr = (char * )lpTempImgData + (BufSize - LineBytes - y1 * LineBytes) + x1;
        //将源数据区位置赋给目标区位置。
        * lpTempPtr = * lpPtr;
    }
```

对“龙”字镜像处理后的图像如图 5-49 所示。

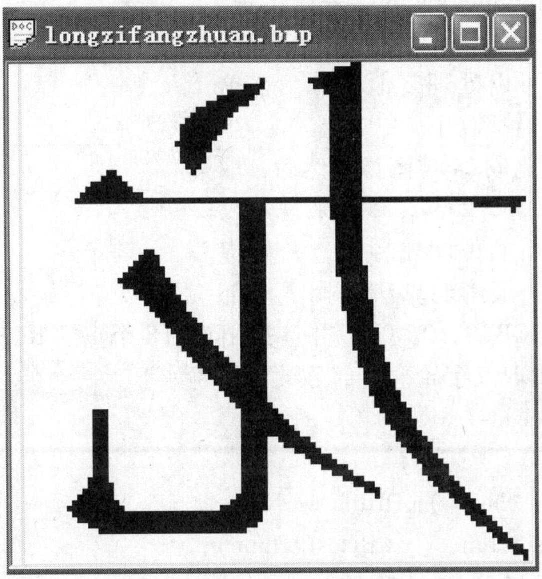

图 5-49　“龙”字镜像处理后的图像

5.4.4　提取汉字“龙”轮廓

图像的轮廓是指包围目标图像的封闭曲线。因为 True Type 字体是采用记录字的控制点来保存字的轮廓，然后来填充轮廓形成汉字，通过采用特殊的 API 函数- GetGlyphOutline( ) 获取控制点的坐标信息，这里，我们采用一种取轮廓算法来提取汉字的轮廓。轮廓提取是图像矢量化的重要环节，根据灰度 H_{ij} 的大小，可以采用轮廓跟踪法来提取图像边缘轮廓。轮廓提取一般可分为单轮廓提取、内部孔洞提取和相邻域外轮廓提取 3 种情况。当把一个图像放置在某一带边界的区域内时，轮廓提取就可归一为内部孔洞的提取。

这里，采用的提取轮廓算法为：掏空内部点，即如果原图中有一点为黑，且它的 8 个相邻点都是黑色时（此时该点是内部点），则将该点删除。要注意的是，处理的虽然是二值图，但是首先应将图像转化成 24 位图像，然后再处理。轮廓提取流程如图 5-50 所示。

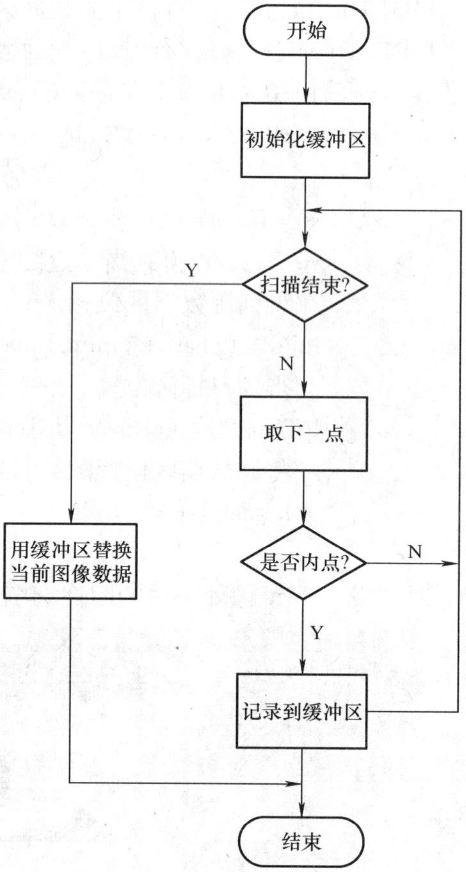

图 5-50　轮廓提取流程

1）提取汉字轮廓的时候，首先判断图像是否是二值图像。如果是二值图像，则继续提取轮廓的操作；如果不是二值图像，则退出操作。二值图像是指每个像素不是黑就是白，其灰度值没有中间过渡的图像。二值图像一般用来描述文字或图形，其优点是占用空间少；缺点是，当表示人物、风景的图像时，二值图像只能描述其轮廓，不能描述细节。这时候要用更高的灰度级。二值图像经常出现在数字图像处理中作为图像掩码或者在图像分割、二值化和 dithering 的结果中出现。一些输入、输出设备，如激光打印机、传真机、单色计算机显示器等都可以处理二值图像。在这里，选择提取二值图像的轮廓。

2）先将二值图像转化成 24 位图像，然后，取 RGB(0，0，0）和 RGB(255，255，255）来规定汉字区域的黑和白，生成新的位图属性后，开始提取汉字的轮廓。在这里，采用的算法是掏空内部点法，即如果某个点为 RGB(0，0，0)，并且其相邻的 8 个点的 RGB 值为 RGB（0，0，0)，则删除该点，最终成功提取汉字轮廓。部分关键代码如下。

```
for(y = 1;y < wDIBHeight-1;y ++)
{
    lpPtr = (unsigned char * )lpDIBits +
(dwImageSize-wBytesPerLine-y * wBytesPerLine);
for(x = 1;x < wDIBWidth-1;x ++)
{
    cur = (unsigned char) * (lpPtr + x);
    if((cur ==0)||(cur ==9))
    {
        w = (unsigned char) * (lpPtr + x-1);//寻找左边点。
        e = (unsigned char) * (lpPtr + x +1);//寻找右边点。
        nw = (unsigned char) * (lpPtr + x + wBytesPerLine-1);//寻找左下角点。
        n = (unsigned char) * (lpPtr + x + wBytesPerLine);//寻找正下面点。
        ne = (unsigned char) * (lpPtr + x + wBytesPerLine +1);//寻找右下角点。
```

```
            sw = (unsigned char) * (lpPtr + x-wBytesPerLine-1);//寻找左上角点。
            s = (unsigned char) * (lpPtr + x-wBytesPerLine);//寻找正上面点。
            se = (unsigned char) * (lpPtr + x-wBytesPerLine + 1);//寻找右上角点。
            num = nw + n + ne + w + e + sw + s + se;//寻找的点数。
            if(num%9 ==0)
                * (lpPtr + x) = (unsigned char)9;//如果不是边界,将值设为9。
        }
    }
}

    for(y = 1;y < wDIBHeight-1;y ++)
    {
lpPtr = (unsigned char * )lpDIBits + (dwImageSize-wBytesPerLine-y * wBytesPerLine);
    for(x = 1;x < wDIBWidth-1;x ++)
        {
            cur = (unsigned char) * (lpPtr + x);
            if(cur ==9)
                * (lpPtr + x) = (unsigned char)1;//如果不是边界,将值设为1,为白色。
        }
}
```

提取汉字轮廓是为了雕刻出空心汉字，提取轮廓后的“龙”字图像如图5-51所示。

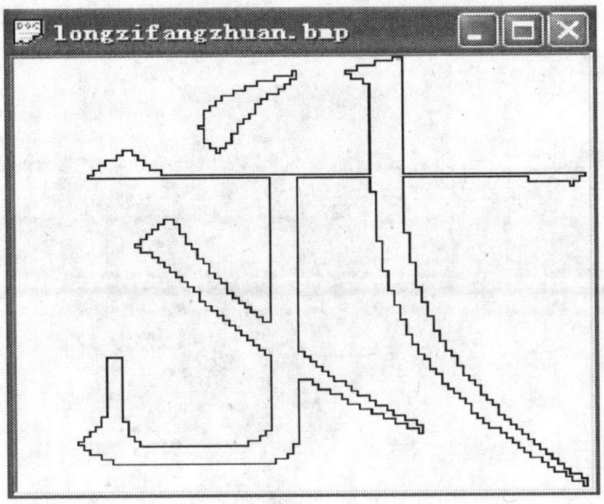

图5-51 提取轮廓后的“龙”字图像

5.4.5 输出汉字“龙”轮廓G代码和实心G代码

数控代码是数控系统输入的数据，是控制指令的有序集合，包括使用的刀具、主轴转速、进给速度、冷却状态、刀具位置等控制命令。因为数控代码的主要内容是刀具运动控制信息，所以常常称为刀具路径。数控系统通过解释数控代码发出控制信号，控制数码加工，形成最终产品。

国际标准坐标系统是右手笛卡尔坐标系统，简单地说刀具运动的正方向是刀具和工件距离增大的方向。可以使用绝对坐标和增量坐标编程，x 值（X 坐标值）和 z 值（Z 坐标值）指定了刀具运动终点的坐标值。

起始点（即刀具起始点）是程序启动时刀具的开始位置。为使刀尖正确定位，需进行刀具偏置补偿，将刀具在起始点经过补偿后的刀尖位置设置为参考点。一般机床的坐标系统原点不是工件坐标系统原点，即在“自动”状态下按“启动”键坐标值不会重新清零；它为机床坐标系的原点，故只有用 G92 指令设定坐标系统坐标值，才能重新设定坐标原点。机械原点为机床上的刀尖固定基准点。

前面讲述了提取汉字“龙”轮廓的方法和步骤，我们先定义（X，Y）二维坐标系，通过扫描 Y 轴取点，先定义激光器的初始位置 G00 X_　Y_　Z_ ，接着寻找相邻的点，通过 G01 一步步找到整个轮廓，进而雕刻出汉字轮廓。激光器实物和雕刻机实物如图 5-52 和图 5-53 所示。

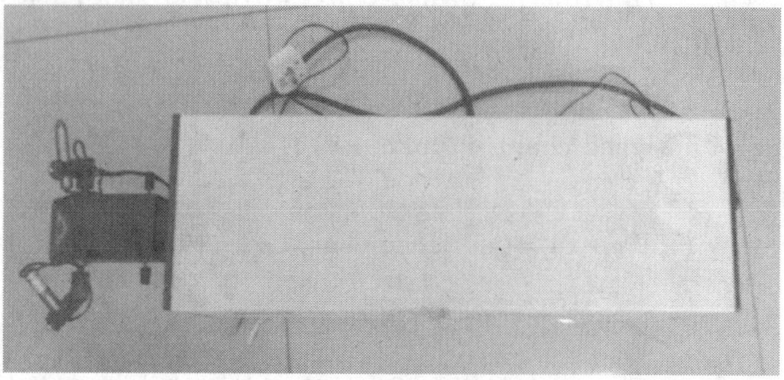

图 5-52　激光器实物

图 5-53　雕刻机实物

图 5-54 所示是输出 G 代码的 CAM 参数对话框，可以选择加工深度，加工深度根据每点的像素值确定，设置黑最深，白最浅，对应 Z 值最大和最小，进而利用 Z 值的大小控制激光器的强度来雕刻实心汉字和图片。

图 5-55 所示是控制激光和雕刻汉字的对话框，可以实现单轴自检和汉字雕刻，以及控制激光器强度的功能，并能实时监测 3 轴的运动状态。

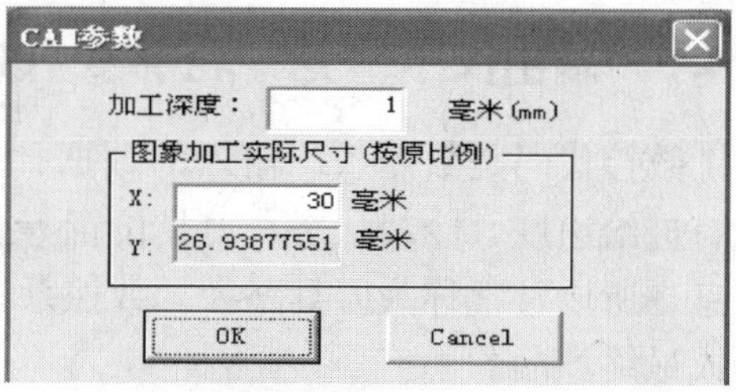

图 5-54　输出 G 代码的 CAM 参数对话框

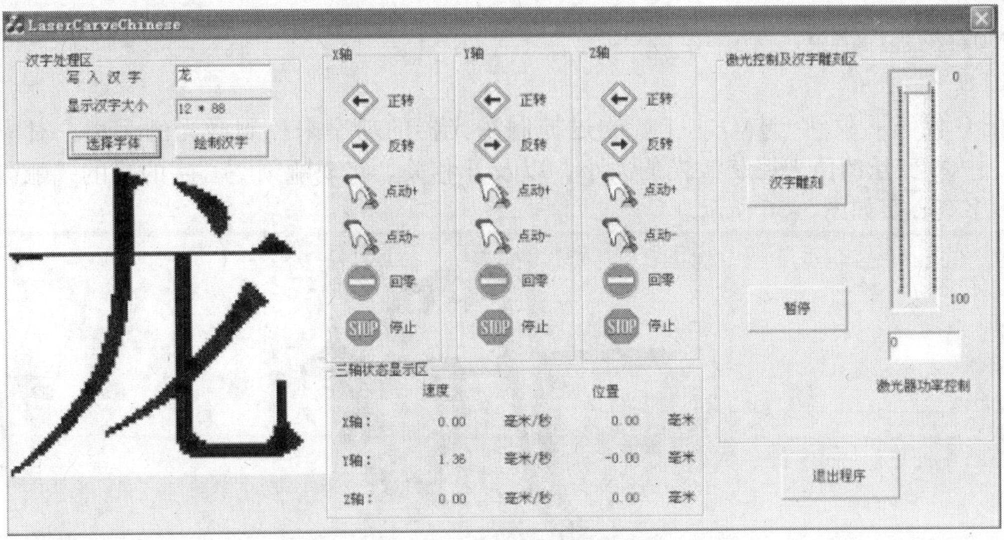

图5-55　控制激光和雕刻汉字对话框

部分G代码如下：

OPEN PROG long//打开程序缓冲区long。

CLEAR//清除原有内容。

G90//绝对值方式。

```
N1   G00   X58.788   Y3.232   Z1.000;
     G01   X58.788   Y3.232   Z-1.000;
     G01   X58.788   Y3.838   Z-1.000;
     G01   X57.778   Y3.838   Z-1.000;
     G01   X57.778   Y4.444   Z-1.000;
     G01   X57.172   Y4.444   Z-1.000;
     G01   X57.172   Y5.051   Z-1.000;
     G01   X55.960   Y5.051   Z-1.000;
     G01   X55.960   Y5.657   Z-1.000;
     G01   X55.354   Y5.657   Z-1.000;
     G01   X55.354   Y6.263   Z-1.000;
     G01   X54.747   Y6.263   Z-1.000;
     G01   X54.747   Y6.869   Z-1.000;
     G01   X53.737   Y6.869   Z-1.000;
     G01   X53.737   Y7.475   Z-1.000;
     G01   X53.131   Y7.475   Z-1.000;
     G01   X53.131   Y8.081   Z-1.000;
     G01   X52.525   Y8.081   Z-1.000;
     G01   X52.525   Y8.687   Z-1.000;
     G01   X51.919   Y8.687   Z-1.000;
```

……

M02;//程序结束。

CLOSE

把 G 代码下载到 PMAC 卡上，通过控制激光器的功率来控制激光的大小，对应通过 PMAC 中 M 变量的值来控制激光的大小，以及开和关。实现雕刻空心字的目的，雕刻出的“龙”字空心字如图 5-56 所示。

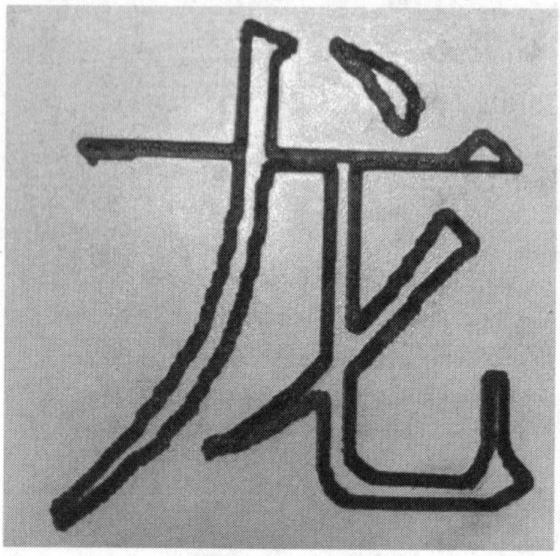

图 5-56　雕刻出的“龙”字空心字

前面介绍了雕刻空心汉字，接下来介绍雕刻实心汉字，即不提取汉字轮廓，直接生成实心汉字 G 代码，并通过各点灰度值的不同进而对应控制激光器强弱，这样雕刻出具有笔画深度不同的汉字。

部分 G 代码如下：

```
OPEN PROG longshixin//打开程序缓冲区 long。
CLEAR//清除原有内容。
G90//绝对值方式。
N1  G01  X0.000    Y0.000  Z0.000;
    G01  X59.800   Y0.000  Z0.000;
    G01  X59.798   Y0.000  Z0.000;
    G01  X60.000   Y0.200  Z0.000;
    G01  X0.200    Y0.200  Z0.000;
    G01  X0.000    Y0.200  Z0.000;
    G01  X0.000    Y0.400  Z0.000;
    G01  X59.800   Y0.400  Z0.000;
    G01  X59.798   Y0.400  Z0.000;
    G01  X60.000   Y0.600  Z0.000;
    G01  X0.200    Y0.600  Z0.000;
    G01  X0.000    Y0.600  Z0.000;
    G01  X0.000    Y0.800  Z0.000;
```

```
G01   X59.800   Y0.800   Z0.000;
G01   X59.798   Y0.800   Z0.000;
G01   X60.000   Y1.000   Z0.000;
G01   X0.200    Y1.000   Z0.000;
G01   X0.000    Y1.000   Z0.000;
G01   X0.000    Y1.200   Z0.000;
G01   X59.800   Y1.200   Z0.000;
G01   X59.798   Y1.200   Z0.000;
G01   X60.000   Y1.400   Z0.000;
G01   X0.200    Y1.400   Z0.000;
G01   X0.000    Y1.400   Z0.000;
G01   X0.000    Y1.600   Z0.000;
G01   X59.800   Y1.600   Z0.000;
G01   X59.798   Y1.600   Z0.000;
G01   X60.000   Y1.800   Z0.000;
G01   X0.200    Y1.800   Z0.000;
G01   X0.000    Y1.800   Z0.000;
G01   X0.000    Y2.000   Z0.000;
G01   X3.000    Y2.000   Z0.000;
G01   X3.200    Y2.000   Z-0.294;
G01   X3.400    Y2.000   Z-0.353;
G01   X59.800   Y2.000   Z-0.353;
G01   X59.798   Y2.000   Z0.000;
G01   X60.000   Y2.200   Z0.000;
G01   X59.800   Y2.200   Z-0.373;
G01   X3.400    Y2.200   Z-0.373;
G01   X3.200    Y2.200   Z-0.314;
G01   X3.000    Y2.200   Z0.000;
G01   X0.200    Y2.200   Z0.000;
G01   X0.000    Y2.200   Z0.000;
G01   X0.000    Y2.400   Z0.000;
G01   X3.000    Y2.400   Z0.000;
G01   X3.200    Y2.400   Z-0.314;
G01   X3.400    Y2.400   Z-0.373;
G01   X59.800   Y2.400   Z-0.373;
G01   X59.798   Y2.400   Z-0.373;
G01   X60.000   Y2.600   Z0.000;
G01   X59.800   Y2.600   Z-0.373;
G01   X3.400    Y2.600   Z-0.373;
```

```
G01 X3.200 Y2.600 Z-0.314;
……
M02;//程序结束。
CLOSE
```

雕刻出的“龙”字实心字如图5-57所示。

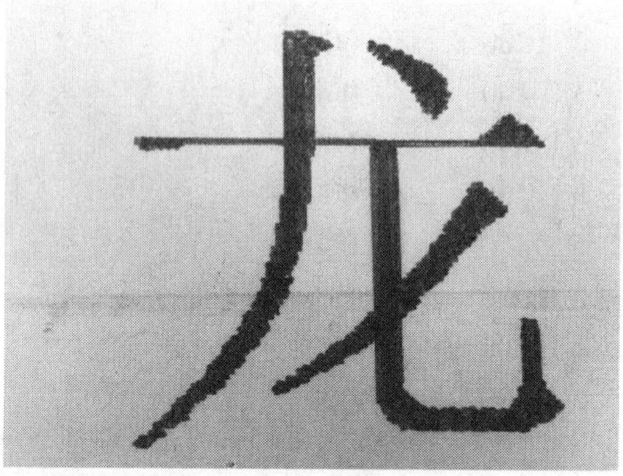

图5-57 雕刻出的“龙”字实心字

5.5 激光雕刻机误差补偿

由于制造、安装、磨损、变形等原因，任何机电设备都存在误差现象。误差现象的普遍存在，严重影响着制造精度和控制精度，误差问题一直受到人们的关注。许多研究人员对误差的防止和补偿进行了长期研究，在误差防止和补偿领域也取得了一定的成果，而误差补偿也从早期的硬件式补偿向软件式补偿发展，但误差补偿应用到实际生产中还有很大难度，如何快速、经济、有效地解决误差问题已是刻不容缓的事情。

对于半闭环激光雕刻机控制系统，其定位误差占整个加工误差的50%～60%。而影响其定位精度的主要因素有几何精度、伺服控制精度、测量系统的精度及环境温度波动等。对激光雕刻机零部件经过设计、选型、安装和调试后，这些指标均可达到较高的精度和保持性，而传动机构的反向间隙和螺距误差对定位误差的影响相对突出。因此对这两种误差进行补偿，对于提高激光雕刻机的精度很重要。

激光雕刻机的补偿问题贯穿了激光雕刻机的整个生命周期。统计资料表明，80%的新类机床设备在安装时只有经过现场调试才能达到设计的技术指标；80%以上投入生产的类机床设备在使用一段时间后，均在超性能和超承受能力状况下运转，定期监测其误差并及时校正反向间隙、螺距能够切实改善类机床设备精度。

本节针对激光雕刻机提出了统一的双向螺距误差补偿方法，利用激光跟踪仪标定了激光雕刻机的定位精度，大大提高了坐标轴的双向定位精度。

5.5.1 激光跟踪仪原理

本文采用的测量仪为美国FARO公司生产的 X_i 型激光跟踪仪（FARO Laser Tracker

ION)，如图5-58所示。

FARO激光跟踪仪是一种便携式高精度三维坐标测量设备，适用于长距离目标，其测量范围可达180ft（55m），每一个标配的激光跟踪仪都有一个完全配套的气象站，来确保测量精确。采用激光跟踪仪进行标定实验，是因为该设备的精度满足高出被测对象精度一个数量级，且该仪器可以直接测得被测对象末端执行的位置坐标。该激光跟踪仪的主要组件有Laser Tracker测量头、回射目标（靶球）、主控单元（MCU）和运行CAM2 Q软件或其他测量软件的控制计算机。

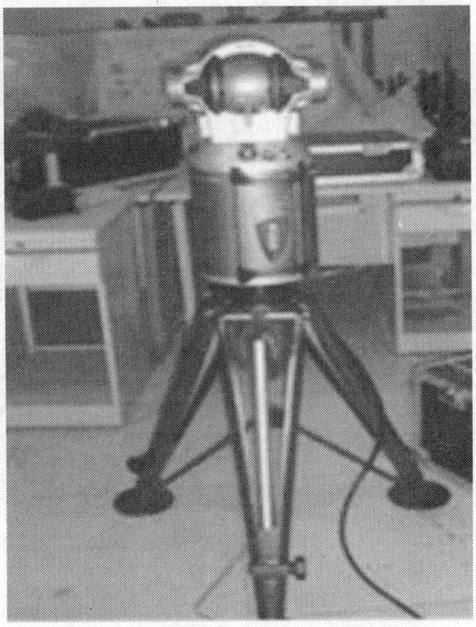

图5-58　美国FARO激光跟踪仪

FARO激光跟踪仪融合了激光发射与断光再续的功能，并引入了角度编码器实现角度读取。它可以保证被测对象的精度，在操作上具有一定的优越性。激光跟踪仪具有自我校准功能，同时还具有在恶劣环境下也能进行精确测量的功能。

操作人员在使用时，只需用三脚架支起激光测量头，应用靶球放在测量工件表面或沿着测量工件表面移动。激光测量头发射激光束，靶球反射镜再将激光束反射回激光测量头，然后计算并自动记录空间50m范围内测量点的坐标值。

在采集测量数据时，靶球与激光跟踪仪的距离需要保证在其要求的范围以内。因为该仪器的测量精度与仪器到被测点的距离有着直接的关系。一般激光跟踪仪离测量物体的距离不宜太远，在较近的区域，激光跟踪仪的测量精度非常高。本实验应用激光跟踪仪的距离测量模式，被测对象离激光跟踪仪的距离为2～3m，这样三维测量点的精度一般在0.031～0.057mm之间。

激光跟踪仪进行测量工作的基本原理是在待测点上固定一个反射器即靶球，激光测量头发出的激光射到靶球上，又被反射回激光测量头，当被测目标发生移动时，激光测量头也会随着反射的光线进行移动。激光跟踪仪的工作原理如图5-59所示。激光跟踪仪的软件系统为CAM2 Q软件。CAM2 Q在几何空间测量方面具有很强的功能，对于各种几何特征有较强的运算能力。例如，拟合直线可以应用最佳轴拟合、垂直于面等拟合方式；还可以把已经测得的特征进行构造，如构造面、线等，其中重要的一点是，它可以根据已有的几何特征构造坐标系，还能将坐标系设置为活动的坐标系，这样就可以很容易地将被测对象的工作坐标系设为激光跟踪仪的零点坐标系，可以直接测得被测对象末端执行器的位置坐标。CAM2 Q软件的工作空间如图5-60所示。

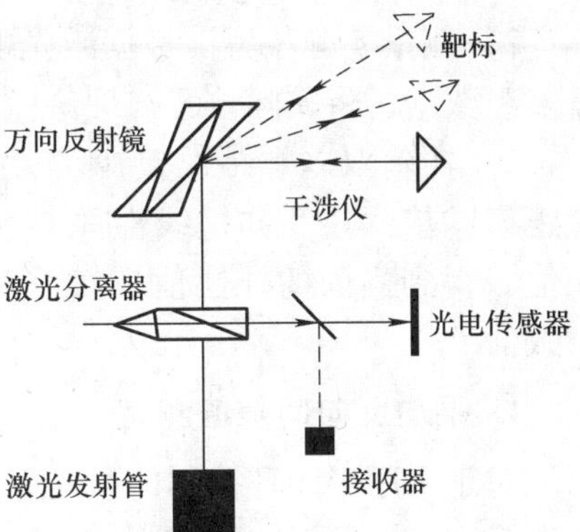

图5-59　激光跟踪仪工作原理

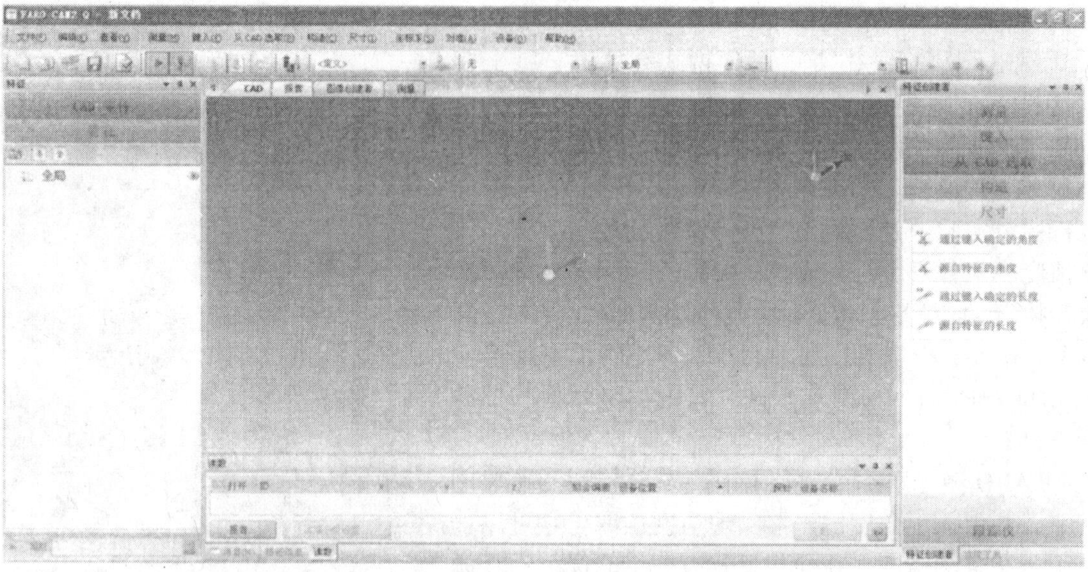

图 5-60　CAM2 Q 软件的工作空间

5.5.2　双向螺距误差补偿原理和实现

补偿内容包括传动机构的反向间隙和螺距误差。机械传动链在改变运动方向时，由于存在反向间隙，将导致伺服电动机空转而工作台无实际位移。本次使用的激光雕刻机采用伺服电动机直接驱动滚珠丝杠杆来进行轨迹控制，但滚珠丝杠的螺距不可能绝对准确，加上热、摩擦及转矩等的作用，势必存在误差，直接导致激光雕刻机定位误差。由于正反向定位精度的一致性，因此对正向误差补偿后，反向定位精度也能得到保证。

本文采用的补偿方法步骤如下：

1）首先测得平均反向间隙值。在 3 轴平台的两端和中间先各确定好一个位置，然后给电动机发指令，让平台进给 1mm，每个位置重复 7 次，分别测量 3 轴的平均反向间隙值。

2）测量实际位置。根据激光雕刻机各轴行程长度确定各轴测量点数，正反两个方向测量多组数据，将实际位置与理论值比较，得到螺距误差值。

3）实施双向螺距误差补偿。把平均反向间隙值补偿到实际位置中，假定各个位置的螺距误差依次累积并呈线性关系，激光雕刻机控制系统在相邻两个补偿点之间进行线性插值，得到当前的补偿值，然后利用补偿值对坐标位置进行修正，使之与指令位置保持一致。

1. 平均反向间隙值测定

对于采用半闭环控制的激光雕刻机控制系统，反向间隙的存在会影响其定位精度和平均定位精度，从而影响到雕刻精度，这就需要激光雕刻机提供反向间隙补偿功能，以便在雕刻过程中自动补偿一些有规律的误差，提高雕刻精度。由于激光雕刻机使用年限的增长，反向间隙值还会由于磨损造成的运动副间隙的增大而增大，因此需定期对激光雕刻机的反向间隙进行测定和补偿。利用激光跟踪仪标定激光雕刻机的 X、Y 和 Z 轴，首先把靶球放在激光跟踪仪的平台上，然后分别控制 3 轴在两个不同位置移动，这里取各个轴的两个端点和中点位置，测量7次，得到7组数据，以所得平均值中的最大值为反向间隙值。测得的X、Y和Z轴数据分别见表5-9、表5-10和表5-11。

表5-9　X轴不同位置处反向间隙值　（单位：mm）

左端点	中点	右端点
0.0271	0.0146	0.0054
0.0235	0.0128	0.0118
0.0182	0.0111	0.0081
0.0186	0.0009	0.0103
0.0243	0.0131	0.0042
0.0238	0.0147	0.0086
0.0215	0.0115	0.0154

表5-10　Y轴不同位置处反向间隙值　（单位：mm）

左端点	中点	右端点
0.0059	0.0087	0.0055
0.0040	0.0038	0.0051
0.0084	0.0029	0.0098
0.0047	0.0067	0.0103
0.0041	0.0025	0.0129
0.0049	0.0019	0.0081
0.0045	0.0010	0.0082

表5-11　Z轴不同位置处反向间隙值　（单位：mm）

左端点	中点	右端点
0.0185	0.0211	0.0047
0.0275	0.0302	0.0023
0.0219	0.0298	0.0090
0.0260	0.0268	0.0037
0.0266	0.0278	0.0131
0.0234	0.0269	0.0024
0.0190	0.0218	0.0031

通过计算可知，X、Y、Z轴的平均反向间隙值分别为0.0145mm、0.0069mm和0.0184mm

2. 螺距误差测定

选取X轴参考点为25mm处，根据X轴导程，每隔25mm取1个点，共计8个点，测量实际位置，共计5个来回，对测量结果进行评价。如果激光雕刻机重复精度较差，则改善导轨润滑状况后重新测量，直到激光雕刻机重复精度达到要求，再进行测量和补偿过程。同理，选择Y轴参考点为12.5mm处，根据Y轴导程，每隔12.5mm取1个点，共计12个点，测量实际位置，共计 5 个来回；选择 Z 轴参考点为 12.5mm，根据 Z 轴导程，每隔 12.5mm 取 1 个点，共计 8 个点，测量实际位置，共计 5 个来回。

通过多次测量，并改善激光雕刻机的重复定位精度后，现开始测定螺距误差，方法和上述方法一样。测得各个轴实际位置后，采用双向螺距误差补偿原理及方法对激光雕刻机进行补偿，补偿前后激光雕刻机 X、Y、Z 轴正向实际位置分别见表 5-12、表 5-13 和表 5-14。

表 5-12　X 轴正向补偿前后实际值　（单位：mm）

理论值	25.00	50.00	75.00	100.00	125.00	150.00	175.00	200.00
补偿前	25.0807	50.1879	75.3065	100.3985	125.4628	150.5373	175.6146	200.703
补偿后	25.0195	50.0528	75.0977	100.1200	125.1183	150.1265	175.1424	200.152

表 5-13　Y 轴正向补偿前后实际值　（单位：mm）

理论值	12.50	25.00	37.50	50.00	62.50	75.00	87.50	100.00	112.50	125.00	137.50	150.00
补偿前	12.5566	25.0603	37.6071	50.1373	62.6848	75.2327	87.7583	100.3413	112.8252	125.4070	137.9392	150.4793
补偿后	12.5038	25.0049	37.5080	50.0102	62.5173	75.0148	87.5195	100.0213	112.5336	125.0582	137.5665	150.0948

表 5-14　Z 轴正向补偿前后实际值　（单位：mm）

理论值	12.50	25.00	37.50	50.00	62.50	75.00	87.50	100.00
补偿前	12.5054	24.9584	37.5071	49.9690	62.4848	74.9724	87.4977	99.9911
补偿后	12.5011	25.0021	37.5025	50.0037	62.5041	75.0045	87.5050	100.0061

将补偿前后的误差值进行对比，如图 5-61、图 5-62 和图 5-63 所示。

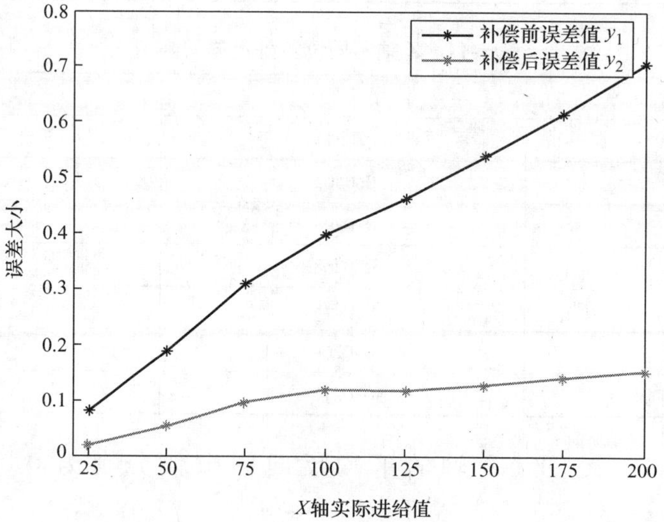

图 5-61　X 轴正向运动补偿前后实际进给值

由图 5-61、图 5-62 和图 5-63 的补偿前后误差对比可知，通过采用双向螺距误差补偿方法对激光雕刻机的反向间隙及螺距误差进行补偿，大大降低了激光雕刻机的误差，提高了激光雕刻机的雕刻精度，获得了较好的效果。

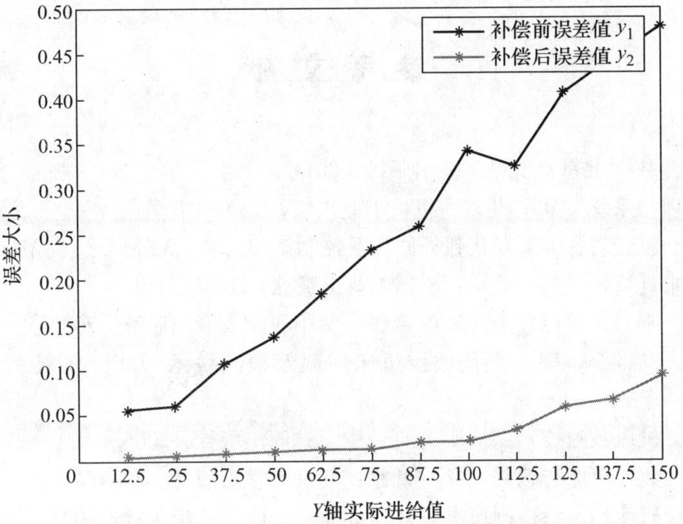

图5-62　Y轴正向运动补偿前后实际进给值

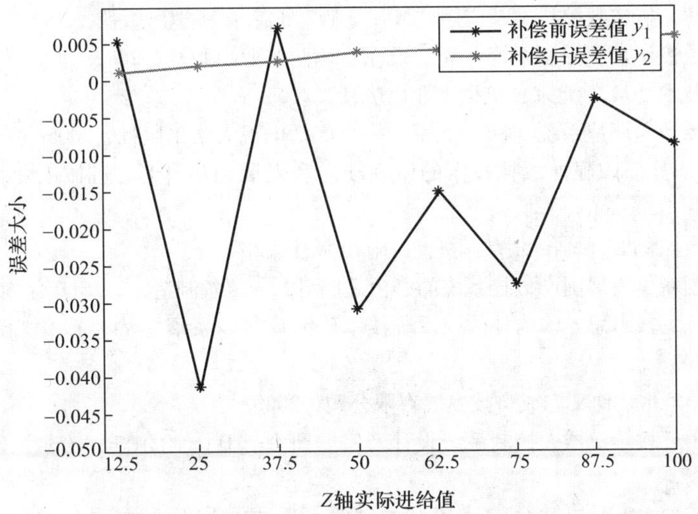

图5-63　Z轴正向运动补偿前后实际进给值

数控雕刻机是数控技术和雕刻工艺相结合的产物，是数控技术在生产生活中的典型应用实例。随着计算机技术、微电子技术、现代控制技术、传感检测技术、信息处理技术、网络通信技术和机械制造技术等各相关领域的发展，数控技术将会在生产生活中起到越来越重要的作用。

参 考 文 献

[1] 钱平．伺服系统［M］．北京：机械工业出版社，2011.
[2] 汪木兰．数控原理与系统［M］．北京：机械工业出版社，2004.
[3] 张吉堂，刘永姜，王爱玲，等．现代数控原理及控制系统［M］．3 版．北京：国防工业出版社，2009.
[4] 朱晓春．数控技术［M］．2 版．北京：机械工业出版社，2006.
[5] 何雪明，吴晓光，常兴．数控技术［M］．武汉：华中科技大学出版社，2006.
[6] 王爱玲，王俊元，马维金，等．现代数控机床伺服及检测技术［M］．3 版．北京：国防工业出版社，2009.
[7] 杜国臣，王士军．机床数控技术［M］．北京：中国林业出版社，2006.
[8] 张洪江，侯书林．数控机床与编程［M］．北京：北京大学出版社，2009.
[9] 白恩远．现代数控机床伺服及检测技术［M］．北京：国防工业出版社，2002.
[10] 周德俭．数控技术［M］．2 版．重庆：重庆大学出版社，2007.
[11] 朱晓春．数控技术［M］．2 版．北京：机械工业出版社，2006.
[12] 陈蔚芳，王宏涛．机床数控技术及应用［M］．2 版．北京：科学出版社，2008.
[13] 王爱玲．现代数控原理及控制系统［M］．北京：国防工业出版社，2002.
[14] 杨有君．数控技术［M］．北京：机械工业出版社，2005.
[15] 张立勋．电气传动与调速系统［M］．北京：中央广播电视大学出版社，2005.
[16] 申丽国，张昆，黄征．国外数控技术的研究动向和发展趋势［J］．机械工业自动化，1996（2）：19－23.
[17] 王爱玲．现代数控机床［M］．北京：机械工业出版社，2009.
[18] 陈吉红．自主创新是发展国产数控系统的必由之路［J］．装备制造，2016(9)：56－63.
[19] 蔡瑞龙，李晓栋，钱思思．国内外数控系统技术研究现状与发展趋势［J］．机械科学与技术，2016，35(4)：493－500
[20] PMAC 用户手册．北京钧义志成科技发展有限公司，2003.
[21] 孙卓君．五自由度教学机器人控制系统设计及实验研究［D］．哈尔滨：哈尔滨工程大学机电工程学院，2007.
[22] 李岩，张以都，王东．基于 PMAC 下 SCARA 机器人的 PID 参数调节［J］．微计算机信息，2003，19(8)：8－9.
[23] 吴玉厚，潘振宁，张珂，等．PMAC 控制器中 PID 调节的应用［J］．沈阳建筑工程学院学报：自然科学版，2004，20(2)：153－157.
[24] 徐雨明．TrueType 字库的特大字激光雕刻算法研究［D］．长沙：湖南大学信息科学与工程学院，2009：7－16.
[25] 姚辉学，付永忠，殷苏民，等．TrueType 字体数控雕刻［J］．工程图学学报，2007，28(5)：148－152.
[26] 谢凤芹．基于矢量字库的数控雕刻走刀轨迹规划算法的研究［D］．山东科技大学机械电子工程学院，2003：8－21.
[27] 穆宣社．在 VC 中如何提取 TrueType 字体特征点数据［J］．电脑编程技巧与维护，2010(1)：90－91.
[28] 胡志祖．基于 VC 的数控 G 代码解释器的设计与实现［J］．中国重型装备，2009(1)：31－34.

[29] 徐慧. Visual C ++数字图像实用工程案例精选 [M]. 北京：人民邮电出版社，2004.

[30] 游华云，叶佩青，汪劲松. 轮回式双向螺距误差补偿方法 [J]. 清华大学学报：自然科学版. 2003, 43(11)：1456 - 1459.

[31] 叶声华，王一，任永杰，等. 基于激光跟踪仪的机器人运动学参数标定方法 [J]. 天津大学学报, 2007, 40(2)：202 - 205.

[32] 王万新，姚俊红，冯瑞宁. 机床改造中滚珠丝杠的选择研究 [J]. 德州学院学报，2006，22(3)：96 - 99.

[33] 欧阳航空，陆林海，华晓青. 基于 PMAC 的精密定位系统研究 [J]. 机电一体化，2005，11(1)：30 - 32.